따뜻한
아메바

2010년 10월 5일 초판 1쇄 인쇄
2010년 10월 15일 초판 1쇄 펴냄

지은이 제프 로웬펠스, 웨인 루이스
옮긴이 이현정
감수 서장선
추천 안철환
교정·교열 문해순
디자인 DesignZoo
펴낸이 송영민

펴낸곳 시금치
등록 2002년 8월 5일 제 300-2002-164호
주소 (110-043) 서울시 종로구 통인동 31-2호 2층
전화 (02) 725-9401
전송 (02) 725-9403
전자우편 ym@greenpub.co.kr

ISBN 978-89-92371-10-0 03470
값은 뒤표지에 있습니다.

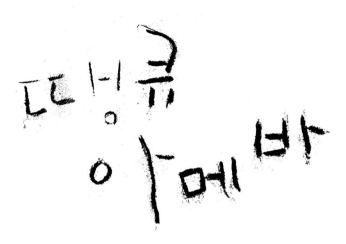

텃밭 농부를 위한 토양 먹이그물 활용법 제프 로웬펠스, 웨인 루이스 지음 | 이현정 옮김 | 서장선 감수

시금치

우리가 미생물과 한편이 될 수 있도록 해준
저자들의 아내들, 주디스 호어스팅과 캐럴 루이스에게 이 책을 바칩니다.
취미로 정원을 가꾸는 사람이었으나
결국에는 아마추어 미생물학자가 된 자들의 아내로서
부엌에서 퇴비차가 발효하는 것을 봐주었고
곰팡이, 세균, 선충, 거미, 지렁이 들도 참아주었습니다.
그들은 우리가 찬장에서 땅일을 갖다 쓰는 것을 알고도 모른 척해주었으며,
퇴비 더미 뒤집는 법, 잔디밭의 버섯을 알아보는 법까지 알게 되었습니다.

　시골로 내려온 뒤로 농사짓는 걸 옆에서 구경한 세월만 십 년이니, 텃밭·정원 가꾸기 책을 번역하는 일이 좀 수월하겠지. 이 생각은 책을 펼치자마자 무당벌레로 뒤덮인 토마토 줄기처럼 순식간에 시들어버렸다. 그리고 내가 학창 시절에 과학을 제대로 공부한 적이 없었다는 기억만 장마철 바랭이처럼 새록새록 되살아났다. 애초에 '구경'이라도 했다는 전제부터 그른 것이었다. 난 이 책의 주인공들을 구경한 적이 한 번도 없었던 것이다. 눈에 보이지 않으니 말이다! (과학 시간에 현미경으로 짚신벌레를 관찰해본 적도 없다.)

　과학하고는 담을 쌓고 살다가, 흙에 사는 온갖 생물, 땅속에서 일어나는 복잡한 화학 반응, 심지어 광물질에 대한 것까지 우리말로 옮기려니 진땀이 났다. 도서관에서 여태껏 한 번도 발걸음 해본 적 없는 서가에 가서 토양미생물학이니 토양학이니 하는 책들을 들춰보고 나름대로 공부를 했다. 질소 비료만 준 작물이 금세 자라긴 해도 언제 바람에 픽 쓰러져버릴지 모르듯이 나의 벼락치기 공부도 불안하기만 했다. 그런데 다행히도 토양미생물을 위해 일하시는 서장선 농학박사님이 감수를 해주시고 편집자 선생님이 꼼꼼하게 보아주셔서 크고 작은 오류를 바로잡을 수 있었고 독자들이 더 편안히 읽을 수 있게 되었다. 정말 다행스럽고 고마운 일이다.

　눈에는 보이지 않지만 어디에나 있는 미생물. 이놈들을 우리 편으로 끌어들여야 정원과 텃밭을 멋지게 그리고 손쉽게 가꿀 수 있다는데, 사실 농부에게 미생물은 같은 편이기보다는 적군으로 보이기 십상이다. 탄저병 든 고추가 타들어가다 못해 흰 가루를 풀풀 날리며 떨어지는 것을 보면, 무시

무시한 괴물들이 총 공격을 해오는 것 같아 오싹해지기까지 한다. 여름 땡볕 아래서 기어 다녔던 고추밭이 그렇게 처참하게 당하고 있으면 증오심 또한 발아하여 증식을 시작한다.

인간 세상에서나 흙 속에서나 중요한 일을 묵묵히 해내는 착한 자들은 어리석은 눈에는 잘 보이지 않는 모양이다. 당연히 저절로 그렇게 되는 줄 알고 있던 일들이 어긋나기 시작하면, 착한 자들이 냉대를 받다 못해 나쁜 놈들에게 밀려 사라지면, 활개를 치는 나쁜 놈들만 눈에 띄게 된다. 그러면 그 나쁜 놈들을 없애버리려다가 초가삼간 다 태우는 일이 벌어지는 것이다.

난 농약이나 제초제를 뿌려가며 텃밭을 가꾸진 않았으니 토양 먹이그물의 미생물들이 모두 내 편이리라 생각했었다. 그런데 기계로 밭을 가는 일에 대해서는 아무 경계심이 없었다. 장마철 즈음부터 풀밭이 되어버린 밭을 기계로 갈아엎고 나면, 부슬부슬하고 촉촉한 흙이 얼마나 예뻐 보이던지! 잘못 쓴 답을 지우개로 싹싹 지운 것처럼 통쾌하기까지 했다. 그런데 기계 경운이 우리의 파트너 미생물에 대한 대량 학살이었다니! 내년부터는 미생물들과 제대로 동업자 관계를 맺어봐야겠다. 사실 토양 먹이그물을 활용하는 재배법을 우리 사정에 맞게 응용하려면 더 많은 실천이 필요할 것 같다. 우리나라에서도 귀농운동, 도시농업을 하는 사람들 사이에서 땅을 살리는 새로운 농사법이 많이 연구되고 실천되고 있으니 그 성과도 참고하면 미생물과 진정으로 친해질 수 있을 것이다.

탄저병이 든 고추를 보고 있으면 탄저균은 영화 〈에이리언〉에나 나올

법한 괴물처럼 생겼을 것 같다. '세균맨'의 귀염성 정도도 있을 리가 없다. 그런데 현미경 사진을 보니 뜻밖에도 미생물들이 참 예쁘다. 생명이 순환할 수 있게 하는, 이 세상을 지탱하는 가장 중요한 일을 하고 있는 존재답게 거룩할 정도로 아름답다.

　　미야자키 하야오의 애니메이션 〈바람 계곡의 나우시카〉에서 기억에 오래 남는 몽환적인 장면이 하나 있다. 뭔지 알 수 없는 갖가지 유기체가 아름답게 자라 있고 곰팡이 포자 같은 것이 날아다니는 비밀 장소에서 나우시카가 즐겁게 노니는 장면이다. 지구 환경이 파괴되고 인류 문명이 거의 멸망한 곳에서 미생물과 친하게 지내는 나우시카가 지구와 인류를 구원하는 것이다. 나는 미생물과 한편이 되어 우선 척박한 텃밭과 정원을 구하는 일부터 시작해봐야겠다. 토마토와 고추를 구할 뿐 아니라 지구를 구할 수도 있으니 미생물과 한편이 된다는 것은 얼마나 멋진 일인가!

2010년 8월 마지막 날
강원도 화천에서 이현정

추천의 말

안철환 귀농운동본부 도시농업위원장

농사는 흙에서 시작해 씨앗에서 끝난다. 언뜻 생각하면 너무도 당연한 말처럼 들리지만 요즘의 농사는 이 말과 거리가 멀다. 흙이야말로 농사의 근본인데, 근본을 제대로 살피는 농법이 얼마나 될까. 요즘 농업에서 흙은 근본의 지위에서 말단의 지위로 밀려난 것 같다. 흙이 제대로 대접을 못 받는다. 오히려 흙을 죽이는 농사 기술만 판친다.

흙을 '죽이는' 대표적인 방법 몇 가지를 지적하면 이렇다.

우선 단작單作과 연작連作 농사법이 있다. 한 가지 작물만 넓은 면적에서 연속적으로 재배하면 그 땅은 오래가지 않아 생명력을 잃는다. 단작, 연작을 오랜 세월 지속하면 작물이 배출하는 한 종류의 염류鹽類가 쌓여 그 땅이 죽는 것이다. 그럴 때 땅이 산성화되었다고 말하는데, 그런 상태가 계속 지속되면 결국 사막화로 이어질 수 있다.

다음으로 흙을 죽이는 농법은, 이 책에서도 여러 차례 경고하고 있는 방법으로, 장기간 무거운 기계로 땅을 짓누르며 갈아엎는 것(경운耕耘)이다. 기계는 우선 그 무게로 땅속이 다져지게 한다. 흙을 밀가루처럼 곱게 갈수록 더욱더 다져진다. 이를 '쟁기 바닥층의 경화 현상'이라고 한다. 요즘 논에 가보면 옛날처럼 무릎까지 푹푹 빠지는 경우가 없다. 죄다 발목까지만 빠지고 그 밑에 있는 딱딱한 층이 발을 받쳐준다. 땅속이 다져져서 그런 것이다. 이렇게 되면 흙의 숨구멍, 물구멍이 막힌다. 또한 뿌리가 깊게 내리지 못한다. 거센 바람이 불면 작물들은 너도나도 쉽게 쓰러지고 만다. 쓰러지지 않더라도 뿌리가 깊게 내리지 못하니 실하게 크지 못한다.

그다음으로 흙을 죽이는 방법은 질소 비료를 필요 이상으로 많이 넣는 것이다. 거기에 더해 오염된 축분으로 생산된 질소를 넣으면 흙은 아주 잘 죽는다. 질소가 과잉되면 흙 속에 염류가 축적된다. 이런 흙에서 빠져나가는 수분은 수질을 오염시키고, 심할 경우엔 대기도 오염시킨다. 사람이 질소가 과잉 축적된 채소를 먹는 것은 발암 물질을 먹는 것과 같다. 질소 과잉은 이래저래 나쁜 점을 많이도 가지고 있다. 그런데도 너도나도 질소를 마구 뿌려댄다. 이 책에서도 말하듯 적절한 비율의 질소는 작물이 잘 자라는 데 필수적이다. 그러나 과잉된 질소는 겉모양만 잘 자라게 할 뿐이다.

종자 얘기를 해보자. 요즘 농사에선 씨앗을 직접 받는 경우가 거의 없다. 종자는커녕 모종까지 사서 심는 경우가 많다. 종묘상에서 사다 심는 종자는 이른바 1대 잡종(F1 잡종) 종자다. 이런 종자들의 특징은 불임에 있다. 발아가 되어도 이상한 놈이 나온다. 이런 종자는 다수확 위주로 육종한 것들로, 수확량은 많을지 모르지만 우리 토양에 적응한 종자가 아니다. 대부분 외국에서 채종해 온 것이기 때문이다. 그러니 환경 적응력이 떨어지고, 당연히 병충해에도 약하다. 농약에 길들여진 씨앗들이고, 게다가 질소를 좋아하는 다비성多肥性 종자들이 대부분이다. 이런 씨앗들은 비료가 적다 싶으면 잘 자라지 못한다.

이렇게 흙을 죽이고, 이상한 종자를 사다가 재배를 하다보니 농사가 복잡하고 어렵다. 거름도 많이 줘야 한다. 그뿐이 아니다. 미량요소微量要素도 주어야 하고 다양하고 복잡한 농약을 많이 뿌려주어야 하고, 무슨 보약은 또 그리도 많은지 별의별 농자재가 수두룩하다. 더 기가 막힌 것은 특정 종자를 사면 그 종자를 만든 회사에서 파는 약을 써야 농사가 가능하다는 점이다. 농부는 그저 종자 회사에서 시키는 대로 일해야 한다. 자기만의 농법은 점점 전설이 되어간다.

올 초에 돌아가신 훌륭한 '벼농부' 한 분이 계셨다. 그분은 흙과 종자의 중요성을 힘주어 강조하셨는데, 당신이 직접 육종한 종자로 농사를 지으셨다. 일반 장려 품종과 그분의 종자를 진하게 탄 소금물에 담가보면 가라앉는 벼알 수에서 엄청나게 차이가 났다. 그분의 씨앗은 내부 밀도가 얼마나 높은지 수북이 가라앉는 반면, 장려종은 자세히 들여다봐야 겨우 가라앉은 씨앗을 식별할 정도였다. 그렇게 밀도가 높은 종자로 농사를 지으니 병도 없었고 이삭도 튼실하게 달렸다.

그런데 흙과 씨앗 중에 어느 게 더 근본일까. 나는 흙이라고 생각한다. 흙은 허약한 씨앗을 개선시킬 수 있지만, 씨앗은 오염된 흙을 살릴 수 없다. 오염된 흙을 살리는 것은 이 책에서 일관되게 얘기하고 있는 흙의 생물들, 미생물들이다. 좋은 퇴비를 만들어 넣어주면 흙이 좋아진다. 퇴비를 만드는 일이 곧 미생물을 늘리는 일인 셈이다. 흙을 흙답게 하는 토양 생물들의 생명그물이야말로 농사에 얼마나 중요한지를 말하는 이 책은 농부들이 쓴 토양 생물학 책이다. 그것을 적용하는 방법으로 '토양 먹이그물 재배법'도 함께 소개하고 있는데, 그것은 곧 좋은 퇴비 만들기와 다르지 않다.

누구나 쉽게 읽을 수 있는 토양학 책이 있었으면 하던 차에 이런 책이 나와서 무척 반갑다. 다만 퇴비 만들기에서 인분은 퇴비 재료로 쓰지 말라고 한 대목이 영 마음에 걸린다. 육식이 주식이다보니 똥에서 나온 세균이 번식할까 두려워하는 서양인들의 한계로 보인다. 그 부분만 걸러서 이해한다면, 실용적이면서 과학적인 이 책은 흙에 대한 새로운 인식을 갖게 해주기에 부족함이 없어 보인다. 농사짓는 것은 흙을 파먹고 사는 일이다. 흙을 죽이는 일이 되어서는 농사도 지속성이 보장되지 않는다. 흙을 살리지 못하는 농사는 제대로 된 농사가 아니라는 사실은 절대적 진리다.

흙을 살리는 것은 좋은 작물을 키워 먹자는 목적만이 아니라 지구를 살리는 첫걸음으로서도 큰 의미가 있다. 지구란 바로 흙^{earth} 그 자체이기 때문이다.

일레인 잉햄 토양먹이그물 사 대표 www.soilfoodweb.com

오늘 흙 속으로 내려가려면 혼자 가지 않는 게 좋을걸!
오늘은 신충들이 소풍 가는 날이니까!

– 〈테디베어의 소풍〉을 개사한 노래

도시의 잔디밭에서 '흙'을 보는 것이 지겨워지면 개사를 해서 동요를 불러보는 것도 좋다! 흙이 그렇게 지겨워질 리는 없지만, 도시에서 흙은 더러운 먼지가 된다. 그것은 오랜 시간 현미경을 들여다봐도 꼼짝도 하지 않는 입자들만 보인다는 의미다. 그러면 당연히 지루하다. 그래서 우리는 새로 가사를 붙여서 노래한다.

그러나 진짜 흙은 살아 있고 활발히 움직이는 것이다! 여기저기서 조그만 녀석들이 흥미로운 짓을 벌이며 돌아다닌다. 옛날 노래에 새 가사를 붙일 필요는 없다. 1마이크로미터씩 몇 시간을 들여다봐도 아무 일도 일어나지 않는 지루함과는 거리가 멀다. 몇 초만 지나도 살아 움직이고 행동한다!

도시에서 정원을 가꾸는 사람들이나 텃밭을 가진 사람들은 여러 해 동안 자기 흙에다 독성 화학 물질을 쏟아부었을 것이다. 그러면서도 그 화학 물질이 흙을 건강하게 해주는 것들을 해친다는 사실을 몰랐다. 독성 물질 사용은 그 정도가 어떠하건 간에 토양 '마피아'의 서식지를 만들어준다. 나쁜 놈들과 경쟁을 벌이며 그들을 억제하는 정상적인 식물상과 동물상을 죽게 하기 때문이다. 최근 연구 성과에 따르면, 독성 화학 물질은 수질과 토양을 오염시키고 먹을거리의 영양도 파괴한다. 결국에는 토양의 이로운 면이 모두 사라지기 때문이다. 독성 물질을 평생 딱 한 번 뿌렸다면 오늘날 우리가 처한 나쁜 상황이 나타나지는 않았을 테지만, 처음 한 번 뿌리는 것으로도 식물에게 유용한 유기체 수천 마리가 죽임을 당한다. 나쁜 놈들도 몇몇 죽지만 착한 녀석들도 죽어버린다. 그리고 착한 녀석들은 나쁜 놈들처럼 빨리 돌아오지 않는다. 여러분 동네가 화학 전쟁 지역으로 변했다면 누가 더 빨리 돌아오겠는가? 혼란 뒤에 먼저 돌아오는 것은 기회를 엿보아서 약탈을 하려는 자들이다. 인간 세상에서는 주 방위군을 보내서 범죄자들을 막겠지만, 화학 비료가 사용된 양이나 독성 살충제 살포의 지속성을 감안하면 흙 속에서는 주 방위군까지 모두 죽어버린 상태라 할 수 있다. 우리는 사라진 유용 생물들의 활동을 애써 복구해야 한다.

새로운 전입자들은 어디에서 올까? 여러분이 세균, 균류, 원생동물, 선형동물, 지렁이, 미세 절지동물 들을 흙 속에 다시 넣어주어야 한다. 식물 뿌리는 이 유용 생물들 덕에 영양을 흡수할 수 있다. 그러나 유용 생물들이 다시 자리를 잡도록 하려면 여러 종류의 보살핌이 한꺼번에 이루어져야 한다. 토양먹이그물 사 Soil Foodweb, Inc는 사람들이 토양 생물을 신속히 회복시켜서 토양의 시스템을 복구하고자 할 때 도움을 준다. 그리고 이 책은 작물을 방어하는 최전선에서 일하는 토양 먹이그물 구성원들에 대해 설명한다. 그들은 어디에 사는가? 그들의 가족은 누구인가? 이 전입자들을 돕기 위해 독성 화학 물질이 아니라 도시락을 보내려면 어떻게 해야 할까?

흙을 되살려야 한다. 발밑에 있는 생물에게 어떤 작용을 할지 모른다면 흙 속에 아무것도 넣지 말라. 흙 속 생물들에게 어떤 영향을 주는지 아무 정보도 주어져 있지 않다면, 또는 그 물질이 흙 속 유기체들에게 어떤 작용을 하는지 판단하는 시험을 전혀 거치지 않았다면, 그 물질을 사용하지 말라. 그 제품을 이미 샀다면 직접 시험해보라.

특별히 나쁜 해충이나 병이 퍼질 때에는 독성 물질이 때때로 필요하지만 마지막 수단으로 사용되어야지, 식물이 시든다고 곧바로 독성 물질부터 뿌릴 생각을 해서는 안 된다. 독성 물질을 사용한다면 착한 녀석들을 되살려놓아야 한다는 점을 잊어서는 안 된다. 착한 녀석들과 녀석들의 먹이도 같이 즉시 파견해야 한다.

생물들이 잘 활동하도록 복구하는 것은 아주 중요하다. 그 과정의 전투에서는 몇 번 질 수도 있다. 그러나 버티다보면 승리할 것이다. 전략적으로 생각하라. 어떻게 하면 군대, 식량, 의약품, 붕대를 유용 생물들과 병해충이 싸우는 전선으로 가장 효율적으로 보낼 수 있을까? 그 방법이 이 책에 나와 있다.

대부분의 사람들에게 흙은 배워야 할 게 아주 많은 대상이다. 여러분에게도 이 책의 저자들이 제시하는 정보들이 유용할 것이다. 저자들은 자신들의 흙을 살리면서 얻은 '교훈'을 아주 재미나게 들려준다. 자칫 지루하고 따분해지기 쉬운 내용을 흥미롭고 이해하기 쉽게 설명해준다. 이 책은 나와 내 동료들이 여러 해 동안 현미경만 들여다보면서 공부한 것들을 간단히 정리해서 독자들에게 알려준다. 많은 과학자들의 성과를 담고 있으면서도 복잡한 토양 생물 이야기를 이해하기 쉽게 설명한다.

독자 여러분이 이 책을 통해 흙 살리는 법은 물론이거니와 더불어 먹을거리 살리는 법도 익힐 수 있기를 진심으로 바란다. 그 방법에 대한 설명은 이 책에 모두 있으니 말이다.

들어가는 말

우리는 교외 주택가에서 정원과 텃밭을 가꾸는 사람들과 별반 다를 게 없었다. 해마다 봄이면 수용성 고농도 질소 비료를 융단 폭격하듯 잔디밭에 쏟아부었고 맹렬히 물을 뿌려댔다. 그다음에는 넓은잎 잡초만 죽이는 제초제로 맹폭격했다. 그러고 나서는 비료 한두 포대를 사와서는 텃밭과 화단을 공격하고 경운耕耘, 땅 갈기을 해서 흙을 평평하게 만든다. 흙의 색과 질감이 곱게 간 커피처럼 보일 때까지, 보네빌 소금 평원처럼 평평하고 반드르해 보일 때까지 땅을 갈고 고른다. 우리 이웃들과 마찬가지로 우리는 이런 일을 종교 의식 치르듯이 매년 했다. 한 번으로 끝내지도 않았다. 우리는 과채 대회에 출품이라도 할 듯 농사철 내내 화학 비료를 뿌렸다. 가을이 끝날 무렵에는 다시 경운을 했다. 별다른 이유도 없이 그렇게 했다.

필요할 때는(자주 필요했는데) 보호 장구를 갖추고—보호복은 물론이고 고무장갑, 마스크까지—자작나무에 진딧물이 침범하는 것을 막기 위해 지독한 냄새가 나는 것을 뿌려댔다. 농약병의 조그만 라벨에 적힌 깨알 같은 글씨를 다 읽으려면 시간도 한참 걸리겠지만, 평범한 사람은 읽기도 힘든 말들이 그 농약의 성분이라고 나열되어 있었다. 그다음에는 전나무에다 더 지독한 냄새가 나는 것을 뿌렸다. 어찌나 강한지 한 번 뿌리면 한 해가 아니라 두 해 동안 효과가 지속됐다. 보호 장구를 착용한 것은 잘한 일이었다. 두 가지 농약 모두 인체 유해성 때문에 이제는 시장에서 사라졌기 때문이다.

그러나 오해하지는 마시기를. 그러면서도 우리는 우리가 생각하기에 환경에 대한 책임과 정치적으로 올바른 일에 관한 한 '적절한' 실천을 하면서 살고 있었다. 잔디 깎은 것은 잔디밭에 남겨두어서 분해되도록 했고, 낙엽을 화단 속에 넣어주었고, 때때로 풀잠자리, 딱정벌레, 사마귀 세트도 사다가 풀었다 —우리 나름의 통합 해충 관리였던 셈이다. 퇴비도 만들었다. 신문과 알루미늄 캔은 재활용되도록 분리 배출했다. 새들에게 모이를 주고 갖가지 야생 동물들이 정원에서 돌아다니게 했다. 우리는 꽤나 친환경 의식을 가지고 있다고 스스로 생각했다(완벽한 실천을 하는 것은 아니라 해도 말이다). 요약하자면 우리는 정원을 가꾸는 대부분의 사람들과 같았고, 화학물질을 사용하는 더 편한 삶과 레이철 카슨^{Rachel Carson}의 가르침을 조금이라도 따르려는 생각 사이에서 적당하게 균형을 유지하고 있었다.

그뿐만 아니라 우리는 대개 수용성 고농도 질소 비료만 썼다. 그것이 환경에 얼마나 나쁜 영향을 주는가? 물론 질소 비료를 주면 식물이 잘 자란다. 그리고 우리는 넓은잎 잡초만 죽이는 제초제 한 가지만 썼다. 아, 그렇지, 인정한다. 살충제도 가끔 뿌렸다. 하지만 단골 가게 진열장에 놓인 농약을 보면서도 환경에 해를 끼친다는 생각은 별로 들지 않았다. 단지 전나무를 구하고, 자작나무를 돕고, 민들레와 별꽃이 세상을 전부 뒤덮어버리는 것을 막으려고 했을 뿐인데, 어떻게 해를 입히고 있다는 생각이 들었겠는가?

우리가 정원과 텃밭을 가꾸는 방법이라고 생각했던 핵심 사항들은 수천만의 다른 원예가들 또한 간직했던 생각이었다. 이 책을 다 읽기 전에는 여러분도 같은 생각일 것이다. 그것은 유기 물질에서 나온 질소나 무기 물질에서 나온 질소나 다 똑같은 질소라는 생각이다. 식물은 질소 같은 양분

식물 뿌리에 침범하여 뿌리를 갉아먹는 선충이 균사에게 사로잡혀 있다. 사진 제공: H. H. Triantaphy-llou, http://www.apsnet.org/, American Phytopathological Society, St.Paul, Minnesota의 허락을 받아 재수록

이 파란색 가루가 물에 녹으면서 나왔는지, 오래 삭힌 똥에서 나왔는지, 정말로 개의치 않는다. 식물에게는 그저 다 같은 질소일 뿐이다.

그러던 어느 가을, 텃밭 농사도 얼추 끝나갈 무렵, 겨울에 공부할 원예 자료를 찾아다니던 중에 한 친구가 놀라운 전자현미경 사진 두 장을 이메일로 보내왔다. 첫 번째 사진은 고리 모양의 균사에게 사로잡힌 선충의 모습을 놀랍도록 세세하게 보여주었다. 우아! 대단한 사진이었다. 선충을 잡아먹는 곰팡이라니! 그때껏 듣도 보도 못한 것이어서 우리는 궁금증이 생겼다. 그 곰팡이는 어떻게 선충을 죽였을까? 그보다는, 눈이 없는 선충을 곰팡이에게로 유인한 것은 무엇이었을까? 그 곰팡이 고리는 어떻게 작동할까?

두 번째 사진의 선충은 첫 번째 사진의 선충과 비슷해 보이는 모습이었다. 이번에는 곰팡이 균사의 방해를

방해하는 균사가 없어서 선충이 쉽게 토마토 뿌리로 들어가서 갉아 먹고 있다. 사진: William Weryin and Richard Sayre, USDA-ARS

받지 않고 토마토 뿌리로 들어가 있었다. 이 사진도 궁금증을 일으켰다. 이 선충은 왜 공격당하지 않았을까? 첫 번째 사진의 선충을 죽인 균사는 어디에 있었을까?

이 질문에 대한 답을 찾다가 일레인 잉햄Elain Ingham 박사의 연구를 알게 됐다. 잉햄 박사는 토양 생물에 관한 연구, 특히 흙 속에서 누가 누구를 먹는가를 연구한 것으로 유명한 토양미생물학자다. 생물들은 한 가지 이상의 먹이사슬에 속해서 먹고, 한 가지 이상의 포식자에게 먹힌다. 먹이사슬들이 이어져서 그물로 연결되는 것이다. 한마디로 토양 먹이그물을 이룬다. 가르치는 데에도 뛰어난 잉햄 박사는 복잡한 땅속 세계로 우리를 안내해주었다. 우리는 첫 번째 사진에서 곰팡이가 식물 뿌리를 보호하고 있었다는 것도 배웠고, 애초에 식물이 균류를 뿌리로 유인한다는 것도 배웠다. 또 두 번째 사진에서 토마토 뿌리를 공격하는 선충을 막아야 했을 곰팡이가 무엇 때문에 죽고 없었는지도 알게 되었다.

자연히 우리는 흙 속 저 아래에 살고 있는, 지금까지 눈에 안 보이던 것들이 무엇인지 궁금해지기 시작했다. 전자현미경 같은 도구가 열어 보여준 세상이 정원, 텃밭, 잔디밭에서 식물을 키우는 방법에 영향을 줄 수 있을까? 우리는 둘 다 아득히 멀리 있는 천체를 찍은 허블 우주망원경 사진에 감탄한 적이 있는데, 주사전자현미경SEM으로 찍은 사진은 볼 기회가 없었다. 그것은 말 그대로 우리 발아래에 있는 미지의 세계로 향하는 창 같았다.

우리는 의문에 대한 답을 찾았으며, 또 우리는 비료를 뿌리고 기계로 땅을 갈고 있지만 전 세계 과학자들이 이런 농사법에 의문을 제기하는 발견을 연이어 하고 있다는 사실도 알게 되었다. 몇십 년 전부터 다양한 학문—미생물학, 세균학, 균학^{균류 연구}, 개미학, 화학, 농학—이 합동으로 토양 세계를 이해하기 위해 노력해왔다. 토양에서 어떤 일이 일어나는가를 발견한 성과들이 천천히 상업농, 삼림 가꾸기, 포도 재배 등에 적용되고 있다. 이제 이 과학적 성과를 가정 원예와 텃밭 농사에도 적용해야 할 때다.

텃밭과 정원을 가꾸는 사람들이 활동하는 곳은 대부분 '전통적인' 원예가 이어지는 곳이다. 즉 수다스런 노파들의 이야기가 오가고, 한 번 일어난 특이한 일이 과학으로 둔갑하고, 우리가 무엇을 해야 할지 명령하는 번지르르한 광고를 피하기 어려운 곳이다. 식물 재배의 기초가 되는 과학에 대해 알고 있는 것이라고는 토양이 질소·인산·칼리^{NPK} 성분을 얼마나 함유하고 있는지와 토양의 물리적 구조에 대한 것이 전부다. 이 책을 읽다보면 여러분 자신을 위해, 또 작물을 위해 토양 생물을 어떻게 활용해야 할지 알 수 있을 것이다. 화학 비료는 토양 미생물을 죽이고 대형 동물들을 쫓아낸다. 그러므로 우리가 채택해야 할 시스템은 화학 비료가 필요 없는 유기질 시스템이다. 화학 비료는 식물 뿌리를 보호하는 균사를 죽여 없애버린 장본인이며, 두 번째 사진의 우리 선충 친구를 무방비 상태의 토마토에 접근할 수 있도록 도와준 존재이기도 하다.

이 책은 두 부분으로 나뉘어 있다. 1부는 토양에 대한 설명과 토양 먹이 그물에 대한 설명이다. 이 부분을 피해 갈 수는 없다. 과학을 적용하려면 그전에 과학을 이해해야 한다. 적어도 이 경우에 과학은 매우 흥미로우며

경이롭게 느껴지기까지 하다. 그리고 우리는 이 책을 교과서처럼 쓰지 않으려고 애썼다. 2부에서는 흙을 살리기 위해 또 텃밭과 정원을 가꾸는 사람들 자신을 위해 토양 먹이그물을 어떻게 작동시킬 것인지를 설명한다.

이 책이 토양에 관한 다른 책들과 다른 점은 토양 미생물과 토양 생물을 ― 곧 토양과 토양 생물의 관계, 그리고 그 관계가 식물에 미치는 영향을―무척이나 강조한 데 있다. 우리가 토양화학, pH, 양이온 교환, 공극률孔隙率(토양의 입자와 입자 사이에 있는 빈틈이 차지하는 비율 ― 옮긴이), 토성, 그 외 토양을 설명하는 방법들을 버리고 가는 것은 아니다. 정통 토양학을 포괄하지만, 생물들이 많은 드라마에서 연기를 하려면 무대가 있어야 한다는 전제에서 출발한다. 배우들이 소개되고 각각의 이야기가 펼쳐진 다음에 그들의 상호 관계에서 생기는 결과를 다룬다. 이 책 후반부에서는 이에 기초하여 몇 가지 단순한 규칙을 제시한다. 그것은 우리가 텃밭과 정원에서 직접 적용했던 규칙들로, 우리가 새로운 재배법을 처음 시도했던 곳인 알래스카 주의 많은 이웃들도 폭넓게 실천했던 사항들이다. 태평양 연안 북서부를 비롯해 다른 지역에서도 이 재배법을 실천했고, 다른 나라에도 이 규칙을 따르는 지역이 있다. 토양학(특히 토양 속 다양한 생물들이 상호 관계를 맺는 방식에 대한, 곧 토양 먹이그물에 관한 연구 성과)을 배우고 적용함으로써 우리는 작물을 더 잘 키울 수 있었다. 토양 생물 간의 아름다운 상조相助 작용을 알고 이해하면, 단지 더 훌륭한 농부, 원예가가 되는 것이 아니라 더 훌륭한 지구 지킴이가 될 수 있다. 텃밭이나 정원에 농약을 뿌리는 것은 스스로 길러서 먹을(가족에게 먹일) 음식에, 그리고 자신과 가족이 뛰어놀 잔디밭에 독을 뿌리는 일이다.

독자들 중에는 이 책의 후반부로 건너뛰고 싶은 사람이 있을지도 모르겠으나 우리는 그러지 말 것을 강력하게 권한다. 규칙을 진정으로 이해하려면 반드시 기초 지식을 알아야 하기 때문이다. 기초 지식을 습득하려면 물론 약간의 노력이 필요하다(토양학에 관한 장 하나만 그렇다고도 할 수 있다). 그러나 너무 오랫동안, 너무 많은 가정 원예가들이 알아야 하는 것이라고는 약병 라벨에 쓰인 것뿐이었고, 그들이 해야 하는 일이라곤 농약을 물에 섞어서 분무기로 뿌리는 것뿐이었다. 인스턴트 요리를 하듯이 정원과 텃밭을 가꾸어온 것이다. 취미의 일종으로 말이다. 우리는 여러분이 아무 생각 없이 잡지나 텔레비전에서 무엇을 하라고 하니까 그대로 반응하는 사람이 아니라, 생각하는 농부, 생각하는 원예가가 되기를 바란다. 훌륭한 농부, 훌륭한 원예가가 되기를 진정으로 바란다면 흙 속에서 무슨 일이 일어나고 있는지를 이해해야만 한다.

그러니 공부를 시작하라. 이제 우리는 질소라고 다 같은 질소가 아니라는 것, 식물과 토양 생물이 제 할 일을 하도록 내버려두면 일이 훨씬 더 쉬워지고 정원이나 텃밭도 훨씬 더 좋아지리라는 것을 안다. 여러분의 밭과 정원이 자연적인 번영을 누리기를 바란다. 우리의 밭과 정원이 그러하듯이.

차례

1
텃밭과 정원에 사는
토양 생물 이야기

좋은 흙에서는 지렁이를 많이 보았을 테고, 살충제를 뿌리지 않았다면 지네, 톡토기, 개미, 민달팽이, 무당벌레 유충 같은 다른 토양 생물들도 만났을 것이다. 이 생물들 대부분은 지표면에서 10센티미터 이내에 산다. 어떤 토양 미생물이 지표면에서 3,2킬로미터나 떨어진 깊은 곳에서도 편안히 사는 것이 발견된 적이 있긴 하다. 그런데 생물 몇 가지가 산다고 해서 다 좋은 흙은 아니다. 좋은 흙이란 생물들이 바글바글한 흙인데, 흙 속에 생물들이 바글바글하는 모습을 보고 만족을 느끼는 사람들은 별로 없는 것 같다.

유기질 퇴비 부식(갈색), 분해되는 중인 식물 유체(초록색), 그리고 광물 입자 약간(자주색과 노란색)을 현미경으로 본 모습. 25배 확대. © Dennis Kunkel Microscopy, Inc.

1장

_좋은 흙은 누가 만드는가?
우리가 토양 먹이그물을 돌봐야 하는 이유

텃밭이나 정원을 가꾸는 사람들 대부분은 좋은 흙이 식물에게 좋고 나쁜 흙은 그렇지 않다는 정도만 알고 있다. 텃밭이나 정원 가꾸기에서 토양 먹이그물이 얼마나 중요한지를 알고 나면 우리가 어쩌면 그리도 무지했을까 싶어진다. 여러분은 좋은 흙에서는 지렁이를 많이 보았을 테고, 살충제를 뿌리지 않았다면 지네, 톡토기, 개미, 민달팽이, 무당벌레 유충 같은 다른 토양 생물들도 만났을 것이다. 이 생물들 대부분은 지표면에서 10센티미터 이내에 산다. 어떤 토양 미생물이 지표면에서 3.2킬로미터나 떨어진 깊은 곳에서도 편안히 사는 것이 발견된 적이 있긴 하다. 그런데 생물 몇 가지가 산다고 해서 다 좋은 흙은 아니다. 좋은 흙이란 생물들이 바글바글한 흙인데, 흙 속에 생물들이 바글바글하는 모습을 보고 만족을 느끼는 사람들은 별로 없는 것 같다.

텃밭이나 정원의 흙 속에는 우리 눈에 보이는 생물들(예를 들어 좋은 흙 1제곱피트[30.48제곱센티미터]에는 지렁이가 50마리까지 있다.) 뿐만 아니라, 정교하고 비싼 현미경 없이는 볼 수 없는 토양 유기체들의 세계가 있다. 현미경으로 보아야만 그 작은 생물들—세균, 균류, 원생동물, 선형동물—이 모습을 드러내는데, 믿기 어려울 정도로 많은 수가 우글거리는 것을 볼 수 있다. 한 티스푼 분량의 좋은 흙에는 눈에 안 보이는 세균 수십 억 마리, 역시 눈에는 안 보이는 균류의 균사가 3~4미터, 원생동물 수천 마리, 선형동물 수십 마리가 들어 있다.

모든 토양 생물의 공통점은 유기체로서 살아가기 위한 에너지를 필요로 한다는 점이다. 화학 합성을 하는 몇몇 세균은 황이나 질소에서, 심지어 철 화합물에서도 에너지를 끌어내지만, 나머지는 생명 유지를 위한 에너지를 얻으려면 탄소가 함유된 것을 먹어야 한다. 탄소는 식물이 분해된 유기물, 다른 생물의 배설물, 다른 생물 사체 등에서 얻을 수 있다. 모든 토양 생물의 첫 번째 임무는 물질대사의 에너지를 대기 위해 탄소를 획득하는 일이다. 땅 위에서, 땅속에서 먹느냐 먹히느냐의 세계가 펼쳐지는 것이다.

아이들 노래 중에 어쩌다가 파리를 삼킨 아줌마 이야기가 있다. 파리를

〈토양 먹이그물〉

절지동물
분해자

선형동물
식물 뿌리를 먹음

절지동물
포식자

조류

균류
균근균, 부생균

선형동물
균류와 세균을
먹이로 삼음

선형동물
포식자

식물
어린 가지와 뿌리

원생동물
아메바, 편모충, 섬모충

대형동물

유기물
식물, 동물, 미생물의
유체, 부산물, 대사 물질

세균

출처: 미국 농무부(USDA-NRCS)

삼키자 아줌마는 파리를 잡을 거미를 삼키고 그다음에는 거미를 잡을 새를 삼키고 계속 그렇게 이어지다가 결국 말을 삼켜서 죽는다. 파리에서 시작해서, 조금 엉뚱하지만 말로 끝나도록, 누가 누구를 먹는지를 도표로 그려보면 먹이그물이라는 것을 그리게 될 것이다.

동물들 대부분은 한 가지 이상의 먹이를 먹기 때문에, 만약 땅속에서, 그리고 땅 위에서 누가 누구를 먹는지를 그림으로 그리면 직선의 사슬이 아니라 서로 이어지고 얽히는 그물이 그려질 것이다. 토양 환경은 각각 생물의 구성이 다른 만큼 서로 다른 토양 먹이그물을 가지고 있다.

앞의 그림은 토양 먹이그물을 단순하게 표현한 것이다. 매우 조직적이고 복잡한 상호 작용, 관계, 화학적·물리적 과정을 단순화한 것이다. 어쨌거나 각각이 들려주는 이야기는 단순한 이야기로, 항상 식물에서 시작한다.

토양 생물이 식물의 양분을 만든다

텃밭이나 정원을 가꾸는 사람들은 대부분 식물이 뿌리에서 양분을 섭취해서 잎에 공급한다고 생각한다. 잎의 광합성으로 얻은 많은 에너지가 뿌리에서 분비하는 화학 물질 생산에 쓰인다는 것을 아는 사람은 거의 없다. 뿌리에서 분비하는 그러한 화학 물질을 삼출액渗出液이라고 하는데, 이것은 인간의 땀과 비슷하다고 할 수 있다.

뿌리 삼출액은 탄수화물(당을 비롯한)과 단백질 형태로 되어 있다. 놀랍게도 삼출액은 어떤 세균과 균류가 깨어나게 하고 그것을 끌어당기고 키운다. 그 세균과 균류는 흙 속에서 뿌리 삼출액을 먹고 또 실뿌리가 자라면서 떨어져 나간 세포 물질을 먹고산다. 삼출이나 뿌리 세포의 박리剝離는 모두 근권根圈에서 일어나는데, 근권은 처음에는 뿌리 주위였다가 1~2밀리미터 정도씩 확장된다. 전자현미경으로 보면 젤리나 잼처럼 보이는 근권에서는 세균, 균류, 선형동물, 원생동물, 그보다 훨씬 큰 생물 등 토양 생물의 구성

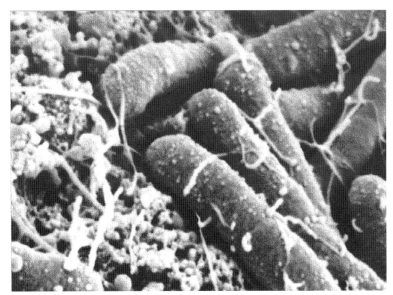

식물 뿌리와 그 주변의 상호 작용이 일어나는 범위를 근권이라고 한다. 세균을 비롯한 미생물, 돌 부스러기가 그 범위를 채운다. 1만 배 확대. 사진: Sandra Silvers, 미국 농무부 농업연구소(USDA-ARS)

이 계속 바뀐다. 이 생물들은 모두 근권 내의 삼출액이나 수분, 광물질을 두고 경쟁한다.

　토양 먹이그물의 밑바닥에는 세균과 균류가 있다. 이들은 식물 뿌리 삼출액에 이끌리고 그것을 섭취한다. 그리고 세균과 균류는 더 큰 미생물을 끌어들이고 큰 미생물에게 잡아먹힌다. 특히 선형동물과 원생동물(생물 시간에 배웠던 아메바, 짚신벌레, 편모충, 섬모충 등등이 기억나시는지?)의 먹이가 된다. 이들은 세균과 균류를 먹어서 탄소를 얻고 대사 작용의 에너지를 얻는다. 필요 없는 것은 모두 배설물로 내보내는데, 식물의 뿌리는 그것을 영양분으로 흡수할 수 있다. 식물 영양분의 공급이 이렇게 뿌리의 영양 흡수 장소인 근권 내에서 일어나는 것은 얼마나 편리한 일인가?

　모든 토양 먹이그물의 한가운데에는 식물이 있다. 식물은 자기 자신을 위해서 먹이그물을 통제하는데, 자연계를 계속 방해만 하며 정원과 텃밭을 가꾸는 사람들은 이런 놀라운 사실을 알지 못하고 고마워하지도 않는다. 연구에 따르면 개별 식물은 자기가 내놓는 삼출액을 가지고 근권에 끌어들일 균류와 세균의 수와 종류를 조절할 수 있다. 성장기의 각 시기에 따라, 식물에게 필요한 양분의 정도와 삼출액에 따라 근권의 세균과 균류 수가 늘었다 줄었다 한다.

토양 내 세균과 균류는 비료 주머니와 같다. 뿌리 삼출액과 다른 유기물질(떨어져 나온 뿌리 세포 같은)에서 얻은 양분과 질소를 제 몸속에 가지고 있기 때문이다. 계속 비유를 써서 설명하자면, 토양 내 원생동물과 선형동물은 '비료 살포기'와 같다. 이들은 세균과 균류라는 '비료 주머니' 속에 갇혀 있는 양분을 풀어놓는다. 흙 속에 사는 선형동물과 원생동물은 근권 내의 세균과 균류를 먹는다. 그들은 생존에 필요한 것을 소화한 다음에 남은 탄소와 기타 양분을 배설물로 내놓는다.

식물은 스스로 삼출액을 분비하여 균류와 세균을 (그리고 최종적으로는 선형동물과 원생동물을) 끌어들이지만, 식물의 생존은 이들 미생물들과의 상호 작용에 달려 있다. 이것은 완전히 자연적인 시스템으로, 식물이 진화한 이래로 변함없이 식물에게 에너지를 공급해온 시스템이다. 토양 생물은 식물에게 필요한 양분을 공급하고, 식물은 삼출액을 분비함으로써 순환이 시작되게 한다.

토양 생물이 흙의 구조를 만든다

식물 삼출액에 이끌린 균류, 세균을 먹은 원생동물과 선형동물은 이제 절지동물에게 먹힌다(절지동물이란, 몸에 마디가 있고 마디에 부속지가 달려 있고 외골격이라고 하는 딱딱한 외피를 가진 동물을 말한다). 곤충, 거미, 새우, 가재도 절지동물에 속한다. 토양 내 절지동물은 서로 잡아먹기도 하고 뱀, 새, 두더지, 그 밖의 동물들의 먹이가 되기도 한다. 간단히 말해서, 흙 속은 하나의 커다란 패스트푸드점과 같다. 이렇게 먹고 먹히는 모든 과정이 이루어지는 동안, 먹이그물을 구성하는 생물들은 먹잇감을 찾기 위해 또는 자

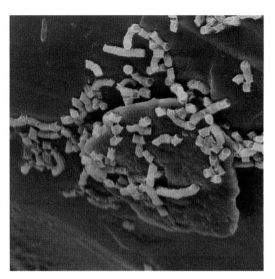

토양 입자 위의 세균.
© Ann West

신을 지키기 위해 흙 속에서 부지런히 움직이며, 그러는 동안 흙에 영향을 미친다.

세균은 너무 작아서 다른 것에 붙어 있어야 한다. 그렇지 않으면 쓸려 가버리기 때문이다. 이들은 붙어 있기 위해 끈적끈적한 것을 만들어내는데, 그것의 부차적인 결과는 흙 입자가 서로 뭉쳐진다는 것이다(이게 잘 이해되지 않으면 밤새 입속에서 만들어지는 플라크를 생각해보라. 입속 세균이 뭉쳐서 플라크를 만듦으로써 치아에 붙어 있을 수 있다). 균류의 균사 또한 흙 알갱이 사이를 돌아다니면서 거기에 달라붙으며 마치 실처럼 입자들을 묶어서 떼알 구조(입단 구조)로 만든다.

벌레, 애벌레, 두더지처럼 구멍을 파고 그 속에 사는 동물들은 먹이를 찾기 위해 또 몸을 숨기기 위해 땅속을 헤집고 다닌다. 그때 만들어지는 통로는 공기와 물이 흙에 잘 스며들게도 해주고 잘 빠져나갈 수도 있게 해준다. 현미경으로 보아야만 보이는 작은 균류도 이런 점에서 도움이 된다(5장 참조). 그러므로 토양 먹이그물은 근권 내의 뿌리에 영양을 공급할 뿐 아니라 토양 구조를 만드는 데에도 도움이 된다. 먹이그물 구성원들의 활동이 흙 속에 공기와 물의 통로를 만들어주는 동시에 흙 입자들을 뭉치게 하는 것이다.

토양 생물이 흙의 성분을 만든다

　토양 먹이그물의 구성원이 죽으면 그 공동체에 속한 다른 구성원의 먹이가 된다. 그 사체의 양분이 다른 구성원에게 전해지는 것이다. 대형 포식자가 그 먹이를 산 채로 먹을 수도 있고, 그 생물이 죽은 뒤에 부패하여 양분이 될 수도 있다. 어느 쪽이든, 균류와 세균이 관여한다. 그 생물이 바로 썩는 경우든, 아니면 그 생물을 잡아먹은 동물의 똥에 작용하는 경우든, 균류와 세균의 활동이 있어야 한다. 결국에는 양분이 보전되어 가장 작은 균류와 세균의 몸속에까지 옮겨진다. 균류와 세균은 잡아먹히거나 죽을 때 식물이 이용할 수 있는 형태의 영양분을 내놓는다.

　이러한 시스템이 없다면 매우 중요한 양분들이 흙에서 다 빠져나가 버릴 것이다. 그러나 양분은 빠져나가지 않고 토양 생물의 몸속에 보유된다. 여기서 우리가 기억해야 할 중요한 사실이 있다. 화학 비료를 뿌리면 아주 적은 양의 비료 조각만이 근권에 닿게 되는데, 그것들이 식물 뿌리에 조금은 흡수되지만 대부분은 계속해서 쓸려 나가서 결국 지하수면에 이른다. 그러나 토양 유기체 속에 들어 있는 양분은 그렇지 않다. 그런 상태를 고정immobilization이라고 한다. 이런 양분은 최종적으로 배설물로 나오거나 무기화mineralize된다. 그리고 식물 자체가 죽어서 썩으면, 그 식물이 가진 양분은 그것을 먹이로 삼는 균류와 세균에 의해 다시 한 번 고정된다.

　토양 내의 양분 공급은 다른 식으로도 토양 생물의 영향을 받는다. 예를 들어 지렁이가 유기물을 흙 속으로 끌고 들어오고, 흙 속에서 딱정벌레와 다른 벌레의 유충들이 그 유기물을 조각내서 균류와 세균이 분해할 수 있도록 한다. 이러한 지렁이의 활동은 토양 공동체에 많은 양분을 제공한다.

토양 먹이그물이 식물의 병을 막아준다

건강한 먹이그물이란 병원체에 의해 파괴되지 않는 먹이그물을 말한다. 토양 생물이 모두 다 이로운 것은 아니다. 텃밭이나 정원을 가꾸는 사람들은 세균과 균류가 일으키는 식물의 병이 많다는 것을 알고 있다. 건강한 토양 먹이그물은 함유하는 생물 수가 엄청날 뿐만 아니라 생물의 종류도 무척이나 다양하다. 앞서 말한 한 티스푼 분량의 좋은 흙에는 수십억 마리의 세균이 있는데, 그 종류는 아마도 2만~3만을 헤아릴 것이다. 건강한 토양은 미생물의 수뿐만 아니라 다양성 면에서도 풍부하다.

다양성을 가진 큰 공동체는 말썽꾸러기를 잘 제어한다. 비유를 들어 말하면, 사람들이 붐비는 시장에 도둑이 나타난 것과 같다. 시장에 사람들이 많이 있으면 도둑을 잡기가 쉬울 것이다. 혹은 사람들이 너무 많아서 도둑이 지나가지 못할 수도 있다(도둑을 잡는 것이 사람들의 이익에도 부합한다). 반대로 시장에 사람이 드문드문 있으면 도둑은 잡히지 않을 것이다. 도둑이 힘이 세고 발이 빠르면, 달리 표현하자면 쫓아오는 자들보다 더 적응을 잘한다면 도둑은 원하는 것을 가질 수 있을 것이다.

토양 먹이그물의 세계에서는 착한 편이 언제나 도둑을 잡는 것은 아니다(그러나 그런 일이 일어나기도 한다. 우리를 위해 착한 일을 하는 선형동물을 보라). 흙 속에서는 생물들이 삼출액과 양분을 두고 서로 경쟁한다. 공기, 물, 공간을 먼저 차지하려고 경쟁하기도 한다. 토양 먹이그물이 건강하면 이와 같은 경쟁이 병원성 균들을 제어한다. 병을 일으키는 것들이 경쟁에서 져서 죽을 수도 있다.

토양 먹이그물의 구성원 각각은 먹이그물에서 자기 자리를 가지고 있다. 지표면이든, 지표면 아래든, 각각은 한 가지 역할을 수행한다. 한 그룹만 없어도 토양 공동체는 극심한 변화를 겪을 것이다. 새는 발에 묻혀 온 원생동물을 퍼뜨리거나 어떤 구역에서 물어 온 벌레를 다른 구역에 떨어뜨림으로써 토양 공동체에 참여한다. 고양이가 너무 많으면 토양 먹이그물에 변화가 일어난다. 포유류의 똥은 흙 속에 있는 딱정벌레에게 양분을 제공하기 때문이다. 따라서 포유류를 없애거나 그것의 서식지나 영양원(두 가지가 동일한 것일 수도 있다)을 제거하면 딱정벌레가 전처럼 많이 보이지는 않을 것이다. 그 반대로 작동할 수도 있다. 건강한 토양 먹이그물은 어떤 구성원 집단이 너무 강해져서 먹이그물을 파괴하도록 내버려두지 않는다. 선형동물과 원생동물이 너무 많으면 그들이 먹이로 삼는 세균과 균류가 부족해지는 문제가 생기고, 최종적으로 그 구역의 식물에게도 문제가 된다.

그리고 또 다른 좋은 점도 있다. 균류가 뿌리 주변에 만드는 그물은 물리적 방어막 역할을 해서 병을 일으키는 균류와 세균으로부터 식물을 보호한다. 세균이 표면을 아주 촘촘하게 감싸기 때문에 다른 것이 들러붙을 공간이 없다. 만약 어떤 것이 이러한 균류나 세균에 타격을 주어서 그 수가 적어지거나 아예 사라지면 식물은 쉽게 병원체의 공격을 받는다.

균근균이라 불리는 유별난 토양 곰팡이는 뿌리와 공생 관계를 형성해서 뿌리를 물리적으로 보호할 뿐 아니라 양분을 나르는 역할까지 한다. 이 곰팡이는 뿌리 삼출액을 먹는 대신 수분, 인, 그 외 식물에게 필요한 양분을 공급한다. 토양 먹이그물의 개체군이 균형을 이루지 않으면 이 곰팡이들이 잡아먹혀서 식물이 병든다.

세균은 스스로 삼출액을 내기도 하는데, 표면에 붙어 있기 위해 사용하는 점액이 병원체를 막는 역할을 한다. 때때로 세균들은 균류와 협력해서 여러 겹의 보호막을 만들어낸다. 근권 내의 뿌리뿐만 아니라 엽권에도, 다시 말해 그만한 구역의 잎 표면에도 보호막을 만든다. 잎들도 뿌리와 마찬가지로 미생물을 유인하기 위해 삼출액을 만들어내는데, 이것이 침입을 막는 장벽 역할을 해서 병인성 생물이 식물체로 들어오지 못하게 한다.

어떤 균류와 세균은 비타민, 항생 물질 같은 병원체 억제 물질을 만들어내서 식물의 건강을 유지, 향상시킨다. 페니실린과 스트렙토마이신 같은 의료용 항생 물질도 흙에 사는 균류와 세균이 만들어내는 것이다.

질소라고 다 같은 질소가 아니다

어쨌거나 식물의 시각에서 보면, 궁극적으로 토양 먹이그물의 역할은 양분이 세균과 균류의 몸속에 일시적으로 고정되어 있다가 다음에 무기화할 때까지 순환되도록 하는 것이다. 이러한 양분 중에 가장 중요한 것은 질소다. 질소는 아미노산의 기본이 되는 물질로, 생명의 가장 기초적인 요소라 할 수 있다. 대체로 균류와 세균의 생물량(토양 속에 있는 균류와 세균 각각의 총량)이 식물이 당장 사용할 수 있는 질소의 양을 결정한다.

토양생물학자들은 1980년대가 되어서야 흙 속의 세균과 균류의 양을 정확히 측정할 수 있게 되었다. 오리건 주립대학의 일레인 잉햄 박사는 다른 연구자들과 함께 여러 유형의 토양에 포함된 균류와 세균의 비율을 보여주는 공동 연구 결과를 발표하기 시작했다. 일반적으로 사람 손을 타지 않은 흙(큰 나무가 자라는 삼림 토양)에는 세균보다 균류가 훨씬 많은 반면, 사람 손을 탄(예를 들어 기계로 경운한) 흙은 균류보다 세균이 훨씬 더 많았다. 이 연구와 그 이후의 연구들에 따르면, 농지의 흙은 균류와 세균의 생물량 비율(F:B 비율)이 1:1이거나 균류가 조금 더 적은 반면, 숲의 흙은 세균보다 균류가 열 배 이상 많다.

잉햄과 오리건 주립대 대학원생들은 식물에 따라 좋아하는 흙이 따로 있다는 점도 밝혀냈다. 어떤 식물은 균류가 많은 흙을 더 좋아하고, 어떤 식물은 세균이 많은 흙을 더 좋아하고, 또 어떤 것은 균류와 세균의 수가 비슷한 흙을 좋아한다는 것이다. 세균 우점 토양에서 균류 우점 토양으로 바뀌는 것은 식물 천이遷移(일정한 지역의 식물 군락이나 종들이 시간이 흐름에 따라 변천해가는 현상 −옮긴이)의 일반적인 과정을 따르기 때문에, 특정한 식물이 어디에서 왔는지를 살펴 보면 그 식물이 어떤 유형의 흙을 좋아하는지 쉽게 예측할 수 있었다. 일반적으로 다년생 초본여러해살이풀, 교목, 관목은 균류가 많은 흙을 좋아하고, 일년생 초본한해살이풀, 잔디, 채소는 세균이 많은 흙을 좋아한다.

여기서 텃밭이나 정원을 가꾸는 사람들이 주목해야 할 점은 세균과 균류 내의 질소다. 토양 먹이그물이 식물에게 중요한 이유는 이것이다. 세균이나 균류를 먹이로 먹은 생물은 질소 중 많은 양을 식물이 이용할 수 있는 암모늄 이온(NH_4^+) 형태로 방출한다. 토양 환경에 따라 이것이 암모늄 이온으로 남아 있을 수도 있고 특정한 세균에 의해 질산 이온(NO_3^-)으로 전환될 수도 있다. 그러면 언제 질산 이온으로 전환될까? 세균이 많은 흙 속에서 암모늄 이온이 방출될 때다. 세균이 우점하는 토양은 일반적으로 (세균 점액층 덕분에) 알칼리성을 띠는데, 알칼리성 흙에서는 질화 세균이 쉽게 증식하기 때문이다. 반면 균류가 우점하기 시작하면 균류가 만들어내는 산(酸) 때문에 pH가 낮아지고 따라서 질화 세균이 크게 줄어든다. 그래서 균류가 우점하는 토양에서는 질소 중 많은 양이 암모늄 이온 형태로 남는다.

바로 여기서 골칫거리가 생긴다. 화학 비료는 식물에게 질소를 공급하지만 대부분 질산 이온 형태로 되어 있다. 그러나 토양 먹이그물을 이해한다면, 균류가 많은 토양을 좋아하는 식물이 질산 이온을 먹고는 잘 자랄 수 없다는 것을 분명히 알 것이다. 이것을 알면 여러분이 텃밭과 정원을 가꾸는 방식에 큰 변화가 일어날 것이다. 균류나 세균 어느 한 쪽이 우점하도록 할 수 있다면, 또는 같은 비율을 유지하게 할 수 있다면(그렇게 하는 방법은 2부에서 설명할 것이다), 식물은 비료 없이도 자기가 좋아하는 형태의 질소를 흡수해서 잘 자랄 것이다.

토양 먹이그물에 해로운 것들

화학비료, 농약, 살충제, 살균제 들은 토양 먹이그물의 어떤 구성원들에게 치명적인 해를 입히고 어떤 구성원들은 쫓아내며 토양 환경을 바꾸어 놓음으로써 토양 먹이그물에 큰 영향을 준다. 식물이 양분을 거저 얻을 수 있으면 균류와 세균과의 중요한 관계가 만들어지지 않는다. 화학 물질 양분을 공급받는 식물은 미생물의 도움을 받아 양분을 얻는 방식을 취하지 않게 되고 그에 따라 미생물 수가 줄어든다. 이때 문제는, 적절한 다양성—
그것이 바로 토양 먹이그물의 기초인데—이 이미 사라져버렸으므로 농부
나 원예가는 계속해서 화학비료를 주고 온갖 살충제, 살균제를 쳐야 한다
는 것이다.

　세균, 균류, 선형동물, 원생동물이 사라지면 먹이그물의 다른 구성원
들도 사라질 수밖에 없다. 예를 들어 수용성 질소 비료에 들어 있는 합성
질산염 때문에 지렁이는 먹이가 부족해지고 피부가 따끔거려서 다른 데로
옮겨갈 수밖에 없다. 지렁이는 유기물을 분해하는 데 큰 역할을 하기 때문
에 지렁이가 없어지는 것은 크나큰 손실이다. 건강한 먹이그물의 활동과
다양성이 사라지면, 양분 시스템이 손상을 입는 데 그치는 게 아니라 건강
한 토양 먹이그물이 주는 다른 혜택도 모두 잃는다. 토양 구조가 나빠지고
배수에 문제가 생기고 병원균과 해충이 극성을 부릴 것이다. 그리고 가장
나쁜 것은 필요 이상으로 일이 늘어난다는 점이다.

　염이 주 성분인 화학 비료가 토양 먹이그물을 다 죽이지는 않았더라도,
거기에 경운을 더하면 먹이그물은 더욱 망가지게 된다. 봄이 온 것을 축하
하는 의식과도 같은 밭갈이는 균류의 균사를 부수고 벌레들을 모두 죽이
고 절지동물들을 갈가리 찢고 짓이겨놓는다. 경운은 토양 구조를 파괴해
결국 공기를 적당히 보유한 토양을 악화시킨다. 그러면 또 일이 더 늘어나
는 셈이다. 대기 오염과 살충제, 살균제, 제초제 또한 먹이그물 공동체의 중
요한 구성원들을 죽이거나 쫓아낸다. 사슬에서는 가장 약한 고리가 그 사
슬의 강도를 결정한다. 토양 먹이그물에 구멍이 생기면 그 시스템은 무너져
제대로 작동하지 못한다.

건강한 토양 먹이그물로 기름진 땅을!

　텃밭이나 정원을 가꾸는 사람들이 토양 먹이그물과 흙이 어떻게 작동
하는지를 알아야 하는 이유는 무엇일까? 그것을 알면 여러분에게도 작물

에게도 이롭게 흙을 관리할 수 있기 때문이다. 정원이나 텃밭을 가꿀 때 토양 먹이그물의 원리를 활용한 기술을 사용하면 화학 비료, 제초제, 살균제, 살충제를 (또한 그것을 뿌리는 노동을) 줄일 수 있고, 잘하면 완전히 없앨 수도 있다. 메마른 땅을 기름진 땅으로 돌려놓을 수 있다. 그러면 흙 속의 양분이 어디로 새는지도 모르게 유실되는 대신 토양 먹이그물 생물들의 몸속에 간직될 것이다. 식물들은 각각이 필요로 하는, 다시 말해 각각이 원하는 형태의 양분을 흡수할 것이고, 그러면 스트레스를 덜 받을 것이다. 작물을 재배하는 사람은 자연적인 질병 예방, 보호, 억제 효과를 얻을 수 있다. 그리고 토양의 보수력도 향상될 것이다.

식물의 건강을 유지시키는 일의 대부분은 토양 먹이그물 속의 생물들이 한다. 수십억의 생물들이 일년 내내 쉬지 않고 갖가지 힘든 일을 도맡아 한다. 식물에 양분을 공급하는 일, 해충과 질병을 막는 방어 시스템을 세우는 일, 흙을 부드럽게 하고 물이 잘 빠지게 하는 일, 산소와 이산화탄소의 통로를 만드는 일 등등. 여러분이 직접 이런 일을 할 필요가 없어지는 것이다.

토양 먹이그물과 함께하는 텃밭 농사는 아주 쉽지만, 우선 흙 속에 생명을 되살리는 일이 필요하다. 그러려면 첫째, 토양 먹이그물이 작동하는 장소인 토양에 대해서 좀 알아야 한다. 둘째, 먹이그물에서 핵심적인 구성원 각각이 하는 일을 알아야 한다. 이 두 가지는 이 책 1부의 나머지 장들에서 다룰 것이다.

맹 큐
아 메 바

2장

_토양학 특강

이번 기회에 밖으로 나가서 여러분의 밭이나 정원 여기저기에서 흙을 한 줌씩 가지고 와보라. 그 흙을 자세히 찬찬히 살펴보라. 냄새를 맡아보고 손가락으로 비벼보라. 그 시료들 간의 차이와 유사점을 비교해보라. 이 장을 읽고 난 뒤에 다시 한 번 관찰해보면 그 흙들을 다른 시각으로 보게 될 것이다.

정원이나 텃밭을 가꾸는 사람들은 대개 흙에 대해서 아는 게 없고 흙이 왜 중요한지도 모른다. 흙은 토양 먹이그물의 모든 생물이 사는 집이다. 우리가 관심을 가지는 배우들이 활동하는 무대인 것이다. 정원이나 텃밭을 더 잘 가꾸기 위해 토양 생물들의 생태를 이해하고 이 지식을 활용하는 법을 알고 싶다면, 흙의 물리적 특성에 대해서 조금 알아야만 한다. 좋은 흙 1에이커(4047제곱미터)에는 작은 포유류가 약 1킬로그램 있고, 원생동물이 60킬로그램, 지렁이, 절지동물, 조류藻類가 350킬로그램, 세균이 900킬로그램, 균류가 1000킬로그램 들어 있다.

식물이 잘 자라기를 바라면 우리들 대부분은 그저 좋은 흙을 갖다 부으려고 한다. 노련한 농부는 척 보면 좋은 흙인지 아닌지를 안다. 좋은 흙은 커피 색깔에, 유기물이 풍부하고 수분을 많이 함유하면서도 물이 너무 많을 때는 배수가 잘 된다. 그리고 좋은 냄새가 난다. 나쁜 흙은 색깔이 흐릿하고, 딱딱하고, 물이 너무 잘 빠져서 물을 담아두지 못하거나 너무 물이 안 빠져서 때로 공기도 안 통하는 흙이다. 그리고 냄새가 좋지 않다. 그런데 만약 여러분이 토양 먹이그물을 활용해서 정원을 가꾸겠다면 이보다는 더 많이 알아야 한다. 흙은 어디에서 오는가? 구성 성분은 무엇인가? 흙이란 어떤 것이라고 할 수 있을까? 흙의 특성을 어떻게 측정할 수 있을까? 이런 것을 알면 흙을 관리하는 데 도움이 된다. 정말로 좋은 흙인가 아닌가는 결국 그 흙에서 무엇을 키우고 싶은가에 따라 다르기 때문이다. 좋은 흙이란, 거기서 자라는 식물과 궁합이 맞는 토양 먹이그물을 유지할 수 있는 흙이라는 말이다. 흙에 대해 좀 더 배우면, 흙의 색깔과 냄새로 판단하는 정도를 넘어서서 흙에 대해 좀 더 알게 된 것이 다행이라고 생각할 것이다.

흙이란 과연 무엇일까?

전문가처럼 말하자면, 흙이란 지각 표면의 유기물, 광물질 같은 미고결 물질이다. 흔히 지구를 사과에 비유해서 이렇게 설명한다. 사과 껍질 약 75퍼센트—지구에서 물이 차지하는 비율—를 깎아내고, 사막과 산—너무 더운 땅, 너무 추운 땅, 작물을 재배하기에는 너무 경사진 땅—이 차지하는 15퍼센트를 더 깎아낸다. 그러면 남은 10퍼센트가 지구가 가진 흙에 해당한다. 요컨대 식물이 살 수 있도록 해주는 물리적·화학적·생물적 특성을 가진 흙은 지구 표면의 10퍼센트에 불과하다. 도시가 차지한 땅, 도로, 그 외 인간이 만든 시설물들까지 치면(그런데 대개 이런 것들은 가장 좋은 흙 위에 세워져 있다), 사용할 수 있는 흙의 표면적은 더욱더 줄어든다.

지금 우리가 관심을 가지는 것은 우리의 정원과 텃밭에 있는 흙에 해당하는 가느다란 사과 껍질이다. 그것은 어떻게 생기게 되었는가? 그것은 무엇인가? 그것은 왜 식물의 생장을 돕는가?

풍화 작용

여러분이 가꾸는 정원의 흙은 대체로 햇빛과 비바람에 의한 풍화 작용의 결과물이다. 태양이나 비바람 같은 자연의 힘이 암석을 분해한다. 그 힘은 물리적인 것일 수도 있고 화학적인 것, 생물학적인 것일 수도 있다.

우선 바람, 비, 눈, 햇빛, 추위, 마찰이라는 단순한 작용만으로도 바위가 작은 광물 입자로 쪼개지고 토양 형성 과정이 시작된다. 바위 틈에 물이 들어가서 얼면 부피가 9퍼센트가량 커진다(그러면 제곱인치당 900킬로그램가량의 힘이 가해진다). 날씨가 뜨거울 때에는 암석의 표면이 팽창하는데 이때 바위 내부, 겨우 1밀리미터 안쪽만 해도 차갑고 안정된 상태가 유지된다. 이러한 온도 차로 바깥층에 틈이 생기고 표면이 벗겨져서 작은 입자들로 바뀐다.

암석이 물, 산소, 이산화탄소에 노출되어 분자 결합이 깨지는 것이 화학적 풍화 작용이다. 암석 내부의 어떤 물질이 용해되면 바위가 구조적 안정성을 잃고 물리적 풍화 작용을 더 많이 받게 된다(각설탕이 찻잔 속에 떨어진 다음 휘저어지는 것과 마찬가지다). 균류와 세균도 먹이를 분해할 때 화학 성분을 만들어 화학적 풍화에 기여한다(균류는 산성 물질을 만들고, 세균은 알칼리성 물질을 만든다). 이산화탄소 외에 미생물들이 만드는 암모니아와 질산도 용해제 역할을 한다. 암석 물질은 단순한 원소들로 분해된다. 흙 속에는 90가지에 이르는 다양한 화학 원소들이 있지만, 토양 대부분을 구성하는 것은 여덟 가지뿐이다. 산소, 규소, 알루미늄, 철, 마그네슘, 칼슘, 나트륨, 칼륨이 그것이다. 그리고 이온화된 분자들이 여러 조합으로 서로 결합하여 여러 가지 무기물을 만든다.

생물 활동도 풍화 작용을 일으킨다. 이끼와 지의류(정확히 말하자면 지의류속의 균류)가 암석에 붙어서 산성 물질과 킬레이트제를 만들어내는데, 이

바위 위의 노란 지의류가 만들어낸 산성 물질이 서서히 이 바위를 흙으로 바꾸는 데 일조한다.
사진: Dave Powell, USDA Forest Service, www.forestryimages.org

것들이 양분으로 쓸 암석의 작은 조각들을 분해하는 역할을 한다. 그 결과 작은 틈이 생기고 그 틈은 물로 채워진다. 물이 얼었다 녹았다 하는 일이 반복되면서 모재母材가 더욱더 잘게 부수어지고 큰 식물의 뿌리가 암석 틈으로 파고들어 틈을 넓힘으로써 암석이 쪼개진다.

유기물

암석은 풍화 작용으로 한두 종류의 광물 성분으로 분해된다. 그런데 토양은 식물이 살 수 있는 것이어야 한다. 그렇게 되려면 광물만으로는 부족하다. 평균적으로 좋은 밭흙은 45퍼센트가 광물이고 5퍼센트는 유기물이며, 흙 속과 흙 위에서 생물들이 활동을 한다. 지표의 식물과 동물이 죽어서 세균과 균류에 의해 분해되면 결국 부식(부식토)으로 바뀐다. 탄소가 풍부한 커피색 유기물이 되는 것이다. 잘 삭은 퇴비와 비슷한 이 귀중한 물질이 부식이다.

부식은 넓은 표면을 가진, 아주 길고 깨기 어려운 탄소 분자 사슬로 구성된다. 이 표면은 전하를 띠고 있어서 광물 입자를 끌어들이고 보유한다. 게다가 그 긴 사슬의 분자 구조는 스펀지처럼 생겼다. 쏙 들어간 곳과 틈이 많아서 토양 미생물들에게는 진정한 콘도미니엄 역할을 한다. 부식과 다른 유기 물질, 예를 들어 죽은 식물체와 동물 사체를 풍화된 광물에 더하면, 교목, 관목, 잔디, 초본을 키울 능력을 거의 다 갖춘 흙이 된다. 그러나 아주 좋은 흙은 아니다.

공기와 물

광물과 부식은 흙에서 고체 부분을 구성하는데, 식물에게는 산소와 물 곧 기체와 액체도 필요하다. 광물 알갱이와 유기물 입자 사이의 틈은 공기나 물로, 혹은 공기와 물로 채워진다.

토양 공극 사이에서 물이 움직이는 방식은 한 가지 혹은 두 가지다. 중력에 의해 밑으로 흘러내리거나, 개별 물 분자가 서로 당기는 힘 곧 모세관

부식은 진한 커피색을 띠며 유기물이 풍부하다. 이 흙은 55퍼센트가 유기물이다. 사진 제공: Alaska Humus Company, www.alaskahumus.com

작용에 의해 움직인다. 중력수는 토양 공극을 따라 흐른다. 자갈을 담은 항아리에 물을 붓는다고 상상해보라. 항아리가 가득 찰 때까지 중력은 물을 바닥으로 끌어당긴다. 공극이 크면 중력수가 더 잘 흘러간다. 물이 공극을 다 채우면 그 앞에 있는 공기를 밀어내고 그 자리를 차지하는데, 그 물이 흘러 내려가면 그 자리에 새로운 공기가 들어온다. 중력수가 뿌리에 닿으면 뿌리는 스펀지처럼 물을 흡수한다.

　작은 토양 공극에는 모세관수의 막이 형성되는데 그것은 중력의 영향을 받지 않고 중력수가 내려간 뒤에도 남아 있는 물이다. 그 수분은 물 분자 간의 결합에 의해 뭉쳐 있는 것으로(응집력이라고 하는 건데 복잡한 것은 건너뛰자) 흙 표면을 둘러싸고 있다(부착력이라는 것 때문이다). 이것이 표면 장력을 만들어서 물이 흙 입자 표면에 두꺼운 막을 형성하게 한다. 모세관수는 위로 올라갈 수도 있다. 중력수가 흘러간 뒤에도 식물 뿌리는 이 물을 이용할 수 있다. 그래서 모세관수는 식물에게 큰 비중을 차지하는 수원이다.

흡습수는 얇은 수막인데 두께가 분자 몇 개 정도밖에 되지 않는다. 모세관수와 마찬가지로 전기적 특성 덕에 매우 작은 토양 입자에 붙어 있다. 이 수막은 아주 얇으며, 물 분자와 토양 입자 사이의 연결이 매우 강해서 깨뜨리기가 극도로 어렵다. 그래서 뿌리는 흡습수를 빨아들일 수 없지만, 많은 미생물들이 살아가고 돌아다니려면 이 수막이 꼭 필요하다. 날씨가 아주 건조할 때에도 토양 입자 표면에는 흡습수가 남아 있다. 열을 강하게 가하지 않는 한 흙에서 흡습수를 제거하기는 불가능하다.

좋은 흙의 공극 중에 절반가량은 물로 가득 차 있고 나머지 반은 공기가 차 있다. 물의 움직임은 오래된 공기를 밖으로 밀어내고 표면에서 공기가 새로 들어오게 하므로 물을 주는 것은 공기의 순환이 일어난다는 의미다. 공기를 순환시키는 것은 매우 중요하다. 건강한 토양 먹이그물이 작동한다면, 토양 생물의 대사 활동은 산소를 사용하고 이산화탄소를 만들어낸다. 이산화탄소가 있다는 것은 토양이 생명을 품고 있다는 좋은 표시지만, 이산화탄소가 신선한 공기로 바뀌어야 생명이 지속될 수 있다.

어떤 토양에서는 많은 부분에서 공극이 막혀 있어 물이 흐를 때 공기가 순환되지 않는다. 물조차 흐르지 못하는 경우도 있다. 이런 토양의 공극률은 매우 좋지 않다. 이는 토양 입자 사이에 적절한 공간이 없다는 뜻이다. 흙 속의 산소가 전부 혐기성嫌氣性 대사 활동으로 소진되어 산소가 적은 혐기적 조건이 만들어질 수도 있다. 그런 조건에서 살 수 있는 유기체는 알코올 등 식물 뿌리 세포를 죽이는 물질을 분비하는 경우가 많다.

토양 단면과 토양층

토양은 풍화 작용의 힘에 그대로 노출되어 있다. 예를 들어 빗물이 흙속으로 흘러 들어가면 토양 광물과 유기 물질이 용탈溶脫(토양 속을 흐르는 물이 토양의 가용성 성분을 용해하여 운반, 제거하는 현상 −옮긴이) 된다. 그 물질이 흘러가다가 장애물에 부딪혀서 어떤 지역 또는 어떤 층에 집중될 수가 있다. 입자 크기에 따라 특정 물질이 쌓이거나 걸러질 것이다. 시간이 흐르면 결국 여러 가지 물질의 층과 지역이 뚜렷이 구분되어 형성될 것이다. 흙을 파 내려가면, 그랜드캐니언의 암벽에서 볼 수 있는 것과 같은 토양층을 만날 수도 있다. 토양 단면은 이와 같은 토양층의 지도라 할 수 있다.

토양학자들은 전형적인 토양 단면이 나타나는 토양층에 글자 하나 또는 글자들의 조합으로 이름을 붙였다. 정원이나 텃밭을 가꾸는 사람들에게 중요한 토양층은 (고맙게도) 최상 토양층인 O층(유기질층)과 A층(표토층)뿐이다. Oi 토양층은 생물 조직의 원형을 알아볼 수 있을 정도로 분해가 진행된 층이다(그 원형을 알아보려면 약간의 훈련이 필요한데 그것은 이 책의 범위를 넘어서는 일이다). Oe 토양층은 분해가 좀 더 진행된 층이다. 식물 잔해라는 것은 알아볼 수 있지만 어떤 식물인지는 훈련을 받은 사람도 알아볼 수 없다. 마지막으로 Oa 토양층은 유기 물질이 완전히 분해되어 식물 잔해인지 동물 잔해인지조차 알 수 없는 정도인 것을 말한다. 여러분의 토양이 완전히 부식토로 바뀌지 않아서 질소 같은 분해 부산물을 더 만들어낼지, 아니면 미생물들이 완전히 분해를 했는지 알고 싶다면, 이런 것들이 꽤 유용한 정보가 될 수 있다.

A층은 O층 아래에 있다. 물이 O층을 통과해서 흐르며 유기질 입자들을 아래로 끌어당김에 따라 부식 입자들이 여기에 모인다. 이 토양층을 관통해서 흐르는 물은 물에 뜨거나 용해되는 물질을 가지고 간다. 이 A층은 모든 토양층 중에서 유기 물질이 가장 많고 생물 활동이 가장 활발한 곳이다. 여기가 바로 뿌리가 자라는 곳이다.

몇 가지 다른 토양층이 그 아래에 쌓여 있고 제일 밑바닥에는 모암층이 있다. 여러분이 직접 땅을 파서 토양층을 모두 보려면 굴착기가 필요할 텐데, 그만한 노력을 들일 필요가 있을지 모르겠다. 토양층이 하나 또는 몇개 없는 경우가 종종 있다. 풍화 작용의 힘 때문에 쓸려 가버렸거나 닳아 없어진 것이다. 또 토양층이 뚜렷이 구분되지 않는 경우도 있다.

중요한 것은 여러분의 텃밭과 정원이 상층 토양들 곧 식물이 자라는 곳에 좋은 흙—좋은 흙은 광물, 유기물, 공기, 물이 적절히 섞인 것이다—을 갖게 하는 것이다. 최상층의 토양이 좋지 않으면 뭔가를 넣어주거나 흙을 완전히 바꾸어야 한다.

토양 빛깔

빛깔은 흙 속에 무엇이 있는지를 쉽게 알려주는 표지가 될 수 있다. 때로 흙 색깔은 흙의 특정한 광물과 유기물 성분에 달려 있기 때문이다. 흙 색깔에 영향을 주는 주요 요소들은 풍화, 산화, 철이나 망간 같은 무기물로의 환원, 유기물의 생화학적 분해 등이다.

흙 속의 유기물 성분은 색을 내는 데 매우 중요한 역할을 하는데, 유기물이 많으면 짙은 색이 된다. 유기물은 축적될 수도 있고 용해되어 토양 입자를 검은색으로 감쌀 수도 있다. 토양 성분 중에 철이 있으면 녹이 슬어서 붉고도 노르스름한 색으로 토양 입자를 덮는다. 산화망간이 토양의 주요 성분이면 토양 입자는 검자줏빛을 띤다. 이런 색들이 있으면 보통 배수와 통기가 잘 된다는 것을 뜻한다.

토양이 회색이면 유기 물질이 부족함을 나타낸다. 혐기적 조건일 때도 회색을 띤다. 혐기적 조건에서 살 수 있는 미생물은 토양 속 철을 이용하는 경우가 많은데 그 과정에서 토양이 색을 잃게 만든다. 그와 유사하게 마그네슘도 다른 종류의 혐기성 토양 미생물에 의해 색이 없는 성분으로 환원된다.

토양학자들은 색상 차트를 이용하여 토양 조건을 판단하고 비교하고 설명한다. 그러나 정원이나 텃밭을 가꾸는 사람들로서는 다른 토양 빛깔은 그다지 중요하지 않다. 우리에게 좋은 토양은 짙은 커피색이다. 되풀이해서 말하지만, 유기물 성분 덕에 생기는 색은 짙은 커피색이다.

토성

토양학자들은 토양 입자의 크기를 토성土性, texture이라는 말로 설명한다. 토성의 범주는 모래, 미사, 점토 세 가지다. 모든 토양은 특정 토성을 가지고 있어서 그 성향을 판단해서 토양 먹이그물이 건강해지도록, 그리하여 식물이 잘 자라도록 도울 수 있다.

토성은 구성 성분과는 상관이 없다. 석영 알갱이만이 '모래'라고 생각했다면 잘못 생각한 것이다. 모래 입자 대부분은 사실 석영이 맞다. 그러나 규토, 장석(칼륨규산알루미늄, 나트륨알루미늄규산염, 칼슘규산알루미늄), 철, 석고(황산칼슘) 등 모든 종류의 암석은 풍화되어 모래가 될 수 있다. 산호초가 잘게 부서져서 모래가 되었다면 그것은 석회질 모래다. 미사 입자 대부분도 석영인데(모래 토양에서 발견되는 것보다 크기가 훨씬 작을 뿐이다), 모래와 마찬가지로 석영이 아닌 다른 구성 성분을 가질 수 있다. 다른 한편, 점토는 완전히 다른 광물들로 구성되어 있다. 함수 규산알루미늄 광물, 그리고 마그네슘과 철, 때로는 약간의 알루미늄이 점토를 이루는 성분이다.

그러니 텃밭이나 정원 가꾸는 사람이 알아야 할 핵심은 토성이 입자의 구성 성분이 아니라 입자 크기와 관련이 있다는 점이다. 그렇다면 어떤 크기의 입자가 모래, 미사, 점토를 구성하는가?

모래부터 보자. 여러분이 바닷가에 가보았다면 모래 입자를 육안으로도 관찰할 수 있다는 사실을 알 것이다. 모래는 지름이 0.0625~2밀리미터다. 그보다 큰 것은 입자 사이에 공간이 너무 많아서, 통로에 까는 자갈로 쓰는 용도 외에는 정원 가꾸는 사람에게 쓸모가 없다. 모래 입자는 충분히 작아서 모래가 모여 있을 때에는 물을 지니고 있을 수 있지만, 대부분은 중력수여서 금세 빠져나간다. 그러면 공기가 많이 남아 있고 약간의 모세관수만 남는다. 게다가 모래 입자는 중력의 영향을 받기에 충분할 정도로 입자가 커서 물과 섞이면 곧바로 바닥으로 가라앉는다. 모래 비율이 높은 토양은 손가락으로 비벼보면 깔깔하다.

그다음으로 큰 것은 미사다. 모래 입자는 육안으로 관찰할 수 있지만 미사 입자를 보려면 현미경이 필요하다. 모래와 마찬가지로 미사도 암석이 풍화 작용을 받아서 생긴 것이다. 말하자면 아주아주 크기가 작아진 암석으로 되어 있는 것이다. 지름은 0.004~0.0625밀리미터다. 미사 입자 사이의 공극은 훨씬 더 작아서 모래보다 모세관수를 더 많이 담아둘 수 있다. 모래와 마찬가지로 미사 입자도 중력의 영향을 받아, 물속에 넣으면 가라앉는다. 미사를 손가락으로 비벼보면 밀가루 같다.

점토는 열수작용이 일어나는 동안 만들어지거나 화학 작용에 의해 만들어진다. 여기서 화학 작용이란 규산염을 함유한 암석이 탄산에 의해 풍화하는 것을 말한다. 점토 입자는 미사와 쉽게 구별되지만 점토 입자를 보려면 전자현미경이 필요하다. 점토 입자는 토양을 구성하는 입자 가운데 가장 작아서 지름이 0.004밀리미터 이하다. 점토 입자는 손가락

〈토성〉

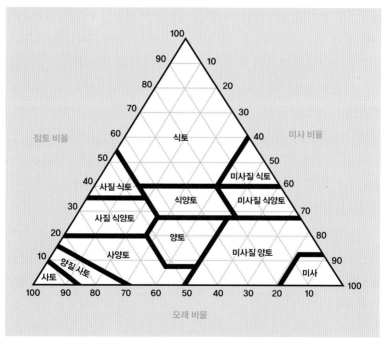

도표 제공: Tom Hoffman Graphic Design

으로 비벼보면 매끈매끈하다. 점토 입자가 물을 많이 흡수해서 가지고 있기 때문이다. 그래서 그것을 함수^{含水} 규산 화합물이라고 부른다. 점토에는 규소 외에도 물이 포함되어 있고 알루미늄, 마그네슘, 철도 종종 포함되어 있다.

비교를 위해 좀 더 익숙한 것을 놓고 살펴보자. 점토 입자가 금잔화 씨앗 크기라면, 미사 입자는 큰 무 정도의 크기이고, 모래 알갱이는 커다란 손수레만 하다고 말할 수 있다. 다른 방식으로 비유하자면, 모래 1그램(한 티스푼정도)을 입자 한 개의 두께로 얇게 편다고 하자. 그러면 1달러 동전만 한 면적을 덮을 수 있을 것이다. 같은 양의 점토를 입자 하나 두께로 펴려고 하면 농구장 하나가 필요할 것이다. 농구 코트 주변의 관람석까지 포함해서 말이다.

토성은 어떤 차이를 만들까? 입자 크기는 입자의 표면뿐만 아니라 입자들 사이 공극의 표면과도 관련이 있다. 점토는 모래와 비교하면 표면이 엄청나게 크다. 미사는 중간쯤 된다. 점토는 입자 사이 공극의 크기가 더 작지만 공극 수가 더 많아서 공극의 표면이 미사에 비해 더 크다. 미사는 모래보다 공극 공간이 더 크다. 덧붙여 말하자면, 대개 부식 형태로 된 유기 물질은 매우 미세한 입자들로 구성되어 있는데, 점토와 마찬가지로 표면 영역을 많이 가지고 있어서 식물의 양분이 거기에 붙어 있을 수 있다. 그래서 양분이 빠져나가는 것을 방지한다. 부식 또한 모세관수를 가지고 있다.

모든 토양은 서로 다른 토성을 가지고 있지만 얼마나 많은 모래, 미사, 점토 크기의 알갱이를 가지고 있는가에 따라 특정한 범주에 포함시킬 수 있다. 정원이나 텃밭 흙으로 가장 좋은 것은 양토(필요한 성분이 골고루 든 비옥한 흙)인데, 그것은 모래, 미사, 점토가 상대적으로 동등한 비율로 섞여 있는 흙이다. 양토는 미사와 점토의 표면 영역을 가지고 있으며 양분과 물을 담아둘 수 있고 모래의 공극 공간을 가지고 있어서 물이 잘 빠지고 공기가 잘 통한다.

토양 성분을 알아보자

좋은 밭흙 또는 좋은 정원 흙은 30~50퍼센트의 모래, 30~50퍼센트의 미사, 20~30퍼센트의 점토, 그리고 5~10퍼센트의 유기 물질을 함유한다. 여러분의 흙이 이 이상적인 양토의 조건에 얼마나 들어맞는지 확인할 방법이 있다. 1리터짜리 병, 물 두 컵, 연수제 한 큰술만 있으면 된다. 그리고 텃밭이든, 화단이든, 잔디밭이든, 여러분이 확인하고 싶은 곳에서 30센티미터 깊이까지의 흙을 퍼 와야 한다.

토양 샘플을 물 두 컵, 연수제 한 큰술과 섞는다. 병에 넣고 뚜껑을 닫은 다음 세차게 흔든다. 물속에 모든 입자가 떠 있도록 하기 위해서다. 그다음에 병을 내려놓고 가라앉힌다. 1~2분 뒤면 토양 속의 모래 입자가 가라앉을 것이다. 가장 작은 미사 입자가 모래 위에 가라앉을 때까지는 몇 시간이 걸린다. 가장 작은 점토 입자는 하루 종일 떠 있는 것이 많을 것이다. 토양 내 유기 물질은 훨씬 더 오랜 시간 동안 떠 있을 것이다.

24시간을 기다린 다음, 자로 각 층의 두께를 잰다. 각 층의 비율을 알 수 있도록 세 가지 층 전체의 두께를 각 층의 두께로 나눈 다음 그 값에 100을 곱하라. 토양에 포함된 각 물질의 비율을 알았으니, 이제 물리적 변화가 필요하다면 변화를 꾀할 수 있다. 어떻게 변화시킬 것인지는 2부에서 다룰 것이다.

토양의 구조

입자의 크기 곧 토성은 분명히 토양의 중요한 특성이지만, 이 입자들이 뭉쳤을 때 취하는 모양 또한 매우 중요하다. 이 모양을 토양 구조라고 하는데, 토양의 물리적 특성과 화학적 특성에 따라 달라진다. 토양 구조에 영향을 미치는 요소들은 입자의 방향성, 점토와 부식 양, 날씨로 인한 수축과 팽창(얼었다 녹았다 하는 것 외에 젖었다 말랐다 하는 것도), 인간의 활동 등이다.

토양 구조 유형 또는 페드^{ped}(토양 생성 과정에서 형성된 입자의 집합체 −옮긴이)는 몇 가지 범주로 나뉜다.

텃밭이나 정원의 흙을 볼 때 여러분은 개별 입자가 아니라 입자들이 뭉친 입단^{粒團}을 볼 것이다. 토양 생물들의 활동이 접착 물질을 만들어내서 개별 토양 입자들을 입단으로 만든다. 세균, 균류, 지렁이가 일상적인 활동을 하고 다니는 동안 다당류를 만들어내는 것이다. 접착제 역할을 하는 이 끈적끈적한 탄수화물이 개별 광물 입자와 부식 입자들을 뭉쳐서 입단이 되게 한다.

세균부터 시작해보자. 세균이 만드는 점액 덕분에 세균은 서로서로 붙어 있을 수 있고 토양 입자에도 붙을 수 있다. 그렇게 해서 군집이 만들어지는데, 세균이 붙어 있는 입자들과 마찬가지로 세균들의 군집도 서로 뭉친다. 균류도 토양 입단의 형성을 돕는다. 흔히 보이는 토양 균류인 글로메일_{Glomale}목目은 글로말린이라 부르는 끈적끈적한 단백질을 만든다. 균류가 만드는 실인 균사는 토양 공극으로 뻗어가며 자라고, 글로말린은 초강력 본드처럼 토양 입자를 코팅하여 이 입자들이 덩어리 곧 입단으로 뭉쳐지게 붙인다. 이 입단들은 토양 공극 공간을 변화시키고, 흙이 모세관수와 가용성 양분을 붙들고 있기 쉬워지도록 하며, 그것을 천천히 식물에게 재순환시킨다.

지렁이는 먹이를 찾아다니면서 토양 입자를 새로 만드는 작용을 한다. 광물 입자와 유기물 입자들은 지렁이에게 먹힌 다음 뭉쳐져서 배설된다. 이 입자들은 크기가 제법 커서 우리가 알아볼 수 있을 정도이며, 지렁이 분변토라고 부른다. 토양 생물들이 흙 속을 돌아다닐 때 그것이 토양에 어떤 영향을 미치는지도 생각해보자. 동물 집단 각각은 몸통 크기가 다양하다. 동물이 움직임에 따라 토양 입자들과 토양 입단 사이에 공간이 만들어진다. 비교를 하기 위해서, 지름이 1마이크로미터인 세균이 스파게티 가락의 두께라고 상상해보자. 균류의 몸통은 일반적으로 더 커서 3~5마이크로미터쯤 된다. 선형동물(평균 1~100마이크로미터)은 연필 크기에 해당하는데 굵

〈토양 구조의 유형〉

입상 구조
쿠키 부스러기처럼 보이고 보통 지름이 0.5센티미터보다 작다. 뿌리가 자라는 지표 토양층에서 공통적으로 발견된다.

괴상 구조
지름이 1.5~5센티미터 정도인 불규칙한 모양의 덩어리들.

각주상
몇 센티미터 길이의 기둥 모양. 보통 아래쪽 토양층에서 발견된다.

원주상
꼭대기에 소금 '캡'을 가진 기둥 모양. 건조 기후 지역에서 발견된다.

판상 구조
얇고 평평한 판이 수평으로 놓여 있는 흙. 보통 단단한 토양에서 발견된다.

홑알 구조
흙 알갱이가 서로 뭉치지 않고 흩어져 있는 흙. 밀도가 낮다. 보통 모래 토양에서 발견된다.

집괴 구조
눈에 보이는 토양 구조가 없고 부수기 어려우며 매우 큰 덩어리로 나타난다.

도표 제공 : Tom Hoffman Graphic Design

은 연필이 될 수도 있다. 원생동물(10~100마이크로미터)은 미국 스타일 핫도 그의 지름만 할 것이다. 우리의 자를 계속 들이대 보자면, 100마이크로미터에서 5밀리미터에 이르는 토양 진드기와 톡토기의 몸통은 커다란 나무의 지름만 할 것이다. 이 생물들 각각이 일상적인 활동을 하러 돌아다니면서 토양 입자를 어떻게 분해하는지 상상해보라.

마지막으로 유기 물질과 점토 입자 표면의 전하는 서로 끌어당길 뿐 아니라 물에 용해된 화학 물질(칼슘, 철, 알루미늄)도 끌어당겨서, 토양 입자를 서로 뭉치게 하는 접착제 역할을 한다.

우리가 왜 이런 토양 구조 물질을 살펴보고 있는 걸까? 토양 구조는 좋은 재배 조건의 핵심이 되는 특성이기 때문이다. 적당한 토양 구조가 있다면 토양 입단 사이에서 배수도 잘 되지만 식물이 이용할 수 있는 모세관수도 많이 가지고 있게 된다. 생물 활동에 필요한 통기도 충분히 이루어진다. 그리고 이것이 가장 중요한 점일지도 모르는데, 적당한 토양 구조가 있다면, 그것은 토양 생물들이 살 공간이 있다는 뜻이다. 좋은 토양 구조는 폭우와 사막 기후 같은 가뭄, 동물 떼가 밟고 다닐 때의 압력, 심한 추위를 견딘다. 물과 양분도 많이 품고 있다. 좋은 토양 구조 속에서는, 그리고 그 위에서는 생명이 잘 자란다.

나쁜 토양 구조는 보수력이 나쁘며, 위에서 예로 든 어려운 조건에 처하

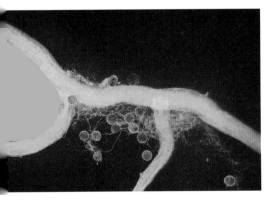

옥수수 뿌리에서 자라는 균류를 현미경으로 관찰한 모습. 동글동글한 것은 포자고 가는 실 모양으로 된 것은 균사다. 녹색으로 보이는 것은 토양 입자들을 뭉치게 하는 접착 물질인 글로말린으로 감싸인 부분이다. 사진: Sara Wright, USDA-ARS

맹큐 아메바

거나 인간에 의한 압력이 가해지면 무너진다. 그 속에서는 생명이 살지 않고 비옥도가 격감하여, 사람들이 점점 더 많은 화학 비료에 의존하게 된다.

양이온 교환 용량

부식이 아니어도 작은 입자들은 모두 전하를 띠고 있다. 이 입자들은 이온이라 불린다. +이온을 가진 것은 양이온이고, −이온을 가진 것은 음이온이라고 한다. 양이온 입자들은 음이온 입자들에게 전기적으로 붙는다. 자석의 양극이 서로 끌어당기는 것과 똑같은 일이 벌어지는 것이다. 양이온이 음이온에 붙을 때 그 양이온은 음이온에 '흡수'된다. 토양 내 미생물들은 크기가 아주 작아서 전하의 영향을 받으며, 전하를 가진다.

모래 입자는 너무 커서 전하를 옮길 수 없지만 점토와 부식 입자는 작아서 양이온을 끌어당기는 음이온을 많이 가질 수 있다. 점토와 부식에 의해 흡수되는 양이온으로는 칼슘 이온$^{Ca^{++}}$, 칼륨 이온$^{K^+}$, 나트륨 이온$^{Na^+}$, 마그네슘 이온$^{Mg^{++}}$, 철 이온$^{Fe^+}$, 암모늄 이온$^{NH_4^+}$ 수소 이온$^{H^+}$ 등이 있다. 식물의 중요 양분인 이것들은 점토와 부식에 의해 토양 속에 보유된다. 이 양이온들이 점토와 부식 입자에 붙은 힘은 아주 강해서, 점토나 부식이 이 양이온들이 들어 있는 용액과 접촉하면 양이온들이 다 끌려가고 겨우 1퍼센트의 양이온 양분만 용액에 남는다.

흙 속에는 염소 이온$^{Cl^-}$, 질산 이온$^{NO_3^-}$, 황산 이온$^{SO_4^-}$, 인산 이온$^{PO_4^-}$ 같은 음이온도 있다. 모두 식물 영양소다. 불행하게도 토양 음이온은 점토와 부식 입자에 붙은 음이온에 의해 밀쳐지므로, 흡수되지 않고 용액 속에 남는다. 이 식물 영양소들은 정원이나 텃밭 토양에서 종종 용탈되어, 비가 오거나 물을 줄 때 토양 용액에 쉽게 침출된다. 토양 표면에 그것들을 붙들어 두는 것이 전혀 없기 때문이다.

이런 사실이 왜 중요한가? 뿌리털의 표면은 자체 전하를 가지고 있다. 뿌리털이 흙 속으로 들어갈 때 뿌리털은 자신의 양이온을 점토나 부식 입

〈다양한 토성의 양이온 교환 용량〉

토성	양이온 교환 용량 (mEq/100g)
모래(밝은 색)	3~5
모래(어두운 색)	10~20
양토	10~15
미사질 양토	15~20
점토와 점토질 양토	20~25
유기질 토양	50~100

도표 제공: Tom Hoffman Graphic Design

자에 붙은 것과 교환할 수 있다. 그런 다음에 양이온 영양소를 흡수한다. 뿌리는 수소 양이온$^{H^+}$을 화폐처럼 사용한다. 빨아들인 모든 양이온 양분 대신 수소 양이온을 주는 것이다. 이렇게 해서 전하의 균형이 유지된다. 이것이 식물이 '먹는' 방식이다.

양이온 교환이 일어나는 장소의 수가 곧 토양이 양분을 보유할 수 있는 능력을 말해주는데, 그 능력을 양이온 교환 용량$^{CEC, Cation Exchange Capacity}$이라고 한다. 어떤 토양의 CEC는 단위 무게당 또는 단위 부피당 토양이 흡수할 수 있는 양전하 양분 교환량의 단순한 합이다. CEC는 100그램당 몇 밀리그램당량$^{mEq/100g}$으로 측정된다. 텃밭이나 정원을 가꾸는 사람들이 알아야 하는 것은 CEC 수치가 높을수록 토양이 더 많은 양분을 보유할 수 있고 따라서 식물을 재배하는 데 더 좋다는 점이다. CEC가 높을수록 토양이 더 기름진 것이다. 전문적인 토양 실험실에 CEC 검사를 의뢰할 수도 있다.

토양의 CEC는 부분적으로 토성에 달려 있다. 모래와 미사는 CEC가 낮다. 입자가 너무 커서 전하의 영향을 받지 않기 때문이다. 따라서 양분을 붙들고 있지 못한다. 점토와 유기물 입자는 전하를 많이 가지고 있어서 토양의 CEC가 높게 나온다. 부식이 많을수록, 그리고 어느 정도는 토양 속에 점토가 많을수록, 토양 속에 더 많은 양분이 비축될 수 있다. 그렇기 때문에 정원이나 텃밭을 가꾸는 사람들이 흙에 유기물을 많이 넣으려고 하는 것이다.

그런데 점토 입자는 극도로 작다는 점을 잊어서는 안 된다. 부식이 적고 점토만 많아도 CEC가 높게 나오지만, 그 경우에는 흙 속에 공기가 통하지 못한다. 왜냐하면 공극이 너무 작아서 점토의 판상 구조에 가로막혀 버리기 때문이다. 그런 토양은 CEC는 좋지만 배수가 나쁘다. 그러므로 CEC만 아는 것으로는 충분치 않다. 토성과 구조를 알아야 한다.

토양의 산성도 측정

우리들 대부분은 액체가 산성인지 아닌지 측정하는 방법이 pH라는 정도는 기본적으로 알고 있다. pH는 최저 1에서 최고 14까지 있는데, pH 1은 매우 강도 높은 산성이고 pH 14는 산성의 반대 곧 알칼리성이 매우 강한 것이다. pH는 측정 대상인 용액의 수소 이온$^{H^+, 양이온}$의 농도를 가리킨다. 용액 속에 있는 나머지에 비해 수소 이온이 매우 많으면 pH가 낮고 그 용액은 산성이다. 마찬가지로, 용액 속에 수소 이온이 상대적으로 적으면 pH가 높은 알칼리성 용액이다.

텃밭이나 정원을 가꾸는 사람으로서 여러분은 (다행스럽게도) pH에 대해 더 많은 것을 알 필요는 없다. 그러나 식물 뿌리 끝이 수소 이온과 양분 양이온을 교환할 때마다 용액의 수소 이온 농도가 높아진다는 것은 이해할 필요가 있다. 수소 이온의 농도가 올라갈수록 pH는 내려간다. 토양이 점점 더 산성이 되는 것이다. 그러나 보통은 균형이 맞추어진다. 뿌리 표면은 교환 수단으로 수산 이온$^{OH^-}$을 사용하여 음전하도 빨아들이기 때문이다. 용액에 수산 이온을 넣으면 pH가 올라가는데(곧 토양은 더 알칼리성이 된다) 그것은 수산 이온이 수소 이온 농도를 떨어뜨리기 때문이다. 균류와 세균은 아주 작아 그 표면에 양이온과 음이온을 가지고 있어서 토양 속 분해물로부터 취한 광물질 양분을 전기적으로 붙잡기도 하고 놓아주기도 한다. 이것 역시 토양의 pH에 영향을 미친다.

우리가 토양 먹이그물을 이야기하면서 왜 pH를 중요하게 다루는 걸까?

양분–이온 교환에 의해 결정되는 pH가 토양 미생물의 종류에 영향을 미치기 때문이다. pH에 따라 질화nitrification(질소가 산화하여 아질산이나 질산으로 바뀌는 일 – 옮긴이)가 더 잘 일어날 수도 있고 방해를 받을 수도 있으며, 식물 생장에 영향을 주는 여타의 생물 활동이 더 쉽게 일어날 수도 있고 그렇지 않을 수도 있다. 중요한 것은 각각의 식물이 최적의 토양 pH 지수를 가지고 있다는 점이다. 앞으로 차차 알게 되겠지만, 이것은 pH의 화학적인 측면과 관련이 있기보다는, 식물이 일정한 pH에서 잘 자라려면 특정한 균류와 세균이 필요하다는 점과 관련이 있다.

여러분 토양의 pH를 아는 것은 특정한 유형의 토양 먹이그물을 지원하기 위해서 땅에 무엇을 넣을지를 결정하는 데 유용하다. 그리고 근권의 pH를 아는 것은 식물 생장을 돕기 위해 조정이 필요한지를 결정하는 데 도움이 된다.

1부의 나머지는 흙 속에 사는 생물들을 다룰 것이다. 그러나 그전에 여러분이 토양을 잘 이해해야 한다.

3장

_세균

세균은 어디에나 있다. 텃밭이나 정원을 가꾸는 사람들 중에 식물에게 세균이 꼭 필요하다는 것을 아는 사람은 드물다. 세균을 중요하게 여겨본 사람은 더 드물 것이다. 그러나 흙 속에 사는 것 중에 이보다 더 많은 수를 가진 유기체는 없다. 그에 버금가는 수를 가진 것도 없다. 이것은 부분적으로는 이 단세포 생물이 너무 작기 때문인데, 얼마나 작은가 하면 25만~50만 개의 세균이 이 문장 끝에 있는 마침표 안에 쏙 들어갈 정도다.

세균은 지구상의 생명 중에 가장 최초의 형태로, 최소한 30억 년 전에 나타났다. 세균은 DNA가 들어 있는 단 하나의 염색체의 핵막이 뚜렷하게 구분되지 않기 때문에 원핵생물이라고도 부른다. 세균 하면 우리가 떠올리는 것이 질병을 일으킨다, 먹기 전에 손을 씻어야 한다 정도뿐인데 그 이유도 아마 그 크기가 너무 작은 데 있을 것이다. 우리 세대는 과학 시간에 미생물을 공부할 때 1000배 현미경을 사용했었는데, 세균은 너무 작아서 그 배율로는 자세히 보이지 않는다. 학교의 현미경이 점점 좋아져서 이제

운 좋은 학생들은 세균을 볼 수 있게 되었다. 세균은 모양에 따라 둥그런 모양의 구균, 막대 모양의 간균, 나사 모양으로 꼬인 나선균 등으로 나뉘는데, 세 가지 모두 토양에서 볼 수 있다.

세균은 대체로 세포 분열로 증식한다. 하나의 세포가 두 개의 세포로 나뉘고 그 세포들 각각이 또다시 둘로 나뉘고 그렇게 계속 이어지는 것이다. 놀랍게도 실험실 조건에서 먹이만 충분하면 하나의 세균이 약 50억 개로 불어나는 데 걸리는 시간이 열두 시간에 불과하다. 모든 세균이 언제나 이 비율로 증식하면 약 한 달 만에 지구의 부피가 두 배로 늘어날 것이다. 다행히도 토양 세균은 자연 조건, 포식자(그중 가장 큰 비중을 차지하는 것은 원생동물), 실험실의 사촌들에 비해 낮은 증식률 때문에 그다지 많이 퍼지지는 못한다. 세균이 영양분을 섭취하고 배설물을 내놓으려면 어떤 형태의 수분이 필요하다. 대부분의 경우에 수분은 세균이 돌아다니는 데에도 필요하고 또 유기 물질을 분해하는 데 사용되는 효소를 옮기는 데에도 필요

세 가지 모양의 세균. 구균, 간균, 나선균. 800배 확대. © Dennis Kunkel Microscopy, Inc.

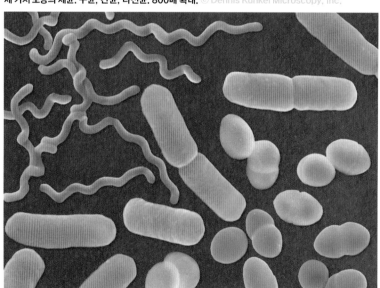

하다. 토양이 너무 건조해지면 많은 토양 세균들은 활동을 멈춘다. 그러니까 세균은 늙어 죽는 일은 거의 없고 대개는 다른 것에게 잡아먹히거나 환경의 변화로 죽으며, 그리고 나서는 다른 분해자에게, 많은 경우 다른 세균에게 섭취된다.

일차 분해자

세균은 크기는 작지만 지구에서 균류 다음으로 유기 물질을 가장 많이 분해하는 일차 분해자다. 세균이 없다면 우리는 몇 달 안에 우리의 배설물에 파묻힐 것이다. 세균은 질소, 탄소 화합물, 그리고 기타 양분을 섭취하기 위해 식물과 동물의 유체를 분해한다. 그다음에 이 양분은 세균 내부에 고정되어 보유된다. 세균이 잡아먹히거나 다른 이유로 죽어서 그것이 부패할 때에만 그 양분들이 방출된다(다시 말해 무기화한다).

여러 종류의 토양 세균들은 여러 가지 먹이를 먹고사는데, 세균이 어디에 위치하고 있는가, 어떤 먹이를 이용할 수 있는가에 따라 먹이의 종류가 달라진다. 그러나 대부분은 생생한 식물 유체 곧 녹색 유기물을 가장 잘 분해한다. 녹색의 신선 유기물은 당을 많이 함유하고 있는데, 당이 많으면 다른 식물 유체의 복잡한 탄소 화합물에 비해 세균이 분해하기가 더 쉽다. 녹색이 아닌 다른 식물 유체 곧 갈색의 식물 유기물은 세균보다는 토양 먹이 그물의 다른 구성원들이 더 잘 소화하며, 작은 탄소 고리들로 분해된다.

세균의 크기가 미세하다는 것을 감안하면, 세균은 그보다도 더 작은 유기물 조각들을 먹어야만 할 것이다. 어떻게 그렇게 할까? 간단하게 답하면 세균은 세포벽을 통해 직접 먹이를 섭취한다. 세균의 세포벽을 부분적으로 구성하는 단백질은 분자의 이동에 도움을 준다. 세균 세포벽의 안쪽에는 당, 단백질, 탄소, 이온 등이 섞여 있다. 걸쭉한 수프 같은 이것은 세포벽 밖의 묽은 혼합물과 농도가 맞지 않는다. 자연은 균형을 이루게 하고 싶어 한다. 보통 수분은 묽은 용액에서 빠져나와 진한 용액으로 흘러가지만

(삼투라고 하는 특별한 형태의 확산), 세균의 경우에는 세포벽이 삼투를 막는 역할을 한다.

세포막을 통한 분자 이동은 몇 가지 방식으로 이루어진다. 가장 중요한 것이 능동 수송인데, 세포막 단백질이 펌프 역할을 한다. 그것이 에너지를 사용하여, 목표로 한 물질이 세포벽을 통과하도록 빨아들인다. 또는 밀어 넣는다고 할 수도 있다. 그런 뒤에 양분은 두고 배설물을 밖으로 내보낸다. 세포막에 있는 여러 가지 단백질들이 여러 종류의 양분 세포들을 수송한다. 이것을 이해하려면 옛날 화재가 났을 때 여럿이 서서 물 양동이 나르던 장면을 생각해보면 된다. 물이 있는 곳에서 불까지 물 양동이가 계속 전달되는 모습 말이다. 이 단백질들이 세포 속으로 양분 양동이를 전달한다.

능동 수송은 세포벽 표면 양쪽에 있는 전자를 연료로 해서 이루어지는, 놀랍고도 복잡한 과정이다. 텃밭과 정원을 가꾸는 사람들은 물론 세균이 어떻게 양분을 섭취하는지를 잘 알아야 하지만, 다음 사실만 아는 것만으로도 충분하다. 세균은 유기물을 전하를 띤 작은 조각으로 분해한 다음, 세포막을 통과해서 이 조각들을 수송하여 사용할 수 있는 상태가 되게 한다는 것 말이다. 일단 세균 안으로 들어가면 양분은 가두어진다.

토양 먹이그물의 다른 구성원들은 세균을 먹어 에너지와 양분을 취한다. 토양에 세균이 충분히 들어 있지 않으면 토양 먹이그물의 수많은 구성원들이 곤란에 처한다. 세균은 토양 먹이그물, 먹이 피라미드의 기초 가운데 일부분이다.

세균의 먹이

뿌리 삼출액은 어떤 토양 세균들이 매우 좋아하는 먹이기에 그 세균들은 엄청 많은 수가 근권에 집중된다. 근권에서는 뿌리의 정단 생장頂端 生長, tip growth(줄기나 뿌리의 끝에 있는 생장점에 의해 이루어지는 생장 −옮긴이)이 이루어지는 동안 떨어져 나오는 뿌리 세포들도 세균의 먹이가 된다. 그러나 모든

뺑 큐
아 메 바

토양 세균이 근권에 사는 것은 아니다. 다행히도 유기 물질은 세균과 마찬가지로 어디에나 있기 때문이다. 모든 유기물은 크고 복잡한 분자로 이루어져 있는데, 그중 많은 부분은 대개 탄소를 함유한, 되풀이되는 패턴의 더 작은 분자들의 사슬로 구성되어 있다. 세균은 이 사슬의 어떤 지점에서 그 연결을 깨뜨릴 수 있으며, 단당류, 지방산, 아미노산의 작은 사슬들을 만든다. 이 세 가지는 세균이 생존하는 데 필요한 기초 물질을 제공한다.

세균은 유기물의 사슬을 잇는 연결을 부수고 또 먹이를 소화하기 위해 효소를 이용한다. 이 모든 것은 먹이를 먹기 전 세균의 외부에서 일어난다. 세균은 수없이 많은 종류의 효소를 이용한다. 세균은 모든 종류의 유기물, 심지어 무기물을 공격하기 위해 오랜 세월 적응해왔다. 세균이 자기의 세포벽에는 전혀 해를 입히지 않으면서 효소를 사용하여 유기물을 분해하는 것은 정말 놀라운 솜씨다.

호기성 세균, 혐기성 세균

세균은 크게 두 종류로 나눌 수 있다. 첫째 혐기성 세균은 산소가 없는 데서 살 수 있다. 물론 혐기성 세균 대부분이 공기가 있는 데서도 살 수 있다. 예를 들어 클로스트리듐속屬의 세균은 산소가 없어도 살 수 있고, 부패하는 물질의 부드러운 조직 내부에 침입하여 그것을 파괴할 수도 있다. 혐기성 부패의 부산물 중에는 황화수소(썩은 달걀 냄새), 낙산酪酸(토사물 냄새), 암모니아, 초산이 있다. 악명 높은 대장균과 보통 포유동물의 위장에서 발견되는(가축 분뇨로 만든 퇴비가 제대로 되지 않았을 때 발견되는) 다른 세균들은 통성 혐기성facultative anaerobes 세균이라고 한다. 말하자면 이 세균은 산소가 있는 곳에서도 살 수는 있지만 산소가 없는 환경을 더 좋아하는 세균이다.

농부들이나 원예가들 대부분은 아마도 밭이나 정원에서 혐기성 부패의 부산물 냄새를 맡은 적이 있을 것이다. 냉장고에서도 맡아보았을 것이다. 이것은 퇴비를 만들고 텃밭을 가꿀 때 기억해야 하는 냄새다. 혐기적 조

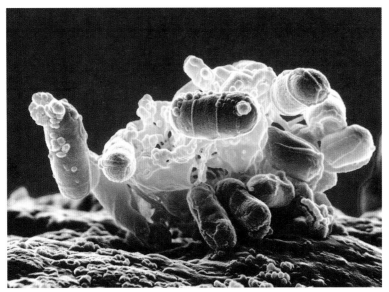

저온전자현미경으로 찍은 대장균 군집 사진. 이 사진 속의 대장균은 길쭉한 모양으로 갈색으로 염색되어 있다. 사진: Eric Erbe, 디지털 색보정: Christopher Pooley, USDA-ARS

건에서는 병원성 세균이 잘 자라며, 게다가 이로운 호기성 세균과 다른 주요 그룹의 세균들 곧 공기가 필요한 세균들은 죽기 때문이다.

통성 호기성 세균들 중 어떤 것은 혐기적 조건에서 살 수 있지만 대부분은 살지 못한다. 호기성 세균은 일반적으로 나쁜 냄새를 일으키지 않는다고 알려져 있다. 방선균류(특히 스트렙토미세스)는 휘발성 물질을 포함하는 효소를 만들어내는데 그것이 깨끗하고 신선한 흙냄새를 형성한다. 정원이나 텃밭을 가꾸어본 사람은 누구나 이 '좋은 흙냄새'를 알 것이다.

방선균류는 다른 토양 세균들과는 다르다. 방선균은 균류의 균사 같은 실 모양으로 발육한다. 어떤 과학자들은 스트렙토미세스가 가지처럼 뻗은 실을 이용하여 토양 입자들을 연결한다고 생각한다. 그렇게 해서 토양 입자들과 함께 크기가 커짐으로써 방선균을 잡아먹는 원생동물인 섬모충이 먹기에 너무 커진다는 것이다. 방선균은 특히 섬유소(셀룰로오스)와 키틴을 분해하는 데 능하다. 이것은 두 가지 난분해성 탄소 화합물인데, 섬유소는 식물의 세포벽에 있고 키틴은 절지동물의 껍질에 있는 것이다. 이것들은 다른 세균들이 일반적으로 먹는 먹이가 아니다. 방선균은 다른 세균에 비해 넓은 폭의 pH 조건, 다시 말해 산성, 알칼리성 가리지 않고 잘 번식하도록 적응했다.

섬유소 분해

섬유소는 포도당의 긴 사슬로 만들어진 탄소 화합물로, 식물체 구조의 주성분이다. 섬유소는 식물체 전체의 절반을 차지하고 따라서 식물이 만들어내는 유기물 양 전체의 절반을 차지한다. 셀룰로모나스라는 이름이 붙은 독특한 세균은 섬유소 분해 효소를 가지고 있는데, 다른 세균들이 마구잡이로 효소를 분비하는 것과 달리, 섬유소와 접촉할 때에만 효소를 분비한다.

세균 대부분은 비탄수화물 물질인 리그닌을 만나면 한계에 부딪힌다. 리그닌은 식물체에서 큰 비중을 차지하는 또 다른 분자 화합물이다. 수피와 목재의 거친 갈색 성분인 리그닌은 섬유소보다 훨씬 더 복잡한 유기질 분자로, 서로 연결된 알코올 사슬로 구성되어 있다. 리그닌은 대부분의 세균이 만들어내는 효소에는 끄떡도 하지 않아서, 이것의 분해는 균류의 몫으로 남는다.

기초적인 순환

분해를 바라보는 한 가지 방식은 자연의 순환 시스템으로 보는 것이다. 토양 먹이그물 속 세균은 생명에 필요한 기본 요소 세 가지 곧 탄소, 황, 질소의 순환에 결정적 역할을 한다. 예를 들어 이산화탄소(CO_2)는 호기성 세균이 하는 대사 활동의 주요 부산물이다. 식물과 동물 속에 묶여 있던 탄소는 분해되는 동안 이산화탄소로 바뀐다. 고등 식물은 광합성을 해서 이산화탄소를 유기 화합물로 바꾸고 그것이 결국 소비되어 다시 이산화탄소로 돌아간다.

그와 비슷하게, 황도 순환한다. 황산화 세균은 황을 식물이 흡수할 수 있도록, 물에 녹는 황산염으로 바꾼다. 다시 말해 혐기성 세균에 의해 유기물 속에서 분해되어 나온 황 함유 화합물이 화학 합성 독립영양 세균 곧 황의 산화에서 에너지를 얻는 세균에 의해 황산염이 만들어진다.

질소 순환은 부분적으로 특별한 세균에 의해 이루어지는데 그것은 지상 생물의 유지에 가장 중요한 시스템 중 하나다. 살아 있는 생물들은 질소를 사용해서 필수 유기 화합물—생명의 기초인 아미노산과 핵산—을 만들어낸다. 대기 중의 질소는 어떤 목적으로든 사용하기 어려운 비활성 상태며 식물도 대기 중 질소를 사용할 수 없다. 식물이 질소를 사용할 수 있으려면 암모늄 이온$^{NH_4^+}$이나 질산 이온$^{NO_3^-}$, 또는 아질산 이온$^{NO_2^-}$이 되도록 질소가 '고정'되어야 한다. 다시 말해 산소와 결합하거나 수소와 결합해야 한다. 이 중요한 과정은 질소 고정이라 불린다.

어떤 세균은 대기 중 질소를 식물이 이용할 수 있는 형태로 바꾸어놓는다. 이와 같은 질소 고정이라는 위업을 수행하는 속屬은 아조토박터, 아조스피릴룸, 클로스트리듐, 리조븀이다(모두 만화책 영웅 주인공 이름으로 쓰면 좋을 듯하다). 아조토박터, 아조스피릴룸, 클로스트리듐은 흙 속에서 독립영양 생활을 한다. 리조븀종은 어떤 식물의 뿌리 조직 속에 산다. 특히 콩과 식물 속에 살면서 눈에 띄는 뿌리혹을 만든다.

여러분에게 토양 세균의 종 이름을 기억하라고 할 생각은 없다. 그러나 탄소와 황의 순환뿐만 아니라 질소 고정을 위해서는 살아 있는 유기체의 개입이 필요하다는 사실은 명심해주길 바란다. 이런 일은 언제나 화학적 과정인 것처럼 배우지만 사실은 생물학적 작용이다. 세균은 흙 속에서 이 과정을 수행하면서 특정 식물과 공생 관계를 형성하거나 유기체 내에서 공생 관계를 맺으며 존재한다. 이는 일견 화학 반응처럼 보이지만, 본질적으로는 생물학적 활동이다.

맹 큐
아 메 바

질소 순환의 또 다른 부분, 흙 속에서 그것이 '시작'되는 부분은 단백질을 분해하여 암모늄 이온NH_4^+으로 만드는 일과 관련이 있다. 이 암모늄 이온은 보통 원생동물과 선형동물이 세균과 균류를 먹은 뒤 생기는 배설물 정도로 이해된다. 그다음으로, 특별한 아질산균이 암모늄 이온 화합물을 아질산 이온NO_2^-으로 바꾼다. 두 번째 유형의 세균 곧 질산균은 아질산 이온을 질산 이온NO_3^-으로 바꾼다.

질화 세균은 일반적으로 산성 환경을 좋아하지 않는다. 그러므로 토양 pH가 7 아래로 떨어지면 질화 세균의 수가 줄어든다(따라서 질소가 질산 이온으로 바뀌는 일도 줄어든다). 세균 점액(흙 알갱이를 뭉치게 하는 능력은 앞서 언급했는데)은 7이 넘는 pH를 가진다. 그러므로 어떤 지역에 세균이 충분히 많으면, 그 세균들이 만드는 점액이 pH 7 이상을 유지시키고, 질화가 일어날 수 있다. 그렇지 않으면 우선 흙 속 유기체들이 만들어낸 암모늄 이온이 질산 이온 형태로 바뀌지 않을 것이다. pH가 5 이하이면 암모늄 이온은 거의

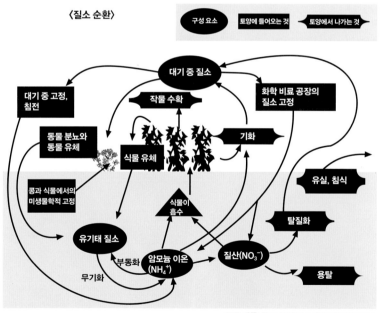

도표 제공: Tom Hoffman Graphic Design

바뀌지 않는다.

탈질 세균은 질산염을 다시 질소 가스N_2로 되돌리며 질소 가스는 대기로 빠져나간다. 탈질 세균은 흙을 비옥하게 하는 데 도움이 되지는 않지만 질소 순환이 이루어지게 한다는 점에서 중요하다.

생물막

세균 점질층, 곧 생물막은 당, 단백질, DNA의 세포간 물질^{matrix}이다. 흙 속의 세균 점액이 약간 알칼리성인 점이 근권의 pH에 영향을 줄 뿐 아니라 그 구역 토양의 pH가 비교적 일정하게 유지되도록 보호한다.

어떤 세균은 생물막을 이동 수단으로 이용한다. 말 그대로 추진력의 수단으로 생물막 물질을 짜내는 것이다. (그러나 세균 대부분은 자연의 나노기술이라 할 만한 놀라운 것을 이용해서 이동한다. 하나 이상의 채찍 구조 곧 편모를 이용

생물막 표면을 주사전자현미경으로 본 모습. 곤충 일부와 식물 섬유질이 수많은 결정체와 함께 점질 속에 들어 있다(왼쪽). 사진: Ralph Robinson, www.microbelibrary.org
스테인리스 스틸 위의 생물막(오른쪽). 1600배 확대. © Dennis Kunkel Microscopy, Inc.

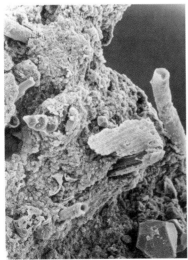
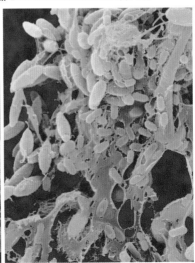

하여 돌아다니는 것이다. 그것은 프로펠러처럼 생겼고 프로펠러처럼 작동한다.) 생물막은 흙이 마를 때 세균이 건조되는 것을 막는다. 토양 세균은 종종 끈적끈적한 세균막 덩어리 속에 사는데 그것은 양분과 물의 수송을 위한 수로를 갖추고 있다. 그 수로에는 물이 가득 차 있다. 생물막은 다른 세균 등이 만들어내는 항생 물질에 대한 방어막이 되기도 한다. 생물막에 의해 보호되는 세균 콜로니는 개별 세균에 비해 항생 물질과 살균제에 1000배나 저항력이 더 크다.

양분 보유 역할

세균은 식물의 영양 섭취에서 중요한 역할을 한다. 세균이 없었으면 용탈되어 사라져버렸을지도 모를 양분을 세균이 가두어둔다. 유기 물질을 분해하고 세포 구조 속에 유기 물질을 보유한다. 세균 자신이 흙 알갱이에 붙어 있기 때문에, 화학 비료와는 달리 양분이 씻겨 내려가지 않고 흙 속에 남아 있는다.

실제로 이 양분은 세균에 흡수되어서 배설될 때까지 세균 속에 묶여서, 고정되어 있을 것이다. 토양 세균은 아주 멀리 돌아다니지 않으므로, 또 뿌리 부근에는 세균의 영양원이 아주 넓게 펼쳐져 있으므로, 세균이 섭취한 양분은 뿌리 주변에 머물러 있게 된다. 원생동물을 비롯한 생물들은 세균을 잡아먹는 중요한 역할을 한다. 과도한 질소는 배설물에 포함된 암모늄 이온NH_4^+으로 내보내는데, 그것은 근권 내에, 말하자면 뿌리가 양분을 흡수할 수 있는 바로 그곳에 놓인다.

토양 세균이 주는 또 다른 혜택

어떤 혐기성 세균은 알코올을 만들어내는데 이것은 식물에게 해로우며 다른 세균들에게도 해롭다. 이 혐기성 세균이 증식하기 좋은 조건을 억제하면 텃밭이나 정원이 알코올의 피해를 입는 것을 피할 수 있다. 토성이 나쁘고 공기구멍이 없고 물 빠짐이 좋지 않고 흙이 딱딱해져 있으면 혐기성 세균이 잘 증식한다. 어떤 세균들은 고등 식물에게서 병을 유발하는 병원균들이다. 병원성 세균은 아주 많은데 감자, 멜론, 오이에 생기는 병인 감귤류 동고병, 배, 사과 등의 부란병 병균이 여기에 포함된다. 수천 종류의 병원성 세균이 흙 속에 있고 수십억 달러가 매년 나쁜 세균 때문에 생기는 피해에서 작물을 보호하는 데 쓰인다. 아그로박테리움 투메파시엔스*Agrobacterium tumefaciens*는 어떤 식물의 줄기에 혹이 자라게 만든다. 버크홀데리아 세페시아*Burkholderia cepecia*는 양파 뿌리에 침입하여 뿌리를 썩게 만드는 세균이다. 어떤 슈도모나스*Pseudomonas*종은 토마토의 잎을 말고 검은 점을 만든다.

병원성 세균이 존재한다 해도 건강한 토양 세균 집단이 있는 것이 없는 것보다 더 이롭다. 예를 들어 세균은 오염 물질과 독소를 분해하는 역할을 맡기도 한다. 그런 역할을 하는 세균 활동은 모두 호기성이다. 그것이 이루어지려면 산소가 필요하다는 말이다. 여러분은 알래스카 바닷가에 유출된 기름을 먹어치우는 세균에 대해 들어보았을 것이다. 여러분의 잔디밭에도 석유가 쏟아지면 그와 비슷한 세균이 석유를 먹어치울 것이다.

토양 세균은 이제 우리에게 없어서는 안 될 항생제 중에서 많은 것을 만들어낸다. 이 세균들이 양분을 두고 다른 세균들하고만 경쟁하는 것이 아니라 균류를 비롯해 다른 유기체들과도 경쟁해야 해서 세균들이 보호 능력을 가지게 되었으리라고 우리는 추측할 수 있을 뿐이다. 예를 들어 슈도모나스균은 매우 강하고 넓은 스펙트럼의 항생 물질인 페나진을 만들어내는데, 이것은 밀밭을 싹 쓸어버리는 무시무시한 밀 곰팡이병을 고칠 수 있다. 많은 토양 세균이 병원성 세균을 막는 것이 분명하다. 그것은 건강한 토양 먹이그물이 주는 큰 혜택이다.

모든 세균은 흙이 제공하는 제한된 양의 먹이를 두고 서로 경쟁하고 또 다른 생물들과도 경쟁한다. 그렇게 해서 서로의 개체수를 균형 있게 유지

팽 귤
아 메 바

하게 한다. 세균 종류가 매우 다양한 흙은, 공간과 양분을 둘러싼 경쟁에서 병원성 세균을 이기는 비병원성 세균을 더 많이 가지고 있을 확률이 높다. 토양 먹이그물의 자연 방어를 활용하는 것이 나쁜 놈들을 억제하는 가장 좋은 방법이라고 우리는 확신한다. 텃밭이나 정원을 가꾸는 사람들은 세균이 방어선의 최전방에 있다는 것을 알아야 한다.

4장

_고세균

몇 해 전만 해도 토양 먹이그물 책에 고세균^{古細菌, archaea}을 포함시키는 일은 아무도 생각하지 않았을 것이다. 극한 환경에서만 사는 이 미생물은 처음에는 특이한 세균의 일종이라고 여겼다. 고세균은 간헐 온천이나 해저 열수 분출구 같은 극한의 조건에서 산다. 이런 곳은 농업이나 원예를 하는 지역이 아니므로 고세균이 토양 먹이그물의 구성원이라고는 생각하지 않았다. 그러다가 20세기에서 21세기로 넘어갈 무렵, 유전학적 방법을 활용한 미생물 동정^{同定, identification}에서의 성과 덕에 고세균이 토양 속에서 발견되었다. 게다가 질소 고정─식물이 이용할 수 없는 대기 중 질소 가스를 취해서 식물이 이용할 수 있는 형태의 질소로 바꾸는 일─에서 고세균이 매우 중요한 역할을 하는 듯하다. 그리하여 고세균이 이목을 끌게 된 것이다.

고세균의 발견

고세균은 1970년대 초, 미국 일리노이 대학교에서 세균을 연구하던 칼 워즈$^{Carl Woese}$와 그의 동료 조지 폭스$^{Gorge Fox}$에 의해 처음 발견되었다. 그들의 흥미로운 결론은 다음과 같았다. 세균은 두 그룹으로 구분할 수 있는데, '정상적인' 세균과 새로운 두 번째 그룹인 '극한 미생물^{extremophile}'로 나눌 수 있다는 것이다. 두 번째 그룹은 고온의 환경에서도, 아니 고온에서 오히려 더 잘 산다. 이들은 인간의 대장 속에서 사는 세균들과 마찬가지로 메탄을 생성하지만, 가장 중요한 점은 이 새로운 '세균'들은 완전히 다른 유전적 구성을 가지고 있다는 것이다. 모든 아키박테리아(워즈는 처음에 이들을 아키박테리아[원시 세균]라고 불렀다)들의 유전적 구성이 세균들과 다르다는 사실뿐만 아니라 진핵생물의 유전적 구성과도 다르다는 점이 곧 밝혀졌다. 원생동물이든, 균류든, 식물, 동물이든 모든 진핵생물(세포막, 핵, 세포 골격을 가진 생물)과는 아주 많이 다르다는 것이다. 그래서 그 이름에서 '박테리아'

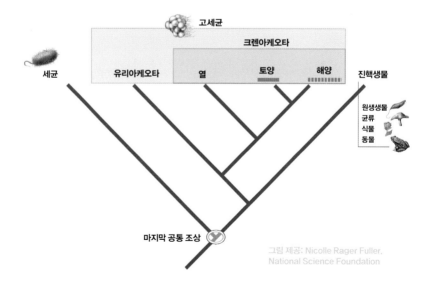

〈생물 분류 계통도〉

그림 제공: Nicolle Rager Fuller, National Science Foundation

가 떨어져 나갔다.

생물학의 역사에서 새로운 형태의 생물을 이제야 발견한 것은 놀라운 진전이었다. 그 덕분에 워즈는 세 가지 도메인 또는 계界의 새로운 생물 분류 계통도를 그릴 수 있었다. 세균, 고세균, 진핵생물이 그 세 가지다. 많은 이들은 고세균 계가 세 가지 중에서 가장 오래된 것이라고 생각한다. 많은 고세균들이 살고 있는 조건이 지구상에 생명이 처음 자리잡는 동안 존재 했던 극단의 조건과 비슷하다고 여기기 때문이다.

세균과 닮은 점

고세균과 세균을 구분하는 문제를 살펴보다 보면, '불가능'이라는 말이 머리에 떠오른다. 둘은 크기가 비슷하다. 그러니까 정말로 작다. 세균과 마찬가지로 고세균 50만 개가 이 문장 끝의 마침표 안에 쏙 들어간다. 대부분의 고세균과 세균은 비슷해 보이는데, 어찌나 비슷한지 고배율로 확대해서 보아도 그 차이를 알 수 없을 정도다. 세균과 마찬가지로 고세균은 대개 한 개나 그 이상의 편모를 움직여서 이동하며, 이동하지 않을 때에는 고세균 도 큰 군체를 이룰 수 있다(어떤 고세균들은 일부 세균과 마찬가지로 무리 짓지 않고 살기도 한다).

고세균은 생육 방식도 세균과 아주 비슷하다. 이분법으로 증식하는 것도 같다. 한 연구에 따르면, 고세균 세포는 최적의 조건에서는 20분마다 한 번씩 분열한다. 계산을 해보지 않아도, 고세균에게 최적인 조건이라면 이 세상이 아주 짧은 시간 안에 완전히 다른 세상이 되리라는 것은 확실하다.

고세균은 세균과 같은 세 가지 기본적인 모양을 보여준다. 세균에서는 볼 수 없는 네모 모양을 가진 것(호염성 균인 할로쿠아드라툼Haloquadratum속)도 있지만 말이다. 바늘 같은 모양의 고세균도 있는데 이것은 방선균류와 비슷해 보인다. 어떤 것은 완벽한 네모 막대 모양을 이루며, 울퉁불퉁 튀어나온 모양, 삼각형 모양도 있고, 찻잔 비슷한 모양도 있다.

뱀 큐
아 메 바

고세균만의 특성

이렇게 비슷한 점이 많은데 왜 워즈는 고세균을 세균과 구분하고 또 생물 분류 계통도에서 새로운 계를 두어 따로 분류하기까지 했을까?

첫째, 세균과 고세균은 둘 다 내부 물질을 보호하고 감싸는 세포벽이 있는데, 고세균의 세포막은 에테르 지질脂質을 포함하는 반면 세균의 세포벽은 그렇지 않다. 고세균의 세포벽에 있는 아미노산과 당은 세균의 세포벽에 있는 것과 다르다. 그리고 진핵생물과 달리, 고세균의 세포벽은 (균류의 세포벽에 함유된) 키틴을 함유하지 않으며 (식물의 세포벽에 함유된) 셀룰로오스도 함유하지 않는다. 이런 복잡한 내용은 이 책을 쓴 우리들 중 한 명으로 하여금 대학 유기화학(그가 의사가 되지 않은 것이 바로 유기화학 때문이었는데)을 다시 들춰 보게 했다. 이 차이를 알아보기 위해서는 아마추어 농부나 정원사의 능력을 넘어서는, 컴퓨터와 분석이 필요하다. 우리가 칼 워즈와 그의 동료들을 믿듯이 독자 여러분도 우리를 믿어보시기를. 세포 차원에서는 이러한 구분이 아주 중요해서, 이 '괴상한' 생물들, 때로는 이상하게 생긴 유기체들을 따로 분류하도록 하기에 충분하며, 그뿐 아니라 고세포를 별도의 계로 설정하게 하는 데에도 부족함이 없다.

고세균과 세균을 구분 짓는 두 번째 특징은 유전자 구성과 관련이 있다. 고세균과 세균은 둘 다 원핵생물이다. 다시 말해 유전 물질이 핵 속에 싸여 있지 않다. 그러나 고세균은 진핵생물(핵 속에 DNA가 들어 있는 생물)과 유전적으로 더 가깝다(세균은 그렇지 않다). 특히 고세균과 진핵생물의 리보핵산 곧 RNA(그 자체가 단백질 합성의 핵심이다)의 합성에 관여하는 효소도 유사하다.

세균, 원핵생물 두 가지 모두와 확연히 다른 점도 있다. 고세균은 에너지를 내기 위해 당, 암모니아, 수소, 그리고 여러 가지 금속 이온 등 다양한 물질을 사용한다. 어떤 고세균은 에너지원으로 햇빛을 이용하기도 하고 어떤 것은 이산화탄소를 이용한다. 그리고 어떤 세균과 원핵생물들은 포자로 번식할 수 있지만, 고세균은 그렇게 할 수 없다.

마지막으로 고세균과 세균의 차이를 정말로 상세히 알고 싶다면 이 점을 들 수 있다. 둘의 이동 방식은 같지만(편모를 움직여서 이동한다), 편모의 화학적 구성과 편모가 작동하는 메커니즘이 다르다. 너무 시시콜콜한가.

고세균의 유형

그러므로 세균과 고세균의 차이를 판단하려면 유전학 차원의 작업이 필요하다. 그것은 바코드를 읽는 것과 꼭 같다고 우리는 생각한다. 각 생물은 독특한 코드를 가지고 있다는 말이다. DNA와 RNA 염기서열분석sequencing을 하여 과학자들은 주어진 샘플의 유전학자 구성—바코드—을 읽을 수 있다. 슈퍼마켓의 계산원처럼 말이다. 이 기술은 액체, 고체, 기체에서 발견되는 DNA에 적용할 수 있다. 그러므로 토양을 포함해 모든 종류의 환경이 평가될 수 있다. 지금까지 약 250종의 고세균이 보고되었다. 과학자들이 이제 고세균에 대해 알고 있고 그것을 발견하기에 적절한 도구를 가지고 있으므로 더욱더 많은 고세균이 발견될 것이다.

고세균은 탄소 사이클에서 큰 역할을 하는데, 고세균을 분류하는 방법 한 가지는 에너지와 양분을 어떻게 얻는지를 보는 것이다. 어떤 고세균은 광합성적 독립영양 생물이다. 그러니까 햇빛에서 에너지를 얻고 이산화탄소를 탄소원으로 사용한다. 다른 고세균은 탄소원으로 이산화탄소를 이용하는 것은 마찬가지지만 무기 화학 물질을 에너지원으로 사용하는 화학적 독립영양 생물이다. 마지막으로, 또 다른 종류의 고세균은 화학적 종속영양 방식을 쓰는데 유기 화학 물질을 탄소원뿐만 아니라 에너지원으로도 사용한다.

고세균은 온천이나 염수호鹽水湖에서 발견되며 땅속 깊이 묻혀 있는 바위에 살기도 하고 수천 킬로미터 깊이의 얼음 속이나 뜨거운 사막에 살기도 한다. 다른 생물들이 살 수 없는 환경에만 사는 것이다. 이런 극한 환경을 견딜 수 있는 것은 이들이 높은 온도나 낮은 온도에서 작용하는 특별한 효소를 개발해왔기 때문이다. 또 이들의 단백질이 염분, 고온, 냉기에 파괴되지 않도록 단단하게 접히기 때문이다. 고세균의 세포막이 가진 특별한 성격 또한 고온을 잘 견디는 데 도움을 준다. 이런 서식지에 사는 고세균들은 산소를 필요로 하지 않는다. 다시 말해 모두 혐기성 미생물이다.

호산성 균[acidophile]이라 이름 붙여진 어떤 고세균은 pH 1 정도의 극도로 산성인 환경에서도 살 수 있도록 세포와 물질 대사가 적응해왔다. 이 고세균은 자기 세포로부터 수소 이온을 밖으로 끌어내서 pH 6.5 정도의 약산성을 유지한다. 다른 그룹의 고세균은 호염균, 즉 소금을 좋아하는 균으로 분류된다. 높은 온도에 사는 호열성 균도 있고, 낮은 온도에서 잘 번식하는 호냉성 균도 있다.

고세균들 중 많은 것이 메탄생성균[methanogen]이다. 그 균들의 대사 활동

극한 환경을 좋아하는 고세균이 미국 옐로스톤 국립공원 레드 콘 온천 근처에 서식한다. 사진: Williams S. Keller, 1964, US-NPS

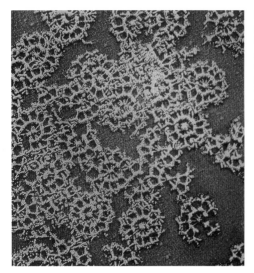

극한 환경에서 사는 고세균의 내열 효소를 투과전자현미경(TEM)으로 찍은 사진. 이 효소는 섭씨135도에서도 활동할 수 있어서 산업에 활용될 잠재력이 높다. 사진: Wolfgang Baumeister, Photo Researchers Inc.

이 메탄을 만들어내는 것이다. 늪에서 나오는 고약한 가스와 소가 배출하는 메탄가스가 지금까지는 세균에 의해 만들어진다고 여겨졌는데, 실은 놀랍게도 고세균이 벌이는 일상 활동의 부산물이라는 점이 밝혀졌다. 메탄 생성균들은 오대양 곳곳에서 발견된다. 사실상 이러한 고세균들 중 매우 많은 수가 바다의 플랑크톤 속에서 잘 번식하기 때문에, 바다 속의 고세균과 토양 속의 고세균을 합하면 고세균이 지구상에서 가장 많은 수를 차지하는 것으로 계산된다.

고세균이 거칠고 열악한 조건에서도 잘 살 수 있게 하는 특성들을 이용하면 엄청난 경제적 성과를 이룰 수 있을 테지만, 고세균을 이용하는 기술은 아직 걸음마 단계에 있다. 이런 어려움이 극복되어 고세균이 중요한 생명공학 도구가 될 것이라고 우리는 확신한다.

고세균과 질소 순환

우리의 본래 주제로 돌아가자면, 고세균 또한 앞에서 설명한 질소 순환에 참여하는 것으로 밝혀졌다. 이것은 두 가지 단계를 거쳐 발견되었다. 첫째, 과학자들이 바다에 사는 고세균들 중에서, 암모니아 산화에 필요한 효소를 만들어내는 특정한 유전자를 분리했다. 토양 샘플에서 같은 유전자를 찾아보니, 세균에 비해 3000배나 많다는 것을 발견했다. 과학자들은 토양 고세균들과 관련된 지질의 양도 조사했는데, 토양 속의 질소 고정 과정에 고세균이 참여하고 있음이—그리고 놀랍게도 고세균의 기여가 지배적이라는 것이—확인되었다. 그보다도 훨씬 더 흥미로운 것은 지하로 내려갈수록 고세균들이 더 많이 있다는 점이다. 세균은 흙 속 깊이 내려갈수록 그 수가 줄어드는데 말이다.

세계 곳곳에서 채취한 샘플들이 같은 결과를 보여주어서, 많은 이들이 다음과 같은 결론을 내렸다. 곧 고세균, 특히 크렌아케오타Crenarchaeota가 흙 속에서 가장 많은 수를 차지하는 암모니아 산화 미생물이라는 것이다. 이런 발견은 중요한 발견이다. 질소 가스 중에는 산화질소와 아산화질소가 포함된다는 이유만으로도 중요하다고 할 수 있다. 산화질소와 아산화질소는 온실가스인데, 온실가스 중 어느 정도의 비율이 고세균의 활동 때문인지를 파악할 수 있게 된 것이다.

질소 순환에서 고세균이 하는 역할의 정도와 영역에 대해서는 아직 밝혀내야 할 것이 많다. 암모니아 산화에서 얼마나 많은 부분이 고세균에 의해 이루어지고 세균에 의한 것은 어느 정도인지 등이 여기에 속한다. 고세균이 얼마나 많은 부분을 차지하든, 고세균은 토양 먹이그물을 활용하거나 그것의 도움을 받는 텃밭 농부와 정원사에게는 식물에게 질소를 공급하는 일과 관련해서 중요한 의미를 가진다.

분해자

세균과 마찬가지로 고세균도 분해자 역할을 한다. 유기물과 무기물을 잘게 쪼개고 식물에게 필요한 요소들을 순환시킨다. 어떤 고세균은 황 화

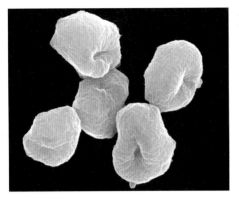

호열성 균인 술폴로부스(Sulfolobus) 균은 pH 2 정도, 섭씨 75도~80도 사이의 화산 온천 지역에서 잘 번식한다. 사진: Eye of Science, Photo Researchers, Inc.

합물을 산화함으로써 양분을 얻는데, 그 고세균은 암석에 들어 있는 황 화합물을 꺼내 쓸 수가 있다. 이들은 미국의 옐로스톤 국립공원, 세인트헬렌스 산, 아이슬란드·러시아·일본 등지의 화산 지역에서 발견되었다. 이 고세균은 해저 분출구에서도 많이 서식하는데, 그곳에서는 황을 산화하기 쉽기도 하고 황을 이용해 탄소 화합물을 산화할 수 있기 때문이다. 어느 경우든 식물 영양의 주요 성분인 황이 밖으로 빠져나와서 다른 생물이 이용할 수 있다. 그리고 결국에는 식물이 이용할 수 있다.

대기 중의 열을 붙잡아두는 효과를 가진 것으로는 이산화탄소가 더 유명하고 우리에겐 이산화탄소가 더 큰 걱정거리로 여겨지지만, 그 효과는 메탄이 더 크다. 예전에는 세균이 메탄가스 배출의 주범이라고 여겨졌었다. 그러나 이제는 아니다. 어떤 고세균이 유기물을 부수면, 고세균은 질소를 식물이 이용할 수 있는 형태로 바꿀 뿐 아니라 온실 효과의 가장 큰 요소인 메탄가스도 생성한다. 고세균이 대기 중에 뿜어내는 메탄가스 중 많은 양이 쌀농사로 생긴다. 메탄생성균은 물에 잠긴 논에서 물질을 분해하는데 그 결과 식물이 이용할 수 있는 질소와 메탄가스가 만들어진다. 전 세계 벼농사 규모를 감안하면, 이것은 상당히 큰 비중을 차지한다고 볼 수 있다. 메탄가스 배출량은 1750년 이후 약 150퍼센트가 늘었고 전 세계 메탄가스 배출량의 10~20퍼센트는 메탄생성균의 활동에서 나오는 것으로 추산된다. 이것은 엄청나게 많은 양이다. 그러니 이 고세균 집단에 대한 연구를 과학자들이 맹렬히 진행하고 있는 것도 놀라운 일이 아니다. 과학자들은 농업 활동으로 생기는 메탄가스 양을 줄이는 방법을 찾기 위해 노력하는 중이다.

텃밭과 정원을 가꾸는 사람들 대부분은 농업 유역에서 온 유실물이 쌓여서 산소가 부족한 죽은 강이 되는, 멕시코 만의 미시시피 강 어귀 같은 곳에 대해 알고 있을 것이다. 농지 유출물 속의 질소와 인 때문에 조류와 남조류^{시아노박테리아}가 퍼지고 있다. 그것들이 산소를 고갈시키는 것이다. 그런데 다행히도 그 옆에서 산소가 없어도 이들 생물들을 분해하고 있는 것이

중국 남부 윈난 성의 계단식 논에서 메탄생성균들이 분해 작업을 하며 열심히 일하고 있다.

있으니, 그것이 무엇일까? 바로 혐기성 고세균들이다.

고세균의 가치

어떤 고세균은 완전히 새로운 부류의 항생제 원료로 쓰인다(고세균에서 나온 항생 물질을 아키아오신archaeocin이라고 한다). 몇몇은 동정을 거쳤고 제조되고 있는 것도 있다. 항생 물질을 가진 고세균이 수백 종은 더 있을 것으로 추정된다. 이 항생 물질의 구조는 세균에 의해 만들어지는 것과 달라서 기존의 항생 물질이 하지 못하는 방식으로 작용한다. 병을 일으키는 고세균은 없는 듯 보인다는 점이 흥미로운 가능성을 제시한다. 세균으로 만들어진 항생제에 내성이 생긴 병원균—식물에 감염하는 것과 인간에 감염하는 경우 모두—의 억제에 고세균 항생제가 효과가 있으리라 기대되기 때문이다.

고세균은 이미 고온에서 작용하는 특수 효소의 중요한 원료로 쓰인다.

반추 동물의 위에서 사는 고세균이 메탄가스의 주요 근원이다. 사진: Keith Weller, USDA-ARS

뱅 큐
아 메 바

그중 하나는 DNA 복제에 활용된다. 다른 고세균은 유기 화합물을 만드는 데 쓰인다. 오수 처리 공장은 정화에 고세균을 활용하며, 광물업계에서는 고세균을 세공 과정에 이용한다. 고세균 효소는 최근 세탁 세제에 첨가되기도 한다(뜨거운 물에 쓰는 헹굼 세제라고, 들어나 봤는지). 농사나 원예에도 고세균을 활용한 기술이나 그 부산물 사용법이 개발되었다. 그리고 달이나 화성 같은 극한 조건에서 구축된 인공의 토양 먹이그물에서 고세균이 질소를 제공하게 될지도 모른다.

고세균은 세균, 균류와 마찬가지로 토양 먹이그물의 다른 구성원들과 관계를 형성한다. 그런 상호 관계 한 가지는 반추 동물, 그리고 흰개미처럼 셀룰로오스를 먹어치우는 동물들의 소화관 속에서 원생동물과 메탄생성균이 맺는 관계다. 원생동물이 셀룰로오스를 부수어 수소를 배출하면 메탄생성균은 대사 과정에서 수소를 메탄으로 바꾸어놓는다. 원생동물이 이런 유형의 고세균의 숙주가 되기도 하지만, 인간의 대장에도 고세균이 있어서 소화를 도우며 장 속에 사는 세균과 함께 일하기도 한다.

메탄을 생성하지 않는 고세균이 한대寒帶의 삼림에서 발견되긴 했지만 그것의 대사 활동과 다른 특성들이 밝혀지려면 더 많은 연구가 필요하다. 여러분의 텃밭과 정원의 토양을 보자면, 거기에도 고세균이 식물 뿌리 부근의, 탄소가 풍부한 근권을 장악하고 있다. 토양에 사는 고세균들의 구체적인 역할에 대해서는 알려진 바가 거의 없기 때문에, 이 책에서는 앞으로 '세균/고세균'이라는 명칭을 쓰는 대신 부정확하지만 그냥 '세균'이라는 말을 사용할 것이다. 이것은 고세균을 무시하려는 것이 아니다. 우리는 고세균의 존재를 공손하게 인정하며, 결코 고세균이 세균보다 열등하다고 생각하지 않는다. 단지 유전학적으로 확인할 능력이 없어서 따로 구분하지 못할 따름이다.

발견은 계속된다. 식물이 이용할 수 있는 질소의 생산에서 고세균이 차지하는 부분, 메탄가스 배출에서 하는 역할, 토양 먹이그물의 다른 구성원들과 주고받는 상호 관계의 범위를 완전히 이해하면, 식물이 잘 자랄 수 있도록 흙 속에서 무슨 일이 일어나는지를 더 많이 알 수 있을 것이다. 아무튼 분명한 것은 고세균이 토양 먹이그물의 중요한 구성원이고 더는 무시되어서는 안 된다는 점이다.

5장

_균류

10만 가지가 넘는 균류가 현재 알려져 있고 어떤 전문가들은 아직 발견되지 않은 균류가 100만 가지가 넘을 것이라고 주장한다. 그러나 균류라고 하면, 텃밭이나 정원을 가꾸는 사람들은 대부분 즉시 잔디밭이나 나무 수피 위에서 자라는 독버섯, 까치발버섯, 산호버섯, 방귀버섯을 떠올린다(아니면 토양 균류가 질병을 일으킨다는 점을 떠올린다. 그에 대해서는 이 장 뒤쪽에서 더 자세히 다룰 것이다). 그러나 흰 균사와 포자를 만드는 버섯을 제외하면, 토양 균류는 세균과 마찬가지로 육안으로 보이지 않아서, 보려면 몇백 배 배율의 현미경이 필요하다. 육안으로 보이는 균사체 덩이도 대개는 그 균류가 분해하고 있는 유기물 속에 숨어 있다.

균류도 텃밭 농부나 원예가에게 저평가되어 있지만, 균류는 토양 먹이그물에서 핵심적인 역할을 하며 토양 먹이그물 원칙을 활용하여 정원을 가꾸는 사람들에게 매우 중요한 도구이기도 하다. 균류를 엽록소가 없는 식물로 간주해서 식물계로 분류한 것은 그리 오래전 일이 아니다. 그러나 균류는 광합성을 할 수 없기 때문에 섬유소 대신 키틴으로 세포벽을 만드는데, 그런 독특한 특징 때문에 이제 균류는 진핵생물군 아래의 균계로 따로 분류되기도 한다.

균류는 고등 식물, 고등 동물과 마찬가지로 진핵생물이다. 핵막으로 둘러싸인 핵을 가진 세포가 있는 유기체라는 말이다. 각 세포는 하나 이상의 핵을 가질 수 있다. 균류는 보통 포자에서 균사라 불리는 실 같은 조직으로 자라나간다. 균사 하나는 여러 개의 세포로 되어 있는데 균사 내부의 가로막인 격막으로 구분된다. 세포를 연결하는 격막은 균사 내의 다른 세포들과 완전히 차단되어 있지는 않아서 액체가 세포 사이를 흐를 수 있다. 충분히 가까운 거리의 균사들이 자라면서 덩이가 되면 육안으로도 보이는 실 모양의 균사체가 된다. 이것은 썩어가는 낙엽에서 흔히 볼 수 있다. 균류는 포자뿐만 아니라 여러 가지 방식으로 증식하는데, 고등 식물 대부분이 일반적으로 그렇듯이 씨앗으로 번식하지는 않는다.

균사는 세균보다 상당히 커서, 평균 길이가 2~15마이크로미터이고 지름은 0.2~3.5마이크로미터 정도 된다. 그래도 작긴 작아서 사람 눈에 보일 정도로 굵어지려면 균사가 수백 수천 가닥은 뭉쳐야 한다. 좋은 흙 한 티스푼에는 우리 눈에 보이지 않는 균사가 몇 야드나 포함되어 있을 것이다. 커다란 그물버섯이나 광대버섯처럼 눈에 잘 띄는 것을 만들어내려면 수백만 수천만 균사가 뭉쳐야 한다. 이 버섯들과 여타의 버섯들은 바로 균류의 자실체다. 그것을 만들기 위해 필요한 에너지와 양분이 얼마나 될지 생각해보라.

균류가 세균보다 이로운 점 한 가지는 균사는 길게 자랄 수 있다는 것이다. 그것 때문에 오랫동안 균류가 식물로 분류되었다고 볼 수 있다. 세균 세포의 세계는 무척 제한된 세계인 데 반해, 균사는 몇 피트, 또는 몇 미터에 이르는 공간을 돌아다닐 수 있다. 세균으로서는 진정 대장정이라 부를 만한 거리다. 그리고 세균과 달리 균류는 흙 속을 뻗어가는 데 토양 입자 주위의 수막이 필요하지 않다. 따라서 균사는 틈을 이어가며 짧은 거리를 갈 수

〈균사의 구조〉
그림 제공: Tom Hoffman Graphic Design

격막

핵

있다. 그 덕에 새로운 영양원을 찾아낼 수 있고 양분을 한 장소에서 다른 장소로, 상대적으로 멀리 떨어진 곳까지 옮길 수 있다.

양분을 옮길 수 있다는 점은 세균과 균류의 또 다른 큰 차이점이다. 균사는 세포질을 가지고 있는데 그것은 세포의 격막을 통과해서 순환하는 액체를 말한다. 예를 들어 균사 끝이 원생동물을 침범할 때 균사는 원생동물의 양분을 뽑아내서 균사 세포질에 양분을 나누어주고 거기서부터 주요 몸체까지 양분이 보내진다. 양분이 균사 끝에서부터 몇 야드나 떨어진 완전히 새로운 장소로 전달되는 셈이다(컨베이어벨트를 연상해보라). 일단 균류 속으로 들어간 뒤에는 양분이 고정되기 때문에 흙에서 양분이 유실되지 않는다.

균류는 포자를 퍼뜨리기 위해 특별한 구조—예를 들어 땅 위의 버섯이나 땅속에서 자라는 송로버섯—를 만들어낸다. 균류는 온갖 종류의 환경에서 자라기 때문에, 포자를 퍼뜨리는 정교한 방법들을 고안해왔다. 매혹적인 향기, 방아쇠 장치, 스프링, 제트 추진 장치 등이 여기에 포함된다. 생존하기 위해, 균류의 포자는 단단한 막을 발달시켰는데 그 덕분에 즉시 발아

예쁘지만 독이 있는 광대버섯
사진: Judith Hoersting

포자의 분산이 잘 이루어지도록 포자가 위로 솟아올라 자란다. 사진: T. Volk, http://www.apsnet.org, American Phytopathological Society, St. Paul, Minnesota의 허락을 받아 재수록

하기에 적당하지 않은 조건일 때에는 몇 년 동안 휴면 상태로 있을 수 있다.

세균과 마찬가지로 균류는 어디서나 자란다. 어떤 종은 추운 극지방에서도 산다. 하늘에 떠다니며 퍼지는 포자도 있기 때문에 알래스카 사람이 멀고 먼 오스트레일리아에 가서 낯익은 균류를 만날 수도 있다. 휴면 상태의 포자는 세계 곳곳에서 발견되는데 그것이 발아해서 자라려면 적절한 조건이 필요하다. 이와 같이 균류의 포자는 처음에 있던 곳에서부터 멀리 떨어진 다른 대륙에서 발견될 수가 있지만 성장 조건이 적절하지 않으면 자라지 못한다.

균류의 성장과 부패

어떤 균류는 세균이 잘 먹는, 소화하기 쉬운 '부드러운' 당을 좋아하지만, 대부분의 균류는 난분해성의 질긴 먹이를 먹는다(그 주된 이유는 세균이 더 빨리, 더 잘 단당류를 잡아채서 먹기 때문이다). 그러나 복합당 먹이를 놓고 벌이는 경쟁에서는 균류가 승리한다. 균류는 페놀옥시다제, 곧 리그닌(섬유소를 묶고 보호하는 목재의 구성 성분)까지 분해하는 강력한 효소를 분비하기 때문이다. 균류의 또 다른 특징은 딱딱한 표면을 뚫는 능력이다. 균류는 첨단 성장apical growth을 한다. 균사 끝에서 성장이 이루어진다는 말이다. 첨단 성장은 엄청나게 복잡한 과정이고, 강 아래 터널을 뚫는 것과 비슷한 공학적 작업이며, 여러 가지 일을 대단히 잘 조절하는 것이 필요한 작업이다. 전자현미경이 등장하기 전에 과학자들은 활발하게 자라는 균사의 끝에서 어두운 부분Spitzenkörper을 찾아냈다. 균사의 성장이 멈추면 이 부분도 사라졌다. 이 신비한 부분은 첨단성장을 조절하는 일 혹은 아마도 성장 방향을 정하는 일과 관련이 있는 듯 하다.

첨단 성장이 이루어지는 동안 새 세포들은 균사의 끝으로 지속적으로 밀리고 벽면을 따라 균사 관이 길어진다. 세포질은 균사의 성장에 필요한 물질을 균사 끝에 공급한다. 필요한 '건설 자재'를 모두 실은 소포小胞, vesicle를 세포질이 이동시키는 것이다. 물론 첨단 성장이 진행되는 동안 필요한 물질을 내보내는 것도 중요하지만 상관 없는 물질이 균사 속으로 흘러가지 않게 하는 것도 중요하다. 그동안 새 세포들이 자리를 잡으면 가장 다루기 힘든 탄소 화합물을 제외하고는 뭐든 분해할 수 있는 강력한 효소가 나온다. 이것을 한번 생각해보라. 이 효소는 얼마나 강력한지 리그닌, 섬유소 등 온갖 질긴 유기물을 단당류와 아미노산으로 바꾸지만, 균류의 키틴질 세포벽은 분해하지 않는다.

균류는 1분에 40마이크로미터까지 자랄 수 있다. 그렇게 조그만 유기체로서는 엄청나게 빠른 속도지만 우선 속도는 고려하지 말고 전형적인 토양

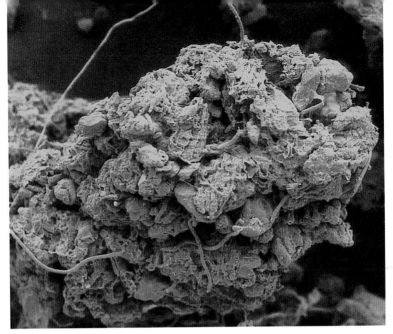

죽은 균류의 실이 흙 알갱이에 붙어 있다. © Ann West

세균의 운동 거리와 비교해보자. 토양 세균은 평생 겨우 6마이크로미터밖에 못 움직인다.

토양 속 모든 유기체의 죽음이 그렇듯이, 균류의 죽음은 그 속에 있던 양분이 다른 토양 먹이그물 구성원들이 이용할 수 있게 바뀌는 것을 의미한다. 그러나 균류가 죽어도 균사는 지름이 10마이크로미터에 이르는 미세한 터널 같은 망을 남긴다. 거기로 물과 공기가 잘 흘러 다닌다. 이 '관'들은 세균이 원생동물을 피하려 할 때에도 꼭 필요한 안전지대가 된다.

균류야말로 토양 먹이그물에서 일차 분해자다. 균류가 내놓는 효소 덕분에 그들은 식물(죽은 것이든, 살아 있는 것이든)의 리그닌과 섬유소를 뚫고 들어갈 뿐 아니라, 곤충의 딱딱한 키틴질 껍질, 동물 뼈를 분해할 수 있고 거기다—텃밭이나 정원을 가꾸는 사람들은 이미 알고 있겠지만—손톱, 발톱의 딱딱한 단백질까지 분해할 수 있다. 세균도 나름대로 잘하지만 세균은 쉽게 분해되는 단순한 먹이가 필요하다. 그들은 균류가 분해한 것의 부산물을 먹기도 하고, 균류나 다른 생물이 잘게 부수거나 쪼갠 뒤에야 먹기도 한다. 균류와 비교하면 세균은 분해 능력에서 마이너리그에 속한다.

균류의 먹이

균류가 만들어내 균사 끝에서 배출되는 산성의 소화 물질은 인간이 이용하는 것과 비슷하다. 그러나 균류는 먹이를 소화하는 기관인 위가 필요하지 않다. 세균과 마찬가지로 균류는 입이 없지만, 유기 물질을 분해한 뒤에 확산(삼투압)과 능동 수송으로 세포벽을 통과하여 섭취한다. 보통 균류가 섭취한 양분은, 세균이 섭취할 때와 마찬가지로 균류의 몸속에 고정되었다가 나중에 방출된다. 그러므로 균류도 세균처럼 살아 있는 비료 저장고라고 하겠다.

균류가 계속 자라면서 과도한 산, 효소, 배설물이 남고, 그 결과 균류가 이미 옮겨갔어도 유기물은 계속 분해된다. 유기물이 분해되어 세균이 먹을 수 있게 되고, 양분은 흙 속의 다른 생물들과 식물이 이용할 수 있는 형태로 바뀐다. 균사의 성장 덕분에 균류는 비교적 멀리 있는 먹이를 찾아 움직일 수 있다. 먹이가 가까이 오기만을 기다리고 있지 않는다는 말이다(기다릴 수도 있다. 매복해서 선형동물을 잡는 균류는 그렇게 한다). 예를 들어 균류는 지표 위에 쌓인 낙엽, 나뭇가지에까지 뻗어가 양분을 뿌리 구역에 돌려준다. 이 능력은 세균에 비해—세균도 토양 먹이그물에서 일차 양분 분해자이긴 하지만—엄청나게 유리한 점이다.

토양 균류는 대개 가지를 쳐서 나가고 동시에 여러 영양원에서 유기물을 모을 수가 있다. 일단 영양 물질이 세포막 안으로 들어오면, 균사 네트워크를 통해서 뒤로 보내는데 그 끝은 식물 뿌리에서 끝나는 경우가 많다. 식물 뿌리에서 어떤 균류는 양분과 식물 뿌리의 삼출액을 교환한다. 그렇게 해서 균 하나가 아래로 밖으로 균사를 뻗어서 물뿐만 아니라 몇 가지 핵심 양분—인, 구리, 아연, 철, 질소—을 흡수한다. 예를 들어 인의 경우에 균류가 그것을 모으고 멀리까지 이동시키는 능력은 정말로 대단하다. 인은 거의 항상 이용하기 어려운 형태로 되어 있고, 비료로 뿌려도 짧은 시간 안에 식물이 이용할 수 없게 된다. 균류는 식물에게 꼭 필요한 양분인 인을 찾아낼 뿐만 아니라 그것의 화학적·물리적 결합을 끊을 수 있기까지 하다. 그런 다음 그 사냥감을 식물 뿌리로 보내면 식물 뿌리가 인을 흡수해서 이용하는 것이다.

균류가 양분을 식물 뿌리 끝으로 돌려보내는 이 순간에 균류는 식물의 삼출액 때문에 그 식물에게 이끌린다는 점을 잊지 말아야 한다. 균류가 착한 일을 하는 건 맞지만, 균류를 통제하는 것은 식물이다.

균류와 식물이 이용하는 질소

어떤 균류는 양분과 삼출액을 교환하지만, 균류 대부분은 양분을 소비한 뒤나 죽어서 분해된 뒤에 양분을 남긴다. 내놓는 것 중 많은 부분이 질소다. 토양 먹이그물 재배법의 핵심은 식물이 두 가지 형태의 질소를 흡수할 수 있다는 것이다. 암모늄 이온$^{NH_4^+}$ 아니면 질산 이온$^{NO_3^-}$이 그것이다. 균류가 내놓는 질소는 암모늄 이온 형태다. 질화 세균이 있으면, 암모늄 이온은 두 단계를 거쳐 질산 이온으로 바뀐다.

균류가 만드는 효소는 확실한 산성이어서 pH를 낮춘다. 세균 점액이 토양 pH를 높인다는 것을 여러분은 기억할 것이다. 질화 세균은 일반적으로 pH 7 이상이 필요하다. 균류가 우점하는 토양이 될수록 암모늄 이온을 질산 이온으로 바꾸기 위해 필요한 질화 세균의 수는 줄어든다. 균류가 만들어내는 산 때문에 pH가 낮아지기 때문이다. 그러므로 암모늄 이온이 질산 이온으로 바뀌는 대신 식물이 이용할 수 있는 암모늄 이온으로 더 많이 남아 있다. 이것은 토양 먹이그물 재배에서 중요한 의미를 갖는다. 균류가 우점하는 흙은 암모늄 이온 형태의 질소를 가지는 경향이 있다는 것이다. 질산 이온보다 암모늄 이온을 좋아하는 식물에게는 좋겠지만, 암모늄 이온이 질산 이온으로 바뀌는 것을 선호하는 식물에게는 그렇지 않다(어떤 식물이 어느 것을 좋아하는지 13장에서 설명한다).

균류의 적응

균류는 생명을 이어가기 위해 갖가지 영리한 전략을 개발해왔다. 선형동물을 포획하는 균류가 대표적인 예라 할 수 있다. 매우 유용하고 교활한 적응을 한 아르트로보트리스 닥틸로이데스는 고리로 선형동물을 포획한다. 그 고리는 사실 균사의 가지 끝을 꼬아서 만든 것이다. 그 가지는 각각 세 개의 세포로 구성되어 있는데 건드려지면 물을 내보내라는 신호를 보낸다. 그러면 세포들이 세 배 크기로 부풀어 올라서, 방심하고 있던 희생자는 10분의 1초 만에 죽는다. 겨우 세 개의 세포를 이용한 고리에 이런 정교한 포획 메커니즘이 있다니 놀랍기만 하다. 말이 나온 김에 덧붙이자면, 나노 기술이 그런 복잡한 과정을 흉내 낼 수 있기를 바랄 뿐이다. 균류는 선형동물을 포획하는 방법을 개발했을 뿐만 아니라―선형동물과 균류 모두 눈이 없는데―선형동물을 트랩으로 끌어들이기도 한다. 이 경우에 균류는 선형동물을 유인하는 화학 물질을 분비한다.

포획 후 몇 분 이내에 균사 끝이 선형동물의 몸속으로 들어가고 강력한 효소를 분비한 다음 양분을 빨아들이기 시작한다. 이것은 선형동물이 먹이를 잡아먹는 것과 똑같은 방식인데, 선형동물은 균류에게 영양분으로서 정말로 귀중한 존재다. 물론 이 양분은 균류 몸속에 갇혀 있다가 균류가 포식자에게 먹히거나 삼출액과 교환하기 위해 내놓으면 밖으로 나온다. 그러면 그 양분은 무기화하고 식물이 이용할 수 있게 된다.

슈퍼마켓에서 쉽게 살 수 있는 느타리버섯균은 또 다른 독창적인 기술을 써서 먹잇감을 잡는다. 균사 끝에서 독성 액체를 내보내서, 아무것도 모르는 선형동물(균류의 영원한 희생양)이 먹이를 찾아 이리저리 다니다가 입으로 그 액체 방울을 건드리면 몇 분 이내에 마비 상태가 된다. 몇 시간 후면 균류가 선형동물 속으로 들어가서 소화를 시킨다.

먹이를 유인하여 포획하거나 기절시킨 다음 잡아먹는 것은 먹이를 확보하는 나쁘지 않은 방법이다. 다른 메커니즘들도 발달해왔다. 어떤 균은 접착 물질을 사용하여 선형동물에게 들러붙는다. 다른 토양 균류는 원생동물을 잡아먹고, 육안으로 볼 수 있을 만큼 큰 미세 절지동물인 톡토기까지 잡아먹는다. 일단 들러붙으면 사냥감을 분해한 다음 양분을 몸속에 가둔다.

토양 균류가 특정한 양분이 있는 방향으로 향하도록 하는 힘이 무엇인지는 아직 밝혀지지 않았다. 어떤 것은 양분을 찾는 정찰병 같은 필라멘트filament를 내보낸다고 알려져 있다. 떨어진 새를 찾는, 잘 훈련된 사냥개와 비슷하다 하겠다. 사냥개는 새 냄새를 맡을 때까지 원을 그리면서 돈다. 어떤 균류는 확실히 촉감이나 접촉을 감지하는 능력이 있어서, 사냥감이나 영양원을 찾을 수 있는 쪽으로 갈 수 있다. 또 다른 균류는 특정 화학 물질을 쫓아가 특정 먹이 근처에 가는 능력을 보여준다.

정원이나 텃밭을 가꾸는 사람들에게는 균류가 양분을 찾아낼 수 있다는 사실을 아는 것으로 충분하다. 영양원이 발견되면 균사가 그 지역으로 향해서 말 그대로 자리를 잡고 그것을 소화한다. 한 가지 영양원만이 아니라 다른 것과 동시에 섭취하기도 하는데, 양분은 균의 몸체로 보낸다. 그러는 동안 다른 균사들이 더 많은 먹이를 찾아 '수색'을 한다. 양분을 세포벽 안에 저장해 새어 나가는 것을 막는다.

균류와 공생 관계

토양 균류도 식물과 지극히 중요한 상호 관계 두 가지를 맺는다. 첫 번째는 어떤 균류가 녹조류와 맺는 것으로, 그 결과로 지의류가 생긴다. 이 공생 관계에서 균류는 광합성을 할 수 있는 조류에게서 먹이를 얻고, 그 대신 균사는 엽상체 곧 지의류의 몸체를 만들어서 둘이 함께 거기서 산다. 균류가 분비하는 화학 성분은 지의류가 자라는 바위와 목재를 분해하며, 분

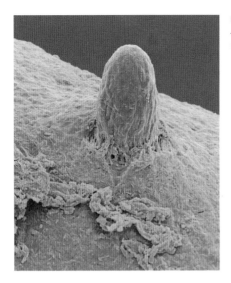

해된 바위와 목재는 흙과 토양 미생물, 식물을 위한 광물과 양분이 된다.

두 번째는 균근 관계로, 식물 뿌리와 균류의 공생 관계다. 식물 뿌리에서 나오는 삼출액에 대한 대가로 균근균은 물과 양분을 찾아 식물에게 갖다 준다. 식물은 균류에 의존해서 살고, 균류는 식물의 삼출액 없이는 살 수 없다. 참으로 '원더풀 월드'다.

균근 관계(뿌리와 균의 공생 관계)는 1885년에 알려졌다. 독일 과학자 알베르트 베른하르트 프랑크Albert Bernhard Frank는 살균 토양에서 자라는 소나무와, 삼림 균류를 접종한 토양의 소나무를 비교했다. 균을 넣어준 토양의 묘목이 살균 토양의 소나무보다 훨씬 크게 빨리 자랐다. 그러나 균근 관계라는 말이 농업 용어로 등장한 것은 겨우 1990년대 이후다. 농부나 정원 가꾸는 사람들의 입에 오르내린 것은 훨씬 더 뒤의 일이다.

사실 그 주제는 우리에게 약한 부분이다. 이 책의 공저자 중 한 사람은 30년 동안 매주 인기 있는 정원 가꾸기 칼럼을 썼지만 그런 공생 관계에 대해서는 한 마디도 한 적이 없다. 그것은 순전히 무지 때문이었는데 정원을 가꾸는 사람들 대부분이 그와 마찬가지일 것이다. 이제 우리는 우리가 얼마나 무지했는지 알고 있다. 모든 식물의 90퍼센트 이상이 균근 관계를 형성하며 그 비율은 아마도 95퍼센트가 넘을 것이다. 이 관계가 약 4억 5000만 년 전에 지상 식물의 진화와 함께 시작되었다는 것도 알려졌다. 균류가 수생 식물과 관계를 맺은 뒤에야 식물이 지표에서 자라기 시작한 것이다. 식물은 균근균 없이는 잘 자라는 데 필요한 양분의 종류와 적당량을 얻지 못한다. 우리는 이 중요한 유용균들을 죽이지 않도록 우리의 재배법을 바꾸어야 한다.

아마도 정원이나 텃밭을 가꾸는 사람들은 균류에 대한 이해가 부족할 터인데 그것은 토양 균류가 모두 아주 약하기 때문이다. 흙이 너무 딱딱하면 균사의 관이 짓이겨지고 균은 죽는다. 분명히 살균제, 살충제, 무기질 비료, 흙의 물리적 변화(경운, 깊이갈이)는 균사를 파괴한다. 화학 물질은 균의 몸뚱이에서 세포질을 빨아들여 버린다. 경운은 균사를 말 그대로 부수어

뿌리 주위에 희고 두터운 망을 형성한 외생 균근균(왼쪽). 사진 제공: Mycorrhizal Applications, www.mycorrhizae.com
뿌리를 뚫고 들어간 내생 균근균(오른쪽). 사진 제공: L. H. Rhodes, http://www.apsnet.org/, American Phytopathological Society, St. Paul, Minnesota의 허락을 받아 재수록

버린다. 균이 오염된 대기, 특히 질소 화합물을 함유한 대기에 노출되어도 균근균의 자실체가 줄어든다.

균근균은 두 종류가 있다. 하나는 외생 균근균으로 뿌리 표면 가까이에서 자라며 뿌리 주변에 그물처럼 엉긴다. 외생 균근균은 침엽수·경질목硬質木, hard woods과 관련이 있다. 다른 하나는 내생 균근균이다. 이 균들은 뿌리 속으로 들어가 그 속에서 자라는데 바깥으로, 그러니까 흙 속으로 뻗어나가기도 한다. 내생 균근균은 채소, 일년생 초본, 잔디, 관목, 다년생 초본, 연질목軟質木, soft woods이 좋아한다.

균근균은 두 종류 다 나무뿌리의 영역을 멀리 확장할 수 있다. 나무뿌리의 유효 표면 영역은 균근 관계 덕택에 놀랍게도 700~1000배 더 확장될 수 있다. 균근균은 숙주 식물의 삼출액으로부터 균이 필요로 하는 탄수화물을 얻고, 그 에너지를 가지고 흙 속으로 균사를 뻗어나간다. 나무뿌리 혼자서는 이를 수 없는 곳에서 양분과 광물질을 끌어온다. 이 균들은 외톨이 광부가 아니다. 이들은 서로 뒤얽힌 망을 형성하여 때로는 처음 시작했던 나무만이 아니라 여러 식물들의 뿌리에 물과 양분을 갖다 주기도 한다. 하나의 식물과 연결된 균근균이 동시에 다른 식물도 돕는다고 생각하면 이상하지만, 그런 일이 실제로 일어난다.

식물에게 꼭 필요한 인을 찾아서 갖다 주는 것은 많은 균근균의 주요한 역할인 듯 보인다. 균근균은 산酸을 만들어내 화학적 결합 강도가 높은 인을 찾아서 분해하고 그것을 숙주 식물에게 보낸다. 균근균은 구리, 칼슘, 마그네슘, 아연, 철도 식물이 이용할 수 있게 분해한다. 언제나 그렇듯이, 식물 뿌리에 배달되지 않은 영양 화합물들은 전부 균류의 내부에 가두어두었다가 죽어서 분해될 때 방출된다.

내생균

균류와 식물의 세 번째 중요한 공생 관계는 내생균에 의해 형성된다. 내생균이란 식물 조직 내부에서 생애의 전부나 대부분을 사는 균류다. 땅속에서 뿌리와 연결되어 사는 균근균들과 달리 내생균은 식물의 지상부 곧 잎, 줄기, 수피에 살도록 진화해왔다. 내생균 중에도 뿌리 조직에서 자라는 것이 있기는 하다. 대부분의 교목과 관목은 내생균에 감염되는데 한 종류가 아니라 수백 가지 내생균에 감염되며, 지금까지 검사한 식물들은 전부—해양 식물과 담수 식물을 포함하여—한 가지 이상의 내생균을 가지고 있다. 이렇게 없는 데가 없는 이 미생물이 오랫동안 우리의 주의를 끌지 못했던 이유는 대부분이 숙주 식물에 아무 증상도 일으키지 않고 그 속에서 잘 살기 때문이다. 다시 말해 숙주 식물에 해를 전혀 끼치지 않고 행복하게 공존하며, 때로는 식물에 좋은 작용을 하기도 한다.

내생균이 학계에 알려진 것은 1904년이다. 일년생 초본의 내생균에 대해 다룬 한 논문이 발표되었다. 그러나 1970년대 중반 이후에야 본격적으로 연구되기 시작해서 서로 다른 종류의 초지 풀을 먹은 소를 비교한 연구가 나왔다. 어떤 소들은 내생균의 침입을 받은 풀을 먹음으로써 좋지 않은 영향을 받았다. 내생균 없이 그 풀을 자라게 하려는 시도를 하던 중에 놀라운 사실들이 밝혀졌다. 첫째, 그 풀은 내생균이 없을 때보다 더 잘 자라지 못했다. 둘째, 그 균이 없는 풀은 풀을 공격하는 주된 해충에 대한 저항성을 잃었다. 귀리에 관한 1980년대의 한 연구는 내생균이 해충에 대한 귀리의 저항성을 크게 향상시킴을 보여주었다. 그후의 연구들이 보여준 것은, 어떤 잔디밭에는 달러스팟 병균 같은 균류에 대한 저항성이 있었는데 그것이 내생균에서 비롯되었다는 점이다. 그리고 좋은 효과만 있는 것이 아니라 예외가 있다는 점도 밝혀졌다. 예를 들어 어떤 내생균들은 식물의 씨가 줄어들게 만든다.

대부분의 내생균은 포자가 주머니 속에서 발달하는 자낭균류에 속한다. 까마종이, 송로버섯, 맥주 효모, 빵 효모, 지의류를 형성하는 균류 대부분이 자낭균이다. 그런데 자낭균이 다 내생균인 것은 아니다. 내생균의 포자는 보통 공기를 통해 숙주로 옮겨진다. 다른 식물에 기생하는 균이 또

맹 큰
아 메 바

다른 식물로 퍼지는 것이다. 어떤 내생균은 숙주의 씨에 침입해서 식물과 함께 자란다. 어떤 곤충들은 이 식물에서 저 식물로 이동할 때 포자를 옮긴다. 일단 포자가 발아하면 그 균은 숙주와 생애를 다 보낸다.

균근균과 마찬가지로 어떤 내생균들은 특정한 식물 숙주를 필요로 한다. 다른 내생균들은 숙주 식물을 별로 가리지 않고 다양한 종류의 식물을 감염시킨다. 똑같은 균이 어떤 식물에는 내생균의 특성을 보이고, 다른 식물에서는 병을 일으킬 수도 있다. 몇몇 균들은 어떤 풀에서는 내생균의 특성을 보이지만, 다른 식물에서는 기생균이 된다.

내생균들 대부분은 숙주 식물에게 이로움을 가져다주는 것으로 보인다. 예를 들어 어떤 균들은 숙주 식물을 공격하는 진딧물과 즙을 빨아먹

부들처럼 생긴 것이 겨이삭에 기생하는 내생균의 자실체다. 균이 여러 세대에 걸쳐 잎과 꽃 전체에, 심지어 씨에도 살고 있다는 것을 알려주는 유일한 지표가 부들처럼 생긴 이것이다. 사진: Uljana Hesse and Christopher Schardl

는 다른 해충들을 죽이는 독소를 분비한다. 그 독소는 심지어 포유류가 풀을 뜯는 것을 멈추게 할 수도 있다. 어떤 내생균은 숙주 식물의 씨앗 발아를 개선해서 그 종이 살아남도록 한다. 다른 균들은 병을 물리치는 물질을 분비하거나 숙주 식물이 스스로 병에 대한 저항성을 키우도록 유도한다. 많은 내생균들은 숙주 식물이 죽자마자 분해 과정을 시작한다. 아마도 숙주 식물의 자손들을 위해 양분 순환을 서두르는 것일 테다. 물론 그것은 그 균들을 위한 일이기도 하다. 이런 이로운 점들을 활용하여 내생균을 상품화하려는 경쟁이 치열하다. 그것은 새로운 체계의 미생물 농약이 될 것이고 그러면 토양 먹이그물을 살리면서 식물의 생장과 건강을 향상시키는 방법이 될 것이다.

병원성 균류와 기생균류

이로운 균류는 양분을 놓고 경쟁을 하고 뿌리 주위에서 보호 기능을 하는 망을 만드는데, 종종 세균과 함께 그런 일을 한다(잎도 세균과 균류를 유인하는 삼출액을 분비하므로 잎 표면에서 그런 일을 하기도 한다). 이 일은 병원성 균류와 기생균류가 식물에 침입하는 것을 막는다. 농작물과 원예 작물에 해를 입히는 병원성 균류는 무척 많다. 그 주제만으로도 책이 여러 권 채워질 수 있지만, 그것은 이 책의 범위를 넘어서는 일이다. 예를 들면 깜부기균은 곡류의 꽃에 해를 입힌다. 녹병균은 밀, 귀리, 호밀, 과일, 소나무 등에서 병을 일으킨다. 정원이나 텃밭에서 흔히 볼 수 있는 것은 노균병, 뿌리썩음병, 흰녹병이다.

보트리티스균이나 흰곰팡이—여러 식물들에게 같은 결과를 일으키는 균류를 싸잡아 부르는 이름이다—, 그리고 꼴사나운 회색 가루나 흰색 가루 같은 곰팡이가 잎과 줄기, 꽃을 뒤덮은 것을 본 적 없는 농부, 원예가가 있을까? 가루가 가장 많은 흰가루병균은 공기 중에 떠다니는 포자를 만들어내는데 이것은 물이 없어도 발아된다. 섭씨 15~27도 사이의 온도가 유

잿빛곰팡이병균에 감염된 딸기 사진: Scott Bauer, USDA−ARS

지되고 습도가 높으면 이 포자들은 발아해서 밭과 정원의 식물을 숙주로
삼는다. 토마토의 시들음병은 어떤가? 토마토 잎이 아래에서부터 위로 노
래지기 시작하면 제일 먼저 의심해야 할 것이 시들음병이다. 토마토 시들
음병균은 휴면 상태로 10년 이상 살아남을 수 있는 토양 전파성 균류다. 그
것은 뿌리를 통해 식물로 들어가서 식물의 도관에 침입한다. 균류의 힘을
더 확실히 입증하는 것은 아르밀라리아 멜레아^{참나무뿌리곰팡이}다. 이 조그만 균
이 거대한 참나무를 쓰러뜨린다. 균류의 활동은 나무가 죽을 정도로 나무

의 리그닌과 섬유소를 분해한다.

병원성 균류와 기생균류는 식물로 침입하는 입구로 여러 가지를 이용하는데 그중에는 기공(식물이 숨 쉴 때 쓰는 잎 표면의 구멍)과 상처도 포함된다. 그리고 분해되기 어려운 리그닌을 분해하는 효소에 대해 이야기하자면, 어떤 균은 그것이 공격하고 있는 식물의 큐티클과 세포벽까지 분해할 수 있다. 이것을 상상하기 어려우면, 욕실 타일을 뚫고 들어가는 균류를 떠올려보라. 어떤 균은 먹이를 찾아 화강암을 뚫고 들어갈 수도 있다.

살아 있는 식물에게서 자신의 양분을 취하는 균류에 대한 것만으로도 이 책을 전부 다 채울 수 있을 것이다. 그것은 우리의 목적이 아니므로 여러분은 흙이 균류로 가득 차 있다는 사실만 알았으면 한다. 정원이나 텃밭을 가꾸는 사람이라면 대부분 직접적 경험으로 쉽게 이해할 수 있을 것이다.

세균과 균류의 공동 역할

이제 건강한 토양 먹이그물에서 균류와 세균이 같은 임무를 많이 짊어지고 있고 같은 기능을 많은 부분 공유한다는 점이 분명해졌을 것이다. 세균과 마찬가지로 어떤 균류는 인체의 병원체뿐만 아니라 흙 속의 병원체를 죽이는 항생 물질과 비타민을 만들어낸다. 균류로 항생제를 만든 가장 유명한 예인 페니실린을 기억하시는지? 1928년 영국 세균학자 알렉산더 플레밍Alexander Fleming이 휴가를 마치고 실험실로 돌아왔을 때 스타필로코커스 세균으로 가득 찬 페트리 접시(세균 배양용 접시 – 옮긴이)를 어떤 균류가 감염시켜 버린 것을 보았다. 그의 실험은 망쳐졌지만 그는 그 균류 주위에 세균이 자라지 않는 것을 발견했고, 의학계는 획기적인 성과를 거두었다.

균류는 세균처럼 토양 먹이그물에서 분해자 역할을 하고 양분을 순환시키고 토양 구조를 만들고 유용한 공생 관계를 맺으며, 병을 유발하기도 하지만 병을 막기도 한다. 또한 균류는 토양 pH에 영향을 줄 수가 있어서 토양 먹이그물을 이용한 재배법에서 중요한 도구가 될 수 있다.

6장

_조류와 점균류

조류와 점균류는 관련이 없다. 이 둘을 묶은 것은 단지 이들이 토양 먹이그물에서 일정한 역할을 맡고 있지만 일반적으로 농부에게 영향을 주지 않기 때문이다. 앞에서 이미 토양 먹이그물이 하나의 드라마를 연기하는 생물들의 공동체라는 점을 분명히 한 것 같은데, 등장인물 하나가 없어지면, 연극이 펼쳐지는 데 심대한 영향을 주기 때문에 이 생물들을 다루는 것이다.

조류

조류는 넓게 정의하면 단세포 또는 실 같은 광합성 생물이라고 할 수 있다. 해초와 켈프(대형 다시마의 일종)도 여기에 포함된다. 조류를 본 적이 없는 사람이 있을까? 누구나 연못이나 강, 호수 또는 바닷가에서 보았을 것이다. 아니면 수족관 유리에서라도 보았을 것이다. 조류는 세 가지 종류가 있다. 해조류, 담수 조류, 토양 조류. 토양 조류는 흙 속에 많이 살지만 지표면 위나 지표면 가까이(햇빛을 받을 수 있는 곳)에도 사는데, 뿌리 가까이에는 살지 않는다. 대부분의 조류는 수분이 많은 조건이 필요한데, 놀랍게도 뜨거운 사막이나 추운 극지방에서 자라는 조류도 조금 있다. 이들도 얇은 피막수(토양 입자에 붙어 있는 물)는 있어야 살 수 있지만 말이다.

조류는 생물 계통도에서 세균과 가까운 관계지만, 광합성을 하기 때문에, 다시 말해 태양에서 에너지를 취해 스스로 양분을 만들기 때문에 종종 원시적인 식물로 여겨진다. 실제로 조류는 식물과 마찬가지로 일차 생산자이고, 토양의 유기물이나 토양 먹이그물의 다른 구성원들에게 먹이를 의존하지 않는다. 세균과 균류는 그렇지 않다. 게다가 조류는 고등 식물의 특징인 분화specialization가 이루어지지 않았다. 그리고 식물과 달리, 진짜 뿌리, 잎, 줄기가 없고 도관(물과 양분의 통로)이 없다. 조류의 한 형태인 규조를 제외하면 모든 조류의 세포벽은 섬유소를 가지고 있어 식물과 비슷해 보인다. 규조류의 세포벽은 규산질로 되어 있고 그것은 유기질 외피로 덮여 있다. 규조가 죽으면 이것은 분해되어 사라지고 규산질 외골격을 매우 많이 남기는데 그것이 바로 농부들도 잘 아는 규조토가 된다.

텃밭이나 정원을 가꾸는 사람들 대부분은 조류를 물과 연결해 생각해서 화단이나 잔디와는 상관없는 것으로 알고 있다. 그러나 습기가 충분하면 화단이나 잔디밭에서도 조류를 발견할 수 있다. 토양 조류가 살기 위해서는 햇빛만이 아니라 피막수도 필요하다. 흙 한 티스푼에는 어느 곳의 흙이든 1만~10만 개의 녹조류녹조식물문과 황녹조류 식물, 규조가 들어 있다. 한때 조류는 개척자 역할을 했다. 축축한 바위 표면에서 자라다가 죽어서는 풍화된 바위와 공기, 물을 결합해서 초기 형태의 흙을 만들어냈다. 이렇게 중요한 역할을 함으로써 조류는 다른 유기물이 전혀 없을 때에 유기물을 공급하여 생물이 계속 이어지게 하는 데 기여했다.

조류는 대사 작용의 일부로 탄산을 만들어냄으로써 흙이 생성되는 것을 돕는다. 탄산은 바위가 풍화되게 한다. 이것이 생물의 활동에 의해 일어

땡 큐
아 메 바

규조의 외골격(위). 445배 확대.
© Dennis Kunkel Microscopy,
Inc.

나무 껍질에서 자라는 녹조류(오른
쪽). 40배 확대. © Dennis Kunkel
Microscopy, Inc.

나는 화학적 풍화의 대표적인 예다. 그 결과로 생기는 약간의 무기물과 죽은 조류가 결합하여 결국 흙이 만들어진다. 지의류에 의해 바위 표면이 분해되는 것—어떤 조류와 균류의 공생 관계—도 이와 다르지 않다. 균류는 조류가 살 수 있는 축축한 환경을 제공할 뿐 아니라 조류를 보호하는 역할도 조금 수행하는 대신 조류로부터 광합성으로 만들어진 먹이를 받는다.

이 관계에서 조류의 분해 능력은 그들의 균류 파트너와 풍화 작용의 도움을 받아 상당히 속도가 빨라진다. 지의류는 토양에 질소를 제공하고 남조류는 질소를 고정하기 위해 질소 효소를 사용한다. 공생 관계에서든 아니든, 질소 고정 세균과 유사하게 질소를 고정한다. 이렇게 해서 벼가 논물에서 질소를 얻는다.

사실 농사에서 조류의 역할은 크지 않다. 조류는 햇빛이 있어야 살 수 있는데 햇빛이 흙 속으로 들어갈 수 있는 것은 아주 짧은 거리에 불과하기 때문이다. 그러나 흙 속의 조류는 다당류, 점액—모두 끈적끈적한 것—을 분비할 수 있는데, 이것은 토양 입자가 뭉쳐지는 데 도움을 준다. 또 조류가 있으면 딱딱한 흙에 공기 통로가 만들어져서 좋다. 그리고 조류는 어떤 토양 먹이그물에서 일부 선형동물에게 잡아먹히는 일차 생산자 위치를 차지하기도 한다.

점균류

점균류는 아메바 비슷하게 생긴 생물인데, 썩어가는 습기 찬 나무, 낙엽, 동물 똥, 잔디의 죽은 잎, 썩어가는 버섯, 기타 유기물에서 산다. 점균류는 일생의 대부분을 흙 속의 이스트균과 세균을 쫓아다니며 보낸다. 수백 가지에 이르는 점균류는 여러 면에서 균류와 비슷하지만 먹이를 먹는 방식을 보면 확연히 다르다. 균류는 먹이를 밖에서 '소화'한 다음 양분을 몸속으로 가지고 오는 데 반해, 점균류는 먹이를 삼켜서 몸속에서 소화한다.

점균류의 두 그룹—딕티오스텔리드균문^{세포성 점균}과 변형균문—은 비슷한 생활 사이클을 가지고 있다. 점균류는 포자로 시작해 발아해서 점액 아메바라고 하는 세포가 된다. 점액 아메바는 아메바 모양을 띠며, 흙 속에 살면서 세균, 균류의 포자, 작은 원생동물을 먹고 소화하는데, 몸속에 있는 양분이 빠져나가지 못하게 가두어둔다. 점균류는 애벌레, 지렁이의 먹이가 되며, 특히 연한 균류를 떼어서 입속으로 밀어 넣을 수 있는 위턱을 가진, 특이한 딱정벌레의 먹이가 된다.

어떤 곳에서는 뚜렷한 이유 없이도 개별 점액 아메바들이 떼를 지어 있다. 12만 5000개가량이 한 덩어리를 형성하면 커다란 민달팽이나 젤리 덩어리처럼 보인다. 어떤 경우에는 토사물처럼 보이기도 한다. 이런 덩어리는 크

풀잎 위의 점액 아메바 단계의 점균(위). 사진 제공: B. Clarke. http://www.apsnet.org. American Phytopatholocial Society. St. Paul, Minnesota의 사용 허락을 받아 재수록

점균 집합체는 개의 토사물처럼 보일 수도 있다(아래). 사진: Tom Volk. University of Wisconsin—La Crosse. www.TomvolkFungi.net

기가 다양하고 황갈색, 노란색, 분홍색, 빨간색 등 빛깔도 여러 가지이고 실제로 나름대로 꽤 예쁘다. 변형균속 중에 흔히 볼 수 있는 종인 피사룸은 대개 2.5센티미터 두께이고 30센티미터나 그 이상으로 넓게 자랄 수도 있다.

그 집합체의 개별 세포들은 세포벽을 잃어버려, 그 결과 플라스모디아(또는 다핵 세포질 덩어리)가 흙에서부터 생겨나서 천천히 낙엽, 풀잎, 집 앞 도로, 통나무, 멀치 등 뭐든 만나는 대로 그 위로 옮겨간다. 평균 시속 1밀리미터의 속도로 옮겨가는데, 가면서 먹이를 삼킨다. 유기물 잔해가 플라스모디아 가까이 있으면 거기로 옮겨간다. 더 놀라운 것은, 플라스모디아를 반이나 사등분으로 자르면, 잘린 부분들이 다시 합쳐진다는 점이다.

이 유기체들이 왜 모이는지를 설명하기 위해 온갖 이론들이 제시되었다. 먹이가 부족해지면 함께 일할 필요가 있어서일지도 모른다. 결국 수적 우세를 위한 방식일지도 모른다. 현재 알려진 바로는 점액 아메바 개체가 양분을 찾아 돌아다니면서 지나간 길에 유인 물질을 남긴다. 다른 점균이 와서 이 얇은 점액층을 만나는데, 이것은 민달팽이가 지나가면서 점액을 남기는 것과 다르지 않다. 그러면 그 점균은 같은 길을 따라 가면서 자기도 그 길에 점액을 남긴다. 점점 더 많은 점균들이 그 길 위에 모이고 각자 점액을 내놓는데, 유인 물질이 점점 더 많아져서 결국 점액 아메바의 집합체가 커다란 덩어리가 되어간다.

결국 플라스모디아는 적당한 장소를 찾아서 홀씨를 만들기 위한 구조 곧 포자낭을 형성한다. 이 특이하게 생긴 포자낭은 점균 종에 따라 모양이 서로 다르다. 어떤 포자낭은 조그만 탑같이 생겼는데 그 꼭대기에 포자가 만들어져 있다. 포자낭은 노란색, 파란색, 빨간색, 갈색, 흰색 등의 빛깔을 띠며 여러분이 정원에서 가꾸는 그 어떤 것에 견주어도 뒤지지 않을 만큼 예쁜 색의 아름다운 그물망을 형성한다.

토양 먹이그물 관점에서 보면 점균은 양분 순환을 돕고, 점액 아메바 개체가 만들어내는 점액은 토양 입자의 입단화를 돕는다. 살기 어려운 조건이 되면 플라스모디아는 말라서 먼지로 변한다. 이 유기체들은 텃밭에서 큰 역할을 하지는 않지만, 정원 원예가들은 텃밭이나 정원에서 점균을 만나면 기억에 남는다.

7장

_원생동물

여러분 대부분은 생물 실험 시간에 원생동물을 쿡 찌르거나 쑤셔본 적이 있을 것이다. 생물 숙제는 항상 짚신벌레의 세포와 그 부분들의 명칭을 적는 것이었다. 그러니 원생동물이 핵을 가진 단세포 동물이라는 것을 기억할 것이다. 핵을 가지고 있으므로 균류와 마찬가지로 진핵동물에 속한다. 원생동물은 거의 모든 경우에 종속영양 동물이다(이 책에서는 조류가 아니고 균류도 아닌 몇 가지 계(界)에 걸쳐 있는 단세포 생물군을 지칭하는 용어로 '원생동물'을 사용한다). 다시 말해 스스로 양분을 생성할 수 없다. 그 대신 주로 세균을 먹고, 또 때때로 균류도 먹고, 드물게는 다른 원생동물도 잡아먹어서 양분을 얻는다.

짚신벌레는 아직도 사람들이 가장 선호하는 미생물이다. 짚신벌레 같은 토양 원생동물은 세균보다 상당히 크기 때문이다. 원생동물이 5~500마이크로미터인 데 비해 세균은 1~4마이크로미터밖에 안 된다. 원생동물도 여러분에게는 아주 작아 보이겠지만, 미생물 치고 500마이크로미터는

땡 큐
아 메 바

상당한 크기다. 얼마나 크냐 하면, 조명만 제대로 되어 있으면 물속에 있는 짚신벌레는 사람의 육안으로도 볼 수 있다. 그래도 아주 주의 깊게 들여다 봐야 하고 학교에서 배운 외형질, 내형질 따위는 당연히 구별할 수 없을 테지만, 현미경 없이도 짚신벌레가 돌아다니는 것을 볼 수 있다. 전자현미경으로 보면 육안으로 안 보이던 세세한 것까지 관찰할 수 있다.

여러분이 세균만큼 작다면 원생동물한테서 떨어져 있는 편이 좋다. 비교를 하자면, 세균 하나가 완두콩만 하다면, 짚신벌레는 수박만 하다. 그래서 세균이 원생동물을 피해 원생동물이 들어올 수 없는 흙 속 아주 작은 구멍으로 숨는 것이다. 한 번 더 비교를 하자면, 좋은 흙 한 티스푼 안에 세균이 수십만 마리가 있는 데 비해 원생동물은 '고작' 몇천 마리가 있다.

원생동물은 알려진 종류만 6만 가지가 넘는다. 원생동물은 연못에서만 살 것이라는 어린 시절의 희망이 남아 있을지 모르겠지만, 사실 원생동물 대부분은 흙 속에 산다. 그러나 모든 원생동물은 활발하게 활동하려면 습기가 필요하다. 원생동물이 수행하는 결정적 역할을 감안하면, 학교 생물 시간에 배운 것을 간단히 복습하는 것이 순서일 듯하다.

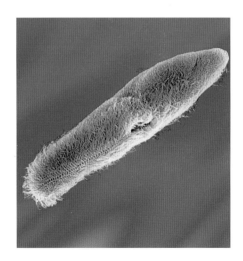

전자현미경으로 본 짚신벌레. 130배 확대. © Dennis Kunkel Microscopy, Inc.

아메바, 섬모충, 편모충

　원생동물은 세 가지 기본 '모델'에서 나온다. 첫째는 위족을 가진 무정형 단세포 생물로, 대부분 아메바라고 기억하고 있을 것이다. 이것은 항상 움직이고 있는데, 그것은 세포질 유동으로 가능하다. 위족[헛발]이라고 불리는 하나 이상의 가짜 부속 기관으로 세포질을 옮겨가게 하는 것이다. 위족은 두 종류가 있다. 첫째는 껍질 같은 외골격을 가지고 있고 다섯 개의 구멍이 뚜렷하게 나 있다(볼링 장갑이나 골프 장갑을 떠올려보라). 그 구멍으로 가짜발이 나온다. 다른 종류는 껍질이나 뚜렷한 위족이 없다. 이 아메바들은 상대적으로 큰 미생물이어서, 몸이 투명하지 않다면 짚신벌레처럼 육안으로도 볼 수 있을 것이다. 아메바는 입이 없어서, 세균을 잡아먹을 때 그 주위를 둘러싼 다음 기체 방울로 감싸서 그 속으로 소화 효소를 주입한다. 그러면 소포 전체가 흡수되고 그뒤에 배설물이 배출된다.

아메바의 전자현미경 사진(왼쪽). 700배 확대. © Dennis Kunkel Microscopy, Inc.
유글레나(오른쪽). 440배 확대. © Dennis Kunkel Microscopy, Inc.

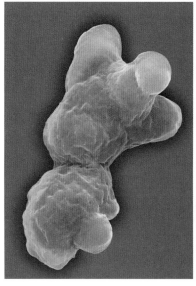
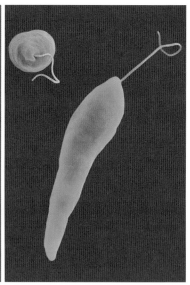

땡 큐
아 메 바

그다음으로 큰 것은 섬모충이다. 이들은 사촌 격인 아메바에 비해 상당히 작지만, 그들이 잡아먹는 세균보다는 훨씬 크다. 섬모충은 나란히 난 털로 뒤덮여 있는데 로마 시대 노예선의 노처럼 움직여서 먹이를 향해 나아간다. 적에게서 도망칠 때에도 그렇게 한다. 게다가 이 '노'들이 물결을 일으켜서 세균을 입 부근으로 움직이게 해서 세균을 쉽게 잡아먹을 수 있다. 우리가 익히 아는 짚신벌레는 섬모충이다.

세 번째로 가장 작은 유형의 원생동물은 편모충이다. 채찍 같은 긴 털이 하나나 두 개 나 있는데 그것이 먹이를 찾아 움직일 수 있게 해준다. 유글레나(연못에 사는 대표적인 담수 편모충) 같은 몇몇 편모충들은 광합성을 해서 스스로 양분을 만드는 독립영양 생물이다. 그러나 대부분은 흙 속의 다른 생물을 잡아먹어서 양분을 취하는 종속영양 생물이다.

더 많은 공생 관계

토양 먹이그물의 많은 생물들과 마찬가지로, 원생동물도 공생 관계를 맺는데 특히 세균과 공생 관계를 맺는다. 세균과 공생 관계를 아주 많이 맺기 때문에 그런 공생 관계가 예외라기보다는 정상으로 보일 정도다. 대표적인 예는 흰개미의 장 속에 사는 편모충이다. 흰개미가 먹은 목재 섬유질을 편모충이 소화한다. 그 관계가 사실은 삼중의 관계라는 것이 나중에 밝혀졌다. 전자현미경이 보여준 바로는, 흰개미의 장에 사는 세균도 공생 관계의 일부다. 이 세균들이 편모충을 위해 공기 중의 질소를 고정한다. 삼중 공생 관계는 자주 볼 수 없지만 전자현미경으로 탐구를 계속하면 더 많이 발견될 것이 확실하다.

많은 섬모충들도 세균과 공생 관계를 맺고 있다. 어떤 섬모충은 모래에 살면서 세균 콜로니colony, 집락를 '경작'한다. 어떤 섬모충에서 혐기성 호흡이 일어날 때 메탄가스가 생기는 것은, 부분적으로는 섬모충 속에 사는 메탄 유발 세균 때문이다.

개체수를 조절하는 경찰

원생동물은 세균이 안정되게 공급되는 곳에 끌리고 그런 곳으로 들어간다(원생동물 하나가 하루에 평균 1만 마리의 세균을 먹을 수 있다). 먼저 원생동물 중에서 제일 작은 편모충이 온다. 이들은 큰 원생동물이 들어갈 수 없는, 세균이 가득한 흙 속 작은 공간으로 들어갈 수 있다. 큰 섬모충이 그곳에 도착한 뒤에도 세균이 여전히 많아서 먼저 온 편모충과 새로 온 섬모충이 모두 먹을 수 있다. 마지막으로 아메바가 세균(그리고 작은 원생동물들)을 잡아먹으려고 들어온다. 세균 수에 대한 복합적인 압박이 아주 크기 때문에, 그 수가 줄어들기 시작한다. 당장 먹을 수 있는 세균을 찾기가 힘들어지면 큰 섬모충과 아메바는 작은 섬모충과 편모충을 더 많이 먹기 시작한다. 그러면 섬모충과 편모충의 개체수가 줄어들어서 이번에는 세균 수가 안정을 유지하고 토양 먹이그물의 균형을 유지할 수 있는 수준으로 돌아간다.

왜 모든 세균이 원생동물에게 잡아먹히지 않을까? 한 가지 이유는 원생동물이 세균의 점액에 의해 가로막히기 때문이다. 세균이 만든 점막은 원생동물이 뚫고 들어가기 어렵고 거기엔 원생동물에게 필요한 산소가 없다. 또 다른 이유는 세균이 더 작아서 작은 흙 구멍 속에 숨을 수 있다는 점이다.

언뜻 보면 원생동물 개체수가 증가한 결과로 그들의 먹이인 세균 수가 늘어난다는 것이 이해가 되지 않는다. 이렇게 되는 이유는 세균 수가 적을수록 살아남은 세균들 간에 양분을 둘러싼 경쟁이 적어지기 때문이다. 먹이를 두고 항상 경쟁하지 않아도 된다는 것은 잘 먹고 많이 분열할 수 있다는 뜻이다. 그 자손들도 먹을 것이 많아서 잘 증식할 것이다. 원생동물이 스스로 수를 조절할 수 있다면, 맘껏 먹을 정도로 충분히 세균과 균류를 얻을 수 있을 것이다.

원생동물은 세균 수만 균형 잡히게 하는 것이 아니다. 어떤 원생동물은 먹을 것을 찾아다니면서 선형동물을 공격한다. 또 다른 원생동물은 같은 먹이—다른 원생동물과 균류—를 두고 선형동물과 경쟁함으로써 선형동물 수가 줄어들게 한다. 이것 또한 해로운 선형동물이 번창하는 것을 막는 데 도움이 된다.

원생동물이 살기 위해서는, 그리고 돌아다니고 증식하기 위해서는 습기가 필요하다. 정상적인 토양 조건에서는 흙 알갱이와 토양 입단 표면의 얇은 수막이 원생동물에게 물을 공급한다. 그러나 수분이 말라버리면 원생동물은 대부분 먹기와 증식하기를 멈추고 낭포cyst로 몸을 감싼 채 휴면 상태에 들어간다. 이 상태에서 얼마나 오래 버틸 수 있는지는 종에 따라 다르다. 어떤 것은 몇 년간 이어지는 건기도 견딘다. 이 기술은 원생동물뿐만 아니라 그들의 활동으로 나온 양분과 질소를 먹고사는 식물들까지 생존할 수 있게 해준다.

무기화

원생동물이 세균이나 균류를 먹을 때 만들어지는 배설물은 토양 먹이그물의 작동에 매우 중요하다. 이 배설물은 탄소와 다른 영양 화합물을 함유하기 때문이다. 그것은 예전에 이미 고정되었으나 한 번 더 무기화하여 식물이 흡수할 수 있는 형태로 변한 것이다. 암모늄 이온NH_4^+을 비롯한 질소 화합물도 그중 하나다. 질소 고정 세균이 있으면(이들이 적절한 개체수를 가지려면 보통 pH 7 이상이 필요하다), 암모늄 이온이 질산 이온으로 바뀐다. 그렇지 않으면 질소는 암모늄 이온 형태로 있을 것이다.

양분의 무기화는 자연계에서 식물의 생존에 결정적이다. 우리의 전제는 이렇다. 토양 먹이그물에 간섭하거나 그것을 파괴하면 농부는 더 많은 일을 해야 하고 농사나 정원 가꾸기가 즐거운 취미가 되는 대신 힘든 노동이 되어버린다. 이 말에 확실히 수긍이 가지 않으면, 식물이 필요로 하는 질소의 80퍼센트가 세균이나 균류를 먹는 원생동물에 의해 만들어진다는 점을 생각해보라. 세균과 균류가 식물 삼출액에 의해 근권으로 유인되기 때문에, 그리고 근권에서 원생동물이 세균과 균류를 먹기 때문에 식물의 먹이가 뿌리 바로 부근으로 배달되는 것과 다름없다.

토양 먹이그물의 다른 기능

모든 원생동물은 작은 유기물 조각을 소화함으로써 어느 정도는 분해 과정에 참여한다. 원생동물에 의해 완전히 소화되지 않고 배설물로 나온 것은 더 작은 조각으로 부서져 있어서 세균과 균류가 이용할 수 있다. 토양 먹이그물의 다른 구성원들은 원생동물을 먹이 중 하나로 삼는다. 여기서 다시 한 번 우리가 다루고 있는 것이 먹이사슬이 아니라 먹이그물이라는 것을 일깨워준다. 예를 들어 어떤 선형동물은 원생동물을 주로 먹이로 삼고 원생동물을 더 잘 잡아먹기 위한 특별한 입을 발전시켜왔다. 지렁이들도 적절한 수의 원생동물이 있어야 살 수 있다. 원생동물이 없으면 그 땅에는 지렁이가 없어진다. 그와 비슷하게, 많은 미소 절지동물들은 적당한 수의 원생동물이 번창해야 생존할 수 있다.

마지막으로, 모든 원생동물이 이로운 것은 아니다. 몇몇 종류는 뿌리를 먹지만, 건강한 토양 먹이그물에서 원생동물은 동족을 잡아먹는 다른 원생동물들에 의해 그 수가 억제된다. 그러니 어느 정도는 원생동물이 자신의 동족을 위한 먹이 역할을 하는 것이다. 그리고 그중에서 가장 나쁜 녀석까지도 건강한 토양 먹이그물의 중요한 등장인물로 남는다.

8장

_선형동물

선형동물은 마디가 없고 눈이 없는 동물로 선충류라고도 한다. 원생동물과 함께 세균과 균류에 포함된 양분을 무기화한다. 선형동물[Nematodes]이라는 이름은 '실'이라는 뜻의 그리스 어[nema]에서 나왔는데, 이 미생물은 실제로 실처럼 생겼다. 선형동물은 원생동물보다 상당히 커서, 평균 2밀리미터의 길이에, 40마이크로미터의 지름을 가지고 있다(보통 크기의 원생동물은 0.5밀리미터 길이다). 그러나 선형동물 대부분은 현미경 없이는 볼 수 없다. 육안으로 볼 수 있는 경우에는 대개 움직이는 머리카락 같아 보인다. '대개' 그렇다고 말한 것은 가장 큰 선형동물이라고 알려진 플라센토네마 기간티시마[placentonema gigantissima]는 9미터까지 자랄 수 있기 때문이다. 다행히도 이 선형동물은 흙 속에 사는 것이 아니라 향유고래의 태반에서 산다.

이 매혹적인 선형동물들은 사실 절지동물 다음으로 동물 중에서 두 번째로 많은 형태다. 지금까지 2만 종이 넘는 선형동물이 알려져 있으며, 과학자들은 선형동물이 총 10억 종은 될 것이라고 본다. 선형동물은 어디에나 있지만, 텃밭이나 정원을 가꾸는 사람들 대부분은 뿌리에 피해를 입히는 기생 선형동물 빼고는 이들에 대해 아는 것이 거의 없다.

미생물이 바글거리는 좋은 흙 한 티스푼에는 세균 포식성 선형동물이 평균 20마리, 균류 포식성 선형동물 20마리, 포식자 몇몇과 초식성 선형동물 몇몇 등 총 40~50마리의 선형동물이 있다. 균류 포식성 선형동물과 세균 포식성 선형동물의 수는 그 녀석들이 필요로 하는 영양원을 얻을 수 있는지 여부와 직접 연관되어 있다.

먹이를 까다롭게 고르는 선형동물

선형동물은 토양 먹이그물에서 주요 소비자다. 모든 선형동물이 입에서 항문까지 이어지는 긴 영양관을 가지고 있는데, 항문은 꼬리 끝에 있다. 선형동물의 피부는 큐티클로 되어 있다. 이것은 물리적 공격과 화학적 공격으로부터 몸을 보호해주고 가벼운 구조적 지지 역할을 한다. 정원이나 텃밭을 가꾸는 사람들이 이 동물들을 분류하는 가장 좋은 방법은 먹는 습성에 따라 나누는 것이다. 다양한 선형동물들은 자기만의 먹잇감을 공격해서 잡아먹을 수 있는 특별한 입을 발달시켰다.

살아 있는 식물을 먹는 선형동물부터 시작해보자. 식물에 기생하는 이 선형동물은 보통 바늘 같은 것이 있어서 식물의 세포벽을 쉽게 뚫을 수 있다. 뿌리를 먹고사는 이 선형동물들 중 일부는 외부 기생성이다(즉 뿌리 표면을 먹고산다). 반면 다른 녀석들은 내부 기생성이어서 뿌리 속으로 들어간다. 초식성 선형동물은 포낭을 만들 뿐 아니라 농부들이 뿌리혹이라고 부르는 것도 식물 뿌리에 많이 만든다. 분명 뿌리를 먹는 선형동물은 그 식물이 자라는 데 도움이 되지는 않는다.

다음은 세균 포식성 선형동물이다. 이들은 보통 우묵한 튜브처럼 되어 있는 특별한 입을 가지고 있어서 작은 세균을 한 시간 안에 엄청나게 먹어치울 수 있다. 다른 선형동물들은 균류를 먹는다. 이 유형의 선형동물도 균류의 균사, 키틴질 세포벽을 뚫는 데 쓰는 침을 가지고 있다. 천연 비료를 제공하는 동지, 원생동물과 마찬가지로 이 두 유형의 선형동물은 작은 미생물의 몸에 있는 양분을 무기화해서 식물이 흡수할 수 있게 만든다.

포식자 선형동물은 원생동물, (규조류를 포함한) 조류, 토양 먹이그물의 다른 작은 생물들을 먹고산다.. 예를 들어, 굼벵이 유충, 바구미, 말벌을 먹으며, 심지어 민달팽이 같은 작은 무척추동물까지 먹는다. (선형동물이 정원이나 텃밭 가꾸기에 도움이 되는 점이 있다면 민달팽이를 억제하는 것이리라.) 포식자 선형동물은 다른 선형동물도 먹기 때문에 세균과 균류가 지나치게 많이 퍼지는 것을 방지하고 또 피해를 주는 선형동물의 수를 조절한다. 주로 초식성 선형동물들의 수가 늘어나는 것을 막는다. 세균 포식성 원생동물

균류 포식성 선형동물의 입, 뾰족한 침이 달려 있다(왼쪽). 주사전자현미경 컬러 사진 © Dennis Kunkel Microscopy, Inc.

전형적인 포식성 선형동물(오른쪽). 사진: Bruce Jaffee, UC Davis

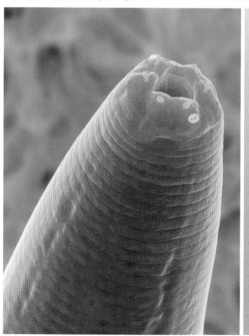
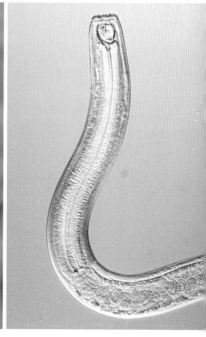

과 마찬가지로, 선형동물이 균류를 먹음으로써 균류의 먹이를 번창하게 하면 균류의 개체수가 늘어난다. 어느 정도로 늘어나는가 하면, 바닥에 쌓인 유기질 덮개가 빨리 분해되는 결과를 낳을 정도다.

다른 선형동물들은 잡식성이다. 뭐든지, 균류의 포자까지 먹어치운다. 어떤 녀석들은 유기 물질을 섭취해서 유기물의 분해를 직접 책임지기도 한다.

무기화와 또 다른 재주

무기화는 선형동물이 농부들이나 원예가들을 위해 해주는 가장 중요한 일임이 틀림없다(적어도 세균 포식성 선형동물과 균류 포식성 선형동물은 확실히 그렇다). 선형동물은 원생동물에 비해 필요로 하는 질소 양이 적다. 그러므로 균류와 세균을 먹는 선형동물은 그전에는 고정되지 않은 질소였던 것을 암모늄 이온 형태로 근권에 훨씬 더 많이 내보낸다. 만약 그 구역에 질화 세균이 적다면(pH 7 이하일 때는 그 수가 적을 것이다), 무기화한 질소가 주로 암모늄 이온 형태로 있을 것이다(다시 말해 질산 이온으로 바뀌지 않는다).

그러나 여기에 새로운 점이 있다. 선형동물은 세균, 균류, 원생동물보다 크기 때문에, 흙 속을 돌아다니려면 공극이 많아야 한다. 토성이 나쁘거나 땅이 너무 딱딱하면 선형동물 수는 줄어들 것이다. 그런 조건에서는 선형동물이 양분을 찾아다닐 수가 없다. 먹이를 찾아다닐 수가 없으면 죽거나 다른 곳으로 옮겨가고, 그러면 식물이 흡수할 수 있는 질소의 흐름이 크게 약해진다.

이런 도망자들뿐만 아니라 모든 선형동물이 본의 아니게 세균을 먼 곳으로 옮겨주는 역할을 한다. 선형동물의 피부에 붙어 있던 세균은 선형동물이 먹이를 찾아 흙 속을 돌아다닐 때 다른 지역으로 옮겨진다. 세균 그 자체로는 흙 속에서 이동성이 극도로 낮기 때문에, 이것은 세균에게 대단히 이로운 일이다. 먹이가 있는 새로운 장소로 '택시'를 타고 가는 것과 같기 때

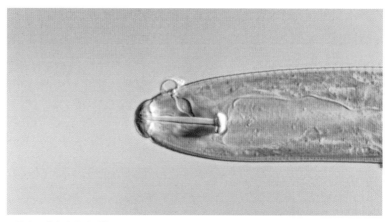

균류의 포자와 관이 이 선형동물 몸속으로 들어와 있고 선형동물 입의 수축된 침을 향하고 있다. 사진: Bruce Jaffee, UC Davis

문이다. 그것은 선형동물에게도 도움이 된다고 말할 수 있다. 장기적으로 보면 결국 선형동물이 태워준 승객의 자손들을 선형동물이 먹게 되고 새로운 지역의 무기화도 증진되기 때문이다. 균류도 '히치'를 해서 선형동물을 타고 간다. 운 나쁜 선형동물은 균류에게 산 채로 먹히는 중에도 균류를 다른 곳으로 옮겨주기 때문이다.

선형동물은 흙 속의 음식을 찾는 흥미로운 방법을 개발했다. 선형동물들은 특별한 입을 가지고 있지만, 눈이 없다. 볼 수 없는 선형동물이 어떻게 흙 속에서 또는 어디에서든 살아남을 수 있을까? 어떤 선형동물은 흙 온도의 극도로 미세한 차이를 감지할 수 있다. 어떤 먹잇감이 몇 도에서 사는지를 '아는' 것이다. 선형동물은 딱 맞는 온도 변화를 찾을 때까지 흙 속을 돌아다니면서 좋아하는 먹이와 마주칠 때까지 계속해서 흙을 파헤칠 것이다.

또 다른 선형동물은 먹잇감과 연결된 특별한 화학 물질을 감지해서 먹이를 찾는다. 일단 냄새를 맡으면, 이들은 열 감지 미사일처럼 움직인다. 먹이를 자동으로 추적하여 공격하는 것이다. 우리가 제일 좋아하는 균류인, 고리 속으로 선형동물을 사로잡는 그 균류는 화학 물질로 선형동물을 공격한다. 하지만 이런 방법으로 먹이를 찾는 데는 불리한 점이 있다.

· 마지막으로 말하자면, 토양 먹이그물에 속하는 모든 생물이 다 그렇지만 선형동물도 그 동물에 대한 것만으로 책 한 권을 써야 할 정도로 (그런 책이 이미 있지만) 엄청나게 다양하고 흥미로운 동물이다.

9장

_절지동물

　이름이 뭔지는 몰랐어도, 여러분은 이미 많은 절지동물을 본 적이 있을 것이고 알고 있을 것이다. 파리, 딱정벌레, 거미 등이 절지동물이다. 절지동물들이 이 세상을 지배한다. 이건 과장이 아니다. 모든 생물의 4분의 3이 절지동물이다. 그러나 절지동물 수가 많고 크기도 비교적 크지만 생물량에서는 밀린다. 선형동물과 원생동물의 생물량이 더 많다.

　절지동물은 다리에 마디가 있는 동물이라는 뜻이다(절지동물의 발과 몸에는 마디가 있다). 마디가 있는 다리와 몸 외에 모든 절지동물이 공통적으로 가지고 있는 것은 키틴질로 된 외골격이다. 키틴은 균류의 세포벽을 구성하는 물질이기도 하다. 여러분은 가재, 새우, 게, 그 비슷한 바다 절지동물들의 껍데기를 익히 보았을 것이다. 그 동물들의 껍데기가 키틴질이다. 선형동물의 큐티클 표면과 마찬가지로 이 외골격은 몸을 보호해주고 가벼운 뼈대가 되어준다(내골격은 상당히 복잡하고 더 무겁다). 절지동물은 자라면서 외골격을 벗어던지고 더 큰 껍데기를 새로 만든다.

절지동물은 몸이 보통 세 부분(두 부분만 있을 수도 있다)으로 되어 있다. 머리, 가슴, 복부가 그것이다. 절지동물은 대부분 세 단계의 삶을 산다. 우선 알에서 시작해서, 알에서 깨어나 애벌레 상태로 살고, 그다음엔 아주 다른 형태의 성충으로 변태한다. 나비나 나방의 애벌레가 대표적인 예인데, 성충이 되면 알을 낳아서 다시 그 주기가 되풀이된다. 많은 절지동물들이 이 세 단계의 삶을 흙 속에서 또는 흙 위에서 보내는데, 한 단계나 두 단계 동안만 땅에 머무르는 절지동물도 많다. 물론 식물 뿌리를 갉아먹는 벌레를 쫓아내려고 애써온 농부나 원예가는 식물에 피해를 입히는 데에는 한 단계만으로도 충분하다는 것을 아주 잘 알고 있을 것이다.

절지동물은 1~2야드(대략 91~183cm)에 이르는 거대한 알래스카 킹크랩에서부터 고배율 현미경으로 봐야만 보이는 조그만 진드기까지, 그 크기가 다양하다. 확대해야만 보이는 것들은 미소 절지동물로 분류된다. 돋보기나 현미경 없이도 보이는 것은 대형 절지동물이라고 한다.

토양 절지동물은 토양 먹이그물의 다른 구성원의 먹이가 된다는 점 외에도, 흙을 조각조각 부수고 공기가 잘 통하게 하고 포식자 역할을 한다는 점에서도 토양 공동체에서 중요하다. 이 중요한 역할을 하는 동물들이 있는지 없는지에 따라 토양의 건강과 거기서 자라는 식물의 건강이 크게 좌우된다.

절지동물 분류

텃밭이나 정원을 가꾸는 사람들은 대부분 절지동물에게 별다른 관심이 없어서 절지동물들을 그저 곤충이나 벌레라고 뭉뚱그려 부른다. 자기 땅에 사는 절지동물 몇몇 종류는 알지도 모르지만 대부분 그보다 더 많이는 알지 못한다. 그런데 절지동물은 너무나 많다. 절지동물문[門]은 동물계에서 단연 가장 큰 집단이다. 너무 커서 저자들인 우리에게는 절지동물이 진실로 대단한 도전으로 다가온다. 독자들이 너무 많은 정보에 질리게 하지 않으면서 토양 먹이그물을 활용하는 법을 어떻게 알려줄 수 있을까? 흙에 사는 절지동물을 다 설명하기에는 그 수가 너무 많고, 또 솔직히 말해서 학술용어도 너무나 많이 등장해야 한다. 여기서 우리가 어려운 용어를 조금 사용하는 것을 참아주시기 바란다.

어떤 식물을 정확히 지시하려면 라틴어나 그리스어에서 나온 학명을 쓰는 방법밖에는 없기 때문에 텃밭이나 정원을 가꾸는 사람들도 학명 사용에는 동의할 테지만, 절지동물문에 속하는 생물들을 분류하는 과학 용어는 대부분 배운 적이 없을 것이다. 토양 먹이그물에 심대한 영향을 주는 절지동물문의 강綱 목록부터 시작해보자.

거미강Arachinida**:** 거미 , 전갈, 진드기, 꾸정모기

순각강Chilopoda**:** 지네

배각강Diplopoda**:** 노래기

곤충강Insecta**:** 톡토기, 반대좀, 흰개미, 하루살이, 잠자리, 실잠자리, 강도래, 집게벌레, 사마귀, 바퀴, 대벌레, 메뚜기, 철써기, 귀뚜라미, 갈루아벌레, 흰개미붙이, 민벌레류, 다듬이벌레, 책좀, 책벌레, 새이bird lice, 이, 모시밑들이, 벼룩, 삽주벌레, 풀잠자리, 명주잠자리, 매미, 나방, 나비, 파리, 딱정벌레, 잎벌, 벌, 장수말벌, 개미

연갑강Malacostraca**:** 쥐며느리

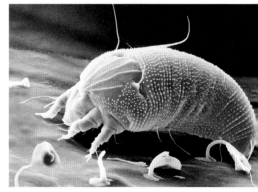

응애진드기(*Aceria anthocoptes*), 700배 확대.
사진: Eric Erbe, 디지털 색보정: Christopher Pooley, USDA−ARS

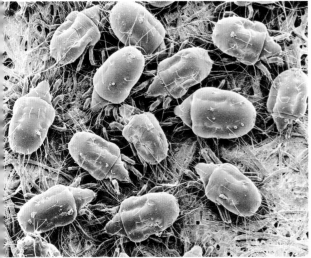

집먼지진드기(*Tyrophagus putrescentiae*)(왼쪽). 100배 확대. 사진 Eric Erbe, 디지털 색보정: Christopher Pooley, USDA-ARS

땅 위를 돌아다니는 노래기(아래 왼쪽). 사진: Frank Peairs, Gillete Entomology Club

모르몬귀뚜라미 암컷(아래 오른쪽). 사진 Michael Thompson, USDA-ARS

　　여러분은 이미 곤충강에 속하는 녀석들을 많이 알고 있을 것이다. 수만 종류의 곤충들이 흙 속과 흙 위, 식물 속에 산다. 텃밭이나 정원에서 식물을 키우는 사람이라면 틀림없이 곤충강에 속하는 대표적인 목은 이미 많이 보았을 것이다. 여러분이 밭이나 정원에서 일할 때 만나는 딱정벌레목이 바로 그것이다. 보고된 것만 약 29만 종이니, 못 보고 지나치기 어렵다.

세균
아메바

대만땅속흰개미가 가문비나무와 자작나무를 먹고 있다(왼쪽). 사진: Peggy Greb, USDA-ARS

포식성 투구벌레인 진개미붙이(*Thanasimus formicarius*)는 소나무에게 심각한 피해를 입히는 소나무
좀을 잡아먹는다(오른쪽). 사진: Scott Bauer, USDA-ARS

토양 먹이그물에서 하는 역할

토양 절지동물들 대부분, 특히 지표면에 사는 녀석들은 식물 잔해 등
을 조각내는 역할을 한다. 그들은 먹이를 찾아 쉬지 않고 다니면서 유기물
을 씹어서 작은 조각으로 부순다. 그 결과 유기물 잔해의 표면이 드러나 세
균과 균류가 공격하기 쉬운 곳이 많이 만들어진다. 따라서 균류와 세균의
활동이 증가한다.

절지동물이 잘게 부수고 돌아다니는 동안 그들은 자기 몸에 붙은 미생
물과 유기물 조각에 붙은 미생물을 멀리 옮겨준다. 절지동물은 대부분 훨
씬 더 큰 동물들의 먹이가 되기 때문에, 택시 역할을 하는 절지동물 덕에
미생물이 이동할 수 있는 거리는 참으로 길다. (세균 균체를 먹은 굼벵이가 울
새에게 먹혔다면 그 세균이 이동한 거리가 얼마나 될지 생각해보라.) 택시가 승객
을 좋은 먹이가 있는 곳으로 데려다주면 미생물 활동은 더 활발해진다. 그
러나 가장 중요한 것은 잘게 부수는 역할이다. 흔히 볼 수 있는 절지동물인
진드기와 톡토기 단 두 종류가 온대 지역 숲 바닥에 쌓인 잎과 나무 잔해를
잘게 부수어 재활용하는 일의 30퍼센트를 맡아서 한다.

검은 날개를 가진 곰팡이각다귀 유충. 사진:
Whitney Cranshaw, Gillette Entomology
Club

동식물 잔해 같은 유기물이 부족할 때에 절지동물은 유기질 양분을 가진 살아 있는 먹잇감을 공격하기도 한다. 유기물이 많이 공급되어서, 웬만한 절지동물은 만족시킬 정도로 먹이가 충분한 경우에도 어떤 몰지각한 녀석들(땅강아지, 뿌리구더기, 매미)은 뿌리를 먹고산다. 예를 들어, 곰팡이각다귀 유충은 알에서 깬 즉시 식물의 뿌리털을 먹기 시작해서 결국에는 뿌리와 줄기 속으로 갉아 먹고 들어가서 그 식물에 엄청난 해를 입힌다.

그러나 다른 절지동물은 토양 먹이그물의 다른 구성원들을 먹고산다. 포식성 절지동물들은 서로 잡아먹음으로써 빈 생태적 지위를 다른 절지동물이 채울 수 있게 하고, 토양 물질의 완전한 분해에 도움을 준다. 마지막으로, 원생동물·선형동물과 마찬가지로, 어떤 절지동물은 균류를 먹고 또 다른 절지동물은 세균을 먹는데, 이들은 그 수와 크기에 걸맞게 양분을 대규모로 내놓는다.

많은 절지동물이 지표면 바로 위에서 일상을 살아간다. 그러나 엄청나게 많은 수가 지표 아래에서 생활한다(어떤 녀석들은 파트타임으로 하지만). 이 절지동물들이 일을 하려고 돌아다니면 흙이 섞이고 흙에 공기가 잘 통하게 된다. 그리고 녀석들의 배설물 또한 유기물을 늘리는 데 기여한다.

진드기

토양 절지동물 서너 가지가 토양 먹이그물에서 지배적인 역할을 한다. 그중 하나가 진드기인데, 흙 속에 사는 진드기에는 크게 두 가지가 있다. 그 첫째인 날개응애류oribatid mites는 토양 절지동물 중에서 가장 많은 수를 차지하는데 1제곱야드에 수십만 마리가 있다. 그렇게 된 주된 이유는 날개응애 암놈은 짝짓기를 하지 않아도 알을 수정시킬 수 있기 때문이다. 이 중요한 진드기는 0.2~1밀리미터 길이다. 어떤 녀석들은 살아 있는 선형동물을 먹고살고 다른 녀석들은 죽은 톡토기를 먹고산다. 그러나 대부분은 균류와 조류를 먹고 썩어가는 식물 잔해도 먹는다. 그리고 그 수가 많기 때문에 토양 먹이그물에서 주요한 순환자 겸 분해자 노릇을 한다. 이들은 태어난 직후와 애벌레 시기에는 취약하지만 성충이 되면 외골격이 만들어져서 웬만한 포식자들은 이들을 잡아먹지 못한다. 개미와 딱정벌레, 불도마뱀 같은 큰 동물들은 예외지만 말이다.

두 번째 종류의 토양 진드기는 좀진드기gamasid mites로 토양의 주요 포식자다. 이들의 개체수(흙 1제곱야드에 좀진드기가 300~400마리까지 있을 수 있다)는 먹이가 있는가에 달려 있는데, 이들의 먹이는 흙 속에서 돌아다니는 다른 절지동물이라면 뭐든 될 수 있다. 그러므로 좀진드기가 있는가, 얼마나 있는가는 토양의 건강을 판단하는 유용한 기준으로 간주된다. 이들이 많으면 다른 절지동물도 많을 테고 토양 먹이그물이 건강하다는 의미다. 그러나 절지동물 치고는 껍질이 부드러워서 날개응애보다 잡아먹힐 위험성이 크고, 다른 모든 절지동물의 먹이가 되기도 한다.

좀진드기 대부분의 행동을 보면 거미가 생각난다(이들은 종종 거미와 혼동되기도 한다. 진드기는 모두 거미와 마찬가지로 다리가 여덟이다). 이 녀석들은 먹이를 잡으면 그 몸속에 효소를 집어넣어서 먹잇감의 내부가 분해되어 액체가 되도록 한 다음에 빨아먹는다. 좀진드기는 톡토기, 애벌레, 곤충 알 등을 먹고산다. 흙 속에 사는 녀석들은 지표면에 사는 녀석들과는 달리 선형동물과 균류도 먹는다.

톡토기

톡토기는 절지동물에 속하는 또 다른 중요 집단으로 흙 속에서 활발하게 활동하는 곤충이다. 유기물이 풍부한 흙에서는 1제곱인치당 최고 100마리의 '땅벼룩'들을 찾을 것이라 예상할 수 있다. 길이는 0.2~2밀리미터인데 지표층이 파헤쳐질 때 공중으로 뛰어오르는 이 조그만 녀석들을 여러분도 종종 보았을 것이다.

톡토기는 날개가 없다. 그 대신 끝이 갈라진 꼬리가 있는데, 평소에는 몸 밑에 접어두지만 순간적으로 쭉 펼 수 있어서(액체가 그 끝에 뿌려진다) 해로운 것을 피해서 1미터나 뛰어오를 수 있다.

토양 공동체의 많은 구성원들과 마찬가지로, 톡토기는 각각 다른 여러 종류의 환경에 적응해왔다. 예를 들어 지표에 사는 톡토기들은 꼬리와 눈, 긴 다리, 더듬이가 잘 발달했고, 땅속 깊은 데 사는 톡토기들은 앞을 (거의) 볼 수 없으며 큰 꼬리나 긴 다리는 먹이를 찾아 돌아다니는 데 방해가 될 뿐

톡토기. 잘 발달된 꼬리 덕분에 포식자를 피해 1미터까지 뛰어오를 수 있다. 사진: Michael W. Davidson, Florida State University

땡큐
아메바

이므로 발달하지 않았다. 훨씬 더 발달한 '스프링 꼬리'를 가진 어떤 톡토기들은 풀밭에 사는 데에 특별히 적응한 종류다.

톡토기의 먹이는 세균, 균류, 썩어가는 유기물이다. 톡토기는 때때로 선형동물과 죽은 동물 잔해를 섭취하기도 하고 진드기들이 가장 좋아하는 먹잇감이 되기도 한다.

흰개미와 개미

토양 먹이그물에서 가장 많이 보이는 또 다른 두 가지 절지동물은 흰개미와 개미다. 둘은 서로 비슷해 보이지만 실은 별 관련이 없는 사이다. 개미는 꿀벌, 장수말벌과 더 비슷하다. 이들은 눈이 있고, 몸통이 불투명하고, 허리가 가늘고, 다리가 길고, 딱딱한 외골격이 있다. 반면 흰개미는 눈이 없고 약하며, 투명한 몸통과 짧은 다리를 가지고 있다. 흰개미와 개미의 잘게 부수는 활동은 지표면에서 유기물이 분해되는 것을 돕는다.

흰개미들은 대개 섬유소를 포함한 물질을 먹는다. 다른 절지동물들과 마찬가지로 흰개미도 유기물을 부수어서 균류와 세균이 활동하기 쉽게 만든다. 이 유기물 중 일부는 터널과 굴 속으로 가지고 들어가는데 그러면 다양한 미생물들이 그 유기물을 이용할 수 있다. 실제로 흰개미와 개미가 다른 미세 절지동물과 구분되는 점은 터널과 흙 둔덕을 만든다는 것이다. 개미와 흰개미는 집을 건설하면서 지표면의 흙과 지표 아래의 흙을 뒤섞는다. 개미의 경우 1년 동안 흙을 6톤까지 섞을 수 있다. 열대 지방에서 개미와 흰개미가 흙을 섞는 데 기여하는 정도는 지렁이보다 훨씬 크다. 개미와 흰개미의 터널은 땅속에서 공기와 물이 오가고 다른 동물들이 돌아다니는 통로를 제공한다. 가끔 이 터널은 식물 뿌리가 흙 속으로 쉽게 뻗어갈 수 있게 도움을 주기도 한다. 뿌리가 터널을 따라 자라는 경우가 종종 있다.

지표면 위에 세워진 흰개미와 개미의 흙 둔덕은 지표 밑의 물질을 포함하고 있고, 이 둔덕이 비바람에 스러지고 부서지면 지표 흙의 구성비를 바꾸어놓게 된다. 마지막으로 흰개미의 장 끝에는 메탄을 만들어내는 혐기성 세균이 있는데, 그 세균이 어찌나 많은지 흰개미가 대기 중 온실가스 배출의 주요인으로 지목될 정도다.

요약하면, 미세 절지동물과 대형 절지동물은 그 어마어마한 수, 그들이 하는 여러 가지 일 때문에, 토양 먹이그물의 작동에 매우 중요하다. 그리고 수에서든, 종류에서든, 그들의 존재는 토양 먹이그물이 단지 돌아가고 있다는 것이 아니라 건강하게 번창하고 있음을 나타낸다.

10장

_지렁이

지렁이는 토양 먹이그물 동물들 중에서 가장 알아보기 쉬운 것이며 정원이나 텃밭 가꾸기에서 가장 중요한 동물 중 하나다. 여러분이 마주쳤던 지렁이는 십중팔구 아포렉토데아*Aporrectodea*, 아이시니아*Eisenia*, 룸브리쿠스*Lumbricus*일 것이다. 이 낯선 속명은 좋은 흙에 흔히 있는 7000종가량의 지렁이 중에 가장 낯익은 것들의 이름이다. 학술적으로 말하면 지렁이는 환형동물문, 빈모강에 속하는데, 길이가 몇 센티미터에서 1미터에 이르기도 하며 어디에서나 자란다. 그중에 우리가 흔히 볼 수 있는 지렁이는 삼림 토양에서 발견되는 화분지렁이*Enchytraeus doerjesi*도 있다(열대어를 키우지 않는다면 이 지렁이는 보지 못했을 것이다. 화분지렁이는 열대어가 좋아하는 먹이다). 화분지렁이는 정원이나 텃밭에서 흔히 보는 지렁이보다 훨씬 작아서 길이가 몇 밀리미터에서 몇 센티미터 정도 된다. 산성인 삼림 토양에서는 이 지렁이들이 산다. 다른 지렁이 대부분은 산성 땅을 싫어하기 때문이다. 믿기 어렵겠지만, 좋은 경작지 1에이커(4047제곱미터)의 흙에는 200~300만 마리의 지렁이가 있다(1제곱피트당 10~50마리 꼴이다). 이것은 불도저 한 대에 실을 수 있는 정도의 양인데, 놀랍게도 이 지렁이 일꾼들이 먹이를 찾아 1년에 18톤의 흙을 옮길 수가 있다. 삼림 토양 1에이커에서는 지렁이 사촌뻘을 5만 마리쯤 찾을 수 있는데, 많은 수지만 경작지에 비하면 적은 편이다. 확실히 지렁이들은 숲의 토양 먹이그물에서는 경작지에서만큼 큰 역할을 하지는 않는다.

유럽에서 건너온 초기 이민자들은 아주 다양한 지렁이를 북아메리카 동부 해안으로 데리고 왔다. 지렁이들은 식물이 심어진 화분 속에서, 또 배의 바닥에서 농부들이 애지중지한 짐의 일부로서 대서양을 건넜다. 농부들은 지렁이가 신세계에서 가지게 될 높은 가치를 알고 있었다. 여기서 다시 지렁이들이 과일나무나 다른 묘목에 붙은 흙 속에 들어앉아서 아메리카 대륙을 가로질러 갔다. 지렁이들은 번창했다. 북아메리카에서 유럽 지렁이들이 성공을 거두지 못한 유일한 장소는 따뜻한 남서부 사막이었다. 대서양에서 태평양 연안까지 전 대륙에 걸쳐 흔히 볼 수 있는, 밤에 기어 다니는 붉은큰지렁이*Lumbricus terrestirs*는 유럽 이민자들과 함께 도착했다. 그런가 하면 줄지렁이*Eisenia fetida*는 아메리카 토박이다. 그런데 지렁이 퇴비 상자에서 지렁이를 키우는 사람들에게는 이 줄지렁이가 가장 인기가 좋다. 모든 지렁이는 새 지역으로 뻗어가서 생존을 이어가고 엄청난 수로 자손을 퍼뜨릴 수 있다.

지렁이는 암수 생식기관을 모두 가진 암수한몸이지만 자손을 만들려면 두 마리가 교미를 해야 한다. 각각이 난자가 있는 관을 가지고 있고 작은 고치 같은 난포에서 수정이 이루어진다. 각 난포는 열다섯 마리 이상의 새끼 지렁이를 품고 있는데 새끼들도 다 자란 상태로 부화해서 3, 4개월 안에 번식을 할 수 있다. 어떤 지렁이는 15년이나 산다는 점을 감안하면, 또 그 지렁이가 그동안 내내 번식한다는 점을 생각하면, 지렁이들이 흙 속에 그토록 많은 것도 이해가 된다.

지렁이는 토양에서 막강한 세력이다. 지렁이를 자세히 연구했던 찰스 다윈은 《지렁이 활동에 의한 부식토 형성》이라는 책도 썼다) 모든 토양 입자는 최소한 한 번은 지렁이가 지나갔을 거라고 주장했다. 그 말이 옳든 그르든, 지렁이가 토양 먹이그물에서 하는 역할은 매우 중요하다. 지렁이는 유기물 파쇄, 통기, 토양 입단화, 유기물과 미생물이 흙 속에서 이동하도록 하는 일 등에 관여한다. 지렁이는 미생물 수를 늘리고 식물 뿌리의 성장을 돕기도 한다.

뭐든 먹어치우는 지렁이

지렁이는 눈이 없지만 피부에 있는 감각 세포가 빛에 매우 민감하다. 지렁이의 입 곧 전구엽은 늘어진 입술처럼 보이는 살덩이다. 지렁이 입은 인두와 더불어 매우 힘센 근육으로 되어 있고 이빨은 없다.

지렁이의 먹이는 무엇일까? 먼저 세균을 들 수 있는데, 그렇기 때문에 지렁이가 많은 땅은 보통 세균이 우점하는 곳이다. 다른 먹이는 균류, 선형동물, 원생동물, 그리고 이 미생물들이 기생하거나 공생하는 동물 등이다. 지렁이는 어떻게 먹을까? 우선 인두를 입 밖으로 밀고 인두와 입을 사용하

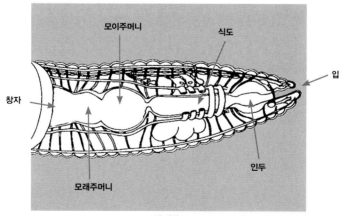

〈지렁이의 끝부분〉

그림 제공: Tom Hoffman Graphic Design

여 먹이를 움켜잡은 다음 먹이를 몸속으로 가지고 온다. 먹이가 들어오면 힘센 근육이 그것을 조각조각 부수기 시작하고 침이 섞이도록 해서 촉촉하게 만든다.

그다음에 먹이는 식도로 내려가서 모이주머니로 간다. 이 저장실에서 모래주머니로 옮겨가는데, 모래주머니는 엄청나게 강한 근육으로 되어 있고 모래와 작은 돌 알갱이들이 부분적으로 채워져 있다. 모래주머니가 수축하고 확장하면 먹이가 모래에 의해 갈린다. 이것이 이빨 없는 지렁이의 이빨 노릇을 한다. 먹이가 충분히 갈리면 창자로 간다. 그러나 그 직전에 액체 상태의 탄산칼슘과 섞인다.

유기물 순환과 관련한 지렁이의 명성을 생각할 때, 지렁이가 실은 유기물을 소화시키는 효소가 부족해서 세균의 도움을 받아 소화시킨다는 것은 놀라운 사실이다. 모래주머니에서 가는 일은 먹이가 충분히 작게 쪼개져서 창자에 도달하도록 해준다. 그리고 창자에 사는 세균이 그것을 재빨리 소화할 수 있도록 해준다. 세균이 만들어낸 양분은 최종적으로 지렁이 혈관으로 흡수되고, 완전히 소화되지 못한 유기물은 모두 배출된다. 이 배출물은 지렁이에게는 쓸모없는 쓰레기일지 모르지만, 정원이나 텃밭을 가꾸는 사람에게는 환상적인 토양 개량제다.

분변토

분변토(지렁이 똥)는 지렁이가 다니지 않은 흙에 비해 유기 물질이 50퍼센트가 더 많다. 분변토는 놀라울 만큼 유기 물질 함량을 늘리며 토양의 구성을 근본적으로 변화시키고, 또 CEC^{양이온 교환 용량}를 상승시킨다. 전하를 띤 유기질 표면이 많아지기 때문이다. 그래서 다른 양분들이 지렁이 몸속을 통과한 유기 물질에 붙을 수 있는 것이다.

이로운 점은 그것뿐만이 아니다. 지렁이의 소화 효소(정확히 말하면 지렁이 창자 속 세균이 만드는 효소)는 많은 화학적 연결을 푼다. 그게 없었다면 단단하게 연결되어 식물이 이용할 수 없었을 양분을 분해하는 것이다. 그래서 분변토에는 지렁이가 지나가지 않은 흙보다 인산이 일곱 배나 더 많다. 식물이 이용할 수 있는 형태의 칼리는 열 배가 많고, 질소는 다섯 배가 많다. 그런가 하면 마그네슘은 세 배가 많고, 칼슘은 (소화되는 동안 더해진 탄산칼슘 덕분에) 1.5배가 많다. 이 양분은 모두 작은 알 모양의 배설물 속의 유기물질에 붙어 있다.

지렁이는 매년 1에이커당 무려 10~15톤의 똥을 지표 위에 놓아둘 수 있다. 믿기 어려운 이 수치는 정원이나 텃밭을 가꾸는 사람들에게는 확실히 중요한 것이다. 비료를 몇 톤씩이나 옮기고 뿌리는 일 없이 양분의 이용 가능성을 향상시키는 능력은 최고의 연금술에 비견할 수 있다.

썰어 먹기의 명수

지렁이는 썰어 먹는 무리로 분류된다. 지렁이는 먹이를 찾을 때 정원이나 잔디밭에 쌓인 낙엽을 갈기갈기 부수는데 이것이 식물체 분해의 속도를 직간접적으로 크게 올린다. 지렁이는 나뭇잎과 다른 유기물을 분해해서 세균과 균류가 유기물의 섬유질(그리고 다른 탄수화물)과 리그닌(비탄수화물)에 쉽게 접근할 수 있게 해준다. 그러므로 지렁이는 양분을 다시 식물로 되돌리는 순환에 확실히 도움을 준다. 동시에 지렁이는 양분을 놓고 균류, 세균과 경쟁을 벌임으로써, 또 균류, 세균까지 먹음으로써 먹이그물 공동체의 구성에 변화를 주기도 한다. 지렁이의 영향이 얼마나 큰지는 다음의 단순한 사실로 나타난다. 숲 속 바닥이나 정원, 잔디밭의 나뭇잎들이 지렁이가 조각내지 않는 상태에서 부패하려면 1~2년이 걸리는데, 지렁이가 있으면 겨우 3개월 만에 끝난다. 미국과 캐나다의 일부 지역에서 낚시꾼들이 두고 간 지렁이들 때문에 숲이 엉망이 된 적이 있다. 이 지렁이들은 지표 서식지를 완전히 바꾸어놓았고, 숲 전체에 영향을 주었다. 나무들과 토양 먹이그물의 다른 생물들의 건강을 유지할 만큼 적당한 정도가 아니라 훨씬

잔디밭 표면에 분변토를 남기고 가는 지렁이. 사진 제공: USDA–NRCS

더 빠른 속도로 지렁이들이 나뭇잎 등을 분해했기 때문이다.

지렁이가 분해하고 소화한 최종 결과물은 미생물이 먹을 수 있을 정도로 미세한 유기물 알갱이다. 지렁이가 활동하면 흙에 사는 미생물 수도 늘어난다. 지렁이가 분변포를 만들고 배출하는 동안 거기에 어떤 미생물들이 섞이고, 그러면 조그맣고 안전한 균류와 세균 군락이 만들어지기 때문이다.

지렁이 굴

지렁이는 믿을 수 없을 정도로 힘이 세다. 지렁이들이 파는 굴의 양을 생각하면 당연히 힘이 세어야 할 것이다. 먹이를 찾아 흙을 뚫고 다니는 동안 지렁이는 자기 무게의 여섯 배에 이르는 돌덩이를 움직일 수가 있다. 땅속에 있으면 지렁이들은 언제나 수분이 있고 온도가 적당하게 유지되고 새나 다른 지상 포식자들을 피할 수 있다.

지렁이 종류에 따라 파는 굴도 달라지는데, 어떤 굴은 영구적인 굴이고 어떤 것은 임시적인 굴이다. 지렁이 똥과 낙엽 조각으로 가득 차면 지렁이가 임시 굴을 버리고 가는 일이 종종 생긴다. 또 식물 뿌리가 이런 통로로 들어와서 자라면 식물 혼자서 뻗어가는 것보다 훨씬 더 깊은 곳까지 뻗어갈 수 있을 뿐 아니라 양분과 미생물에도 쉽게 접근할 수 있다. 어떤 종류의 지렁이들은 땅속에서 위아래로 움직이는데 때로는 4미터 가까이까지 내려간다. 이 지렁이들은 지표의 낙엽 등을 부수어 자기 굴로 끌고 들어가, 나중에 굴속에서 분해한다. 지렁이가 굴을 만드는 과정에서 땅속 깊은 곳의 흙이 지표로 올라온다. 수평으로만 다니는 지렁이들도 있다. 이 지렁이들은 지표에서 15센티미터 깊이에서만 움직이는데, 같은 높이에서이지만 그 경우에도 1미터가량 떨어진 곳까지 유기 물질이 이동하면서 서로 섞인다. 어느 쪽이든, 이러한 움직임은 다른 동네로 음식을 배달하는 일과 비슷해서 토양 먹이그물의 전체 개체들에게 도움을 준다. 지렁이는 미생물을 옮기는 역할도 한다. 지렁이 몸에 붙어서 미생물이 옮겨가기도 하고 지렁이가 땅속으로 끌고 가는 낙엽에 묻어서 가기도 하는데, 그렇게 미생물이 옮겨감으로써 아무것도 없는 곳에서 먹이그물 공동체가 처음 시작된다.

지렁이는 흙의 통기성을 향상시킬 뿐 아니라 유기물을 부수고 섞음으로써 흙의 보수력을 높인다. 좋은 밭흙 1에이커에 100~200만 마리의 지렁이가 굴을 파고 다닌다는 것을 다시 한 번 생각해보라. 그런데 어떤 지렁이들은 수직으로 움직이고 또 다른 지렁이들은 수평으로 흙 속을 헤집고 다니므로 이들이 만든 통로는 땅속 어느 곳으로도 물을 전달할 수 있다. 식물이 당장 쓸 물이든, 아니면 나중에 흡수하기 위해 저장할 물이든 말이다.

모두가 지렁이를 사랑해

새들과 몇몇 기생충, 기생파리, 그리고 이따금씩 어떤 포유동물들(두더지, 낚시꾼, 열대어 기르는 사람)을 제외하면, 지렁이에게는 적이 거의 없다. 지렁이가 잔디밭으로 끌어들이는 새들이 지렁이를 먹긴 하지만, 토양 먹이그물의 관점에서 보면 그것은 전혀 손실이 아니다. 새똥에 양분과 미생물이 들어 있을 뿐 아니라 새의 발에 원생동물이 묻어서 새가 여기저기 뛰어다니면 원생동물이 널리 퍼지기 때문이다. 그리고 때때로 새가 새로운 장소에 벌레를 떨어뜨릴지도 모른다(그 새는 일찍 일어난 새는 아니겠지. 일찍 일어난 새는 항상 벌레를 '잡는다'니까).

지렁이의 이로운 점을 살펴보자. 지렁이는 낙엽 등을 부수어서 다른 생명체들이 소화할 수 있도록 한다. 토양의 통기성을 높이고 보수력, 지력, 비옥도를 높이고 흙의 유기물 함량을 높인다. 딱딱한 흙을 부수고, 뿌리가 뻗을 길을 만들고, 토양 입자를 뭉치게 한다. 지렁이가 먹이를 찾아 흙 속에 길을 만드는 일을 하는 동안 양분과 미생물들이 새로운 장소로 옮겨간다. 이렇게 좋은 점이 많은데 정원이나 텃밭을 가꾸는 사람들이 지렁이를 못살게 구는 것은 이상하지 않은가? 기계를 써서 경운을 하고 흙을 뒤집는 일은 지렁이 굴을 파괴하고 지렁이 개체수를 줄어들게 한다. 기계를 쓰면 지렁이가 여러 조각으로 잘려서 재생할 수가 없다. 화학 비료를 쓰는 것은 지렁이의 상처에 소금을 뿌리는 것과 다름없다. 화학 물질을 뿌리는 것은 지렁이를 괴롭히고 지렁이를 쫓아내는 짓이다.

지렁이가 눈에 많이 띄는 것은 건강한 먹이그물이 만들어져 있다는 분명한 표시다. 유기물, 세균, 균류, 원생동물, 선형동물─모두 지렁이 수를 유지하기 위해 필요한 것─이 제자리에 있다는 뜻이다. 이것이 기초가 되어야 토양 먹이그물의 다른 부분도 제자리를 잡는다.

11장

_달팽이와 민달팽이

정원이나 텃밭을 가꾸는 사람 중에 연체동물하고 싸워본 적 없는 사람이 있을까? 민달팽이와 달팽이라는 놈들 말이다. 이 동물들은 복족류라고도 불리는데, 말 그대로 배가 발 역할을 하는 무리라는 뜻이다. 커다란 발하나처럼 생긴 것이 엄청난 양을 먹어치우는 역할을 하니, 참으로 적절한 이름이라 하겠다. 정원이나 농지에서 발견되는 민달팽이 대부분은 손톱만한 크기지만, 어떤 종은 45센티미터 남짓까지 자란다. 모든 농부들의 악몽이라고나 할까. 그 외의 연체동물은 보통 조개나 굴 같은 바다 생물이나 담수 생물이 포함된다. 복족류는 연체동물문에서 가장 큰 그룹으로 종수가 4만 개에 이른다.

민달팽이는 달팽이에서 진화해 나왔고 달팽이는 약 3억 5000만 년 전에 바다에서 육지로 올라왔는데, 물속에 사는 적들과 소금물의 화학 성분으로부터 몸을 보호하기 위해 이미 껍데기를 완전히 갖춘 상태였다. 민달팽이와 달팽이의 모양으로 보나, 그 둘이 끼치는 피해를 보나, 누구든 민달팽이와 달팽이가 비슷한 생리를 가지고 있다는 것을 짐작할 수 있을 것이다. 둘 사이의 차이점 중 큰 부분은 껍데기의 유무다. 달팽이의 껍데기는 칼슘으로 되어 있다. 정원이나 농지의 민달팽이는 오랜 세월에 걸쳐 이 달팽이로부터 진화해왔는데, 종에 따라 껍데기가 완전히 사라진 것도 있고 대부분 사라진 것도 있다.

민달팽이와 달팽이는 탈수에 극도로 취약하다. 그 점에서 달팽이는 민달팽이보다 유리하다. 민달팽이는 건조한 시기를 지내려면 촉촉한 데 들어가서 몸을 숨겨야 하는 반면 달팽이는 껍데기 속으로 몸을 넣을 수 있다. 끈적끈적한 액체를 분비해서 입구를 봉하면 그것이 딱딱해져서 두터운 가죽 같은 뚜껑이 된다. 그리고 입구를 봉한 껍데기 속에서 4년까지 지낼 수 있다. 나갈 때가 되면 지나가면서 뚜껑을 갉아 먹기만 하면 된다.

달팽이는 이렇게 훌륭한 장치인 껍데기를 버리고 왜 민달팽이로 진화했을까? 껍데기가 없는 것도 나름의 이점이 있다. 확실히 민달팽이는 이동이나 몸 모양 바꾸기가 더 편하다. 딱딱한 껍데기로는 들어갈 수 없는 좁은 곳에도 민달팽이는 몸을 움츠려서 들어갈 수가 있고 먹이를 찾아 돌아다니는 영역이 더 확대될 수 있다(하룻밤에 1마일[1.6킬로미터]까지도 간다고 보고되어 있다). 게다가 껍데기를 유지하려면 칼슘 있는 곳 가까이에 있어야 해서 껍데기를 가진 복족류가 살 수 있는 구역이 제한된다. 칼슘이 부족한 곳에서도 살 수 있는 민달팽이는 그런 제한에 묶이지 않아도 되므로, 돌아다닐 자유, 새로운 먹잇감을 얻을 능력에 방해를 받지 않는다.

정원이나 밭의 민달팽이와 달팽이는 밤에 활동한다. 밤이 물기가 가장 많은 시간이고 뜨거운 열이 가장 적은 시간이기 때문이다. 또 포식자들의 공격을 받을 확률도 낮기 때문일 것이다. 그들은 흙 속이나 바닥 위의 부스러기 아래에 숨어서 낮을 보낸다. 밤이 되면 당단백(당과 단백질로 된 끈적한 점액)을 분비해서 그 위로 근육질의 '발'이 미끄러져 간다.

이 점액은 달팽이나 민달팽이 발의 근육질에 위치한 세포에서 만들어져 발 중심부에서 배출된다. 그런 뒤에 발 바깥쪽을 쭉 늘려서 점액 위로

풀밭을 돌아다니는 붉은민달팽이. 사진: Gary Bernon, USDA−APHIS, www.forestryimages.org

미끄러지면서 기어간다. 민달팽이와 달팽이는 자기 몸 길이의 20배까지 몸을 늘릴 수 있다. 윤활 물질은 나중에 딱딱해져서 다른 민달팽이나 달팽이(그리고 농부나 원예가)가 알아볼 수 있는 흔적이 된다. 그 길을 만들고 지나갔던 달팽이가 일을 마치고 되돌아갈 때 이용될 수도 있다. 놀랍게도 그 점액에는 포식자들에게 불쾌감을 주는 성분이 포함되어 있어서 포식자가 따라올 위험에 대비한다.

민달팽이와 달팽이는 암수한몸이다. 따라서 자가수정을 할 수 있다. 그러나 대부분은 다른 상대의 정자를 주고받는다. 양쪽이 모두 100~200개의 반투명한 알을 1년에 여섯 번까지 낳는다. 알들은 지표면 바로 위에 놓아두는데, 조건이 적당해질 때까지(가장 중요한 조건은 촉촉함이다) 알들은 몇 년이고 그 상태 그대로 유지할 수 있다. 그러나 조건이 맞으면(정원이나 밭에서는 대개 조건이 맞는다) 2주 만에 알이 부화한다. 민달팽이와 달팽이 새끼들은 조그맣지만 다 큰 놈들처럼 먹을 준비가 되어 있고 태어난 지 하루이틀이 지나면 먹이를 찾아 나선다. 처음 몇 달간은 매일 아침 '둥지'로 돌아가지만, 약 6개월이 지나면 짝짓기를 할 수 있을 만큼 자라고 2년 뒤에는 완전히 성장한다.

　민달팽이와 달팽이가 여러분이 기르는 배추와 케일만 먹는다고 생각할지도 모르지만 둘 다 균류, 조류, 지의류, 썩어가는 유기물도 갉아 먹는다. 믿기 어렵겠지만, 이놈들은 지표의 식물만 먹는 것이 아니다. 민달팽이는 5~10퍼센트의 시간만 지상에서 보낸다고 보고된 바 있다. 여러분이 지상에서 민달팽이 한 마리를 봤다면, 땅속에서 헤집고 다니는 민달팽이가 서너 마리 더 있다는 의미다. 달팽이와 민달팽이는 둘 다 치설齒舌이 있는데 이것은 강판 비슷한 키틴질 이빨이 늘어서 있는 것으로, 이 이빨 덕분에 정원과 밭의 복족류 생물들이 아주 작은 조각으로 먹이를 갈아서 먹을 수가 있다. 많은 민달팽이와 달팽이는 섬유소를 분해할 수 있다.

　달팽이와 민달팽이는 토양 먹이그물에서 한 자리를 차지한다. 그들은 먹이를 섭취하기 전에 그것을 조각냄으로써 분해와 부식 속도를 높이는 역할을 한다. 지렁이와 절지동물 일부와 마찬가지로 그들은 유기 물질을 분해해서 균류와 세균이 흡수할 수 있게 만든다. 또 땅속을 돌아다녀 공기와 물, 식물 뿌리를 위한 공간을 만든다. 그들이 분비하는 점액은 흙 알갱이가 뭉치는 것을 돕는다. 달팽이와 민달팽이는 투구벌레와 (특히 유충 단계의) 반날개, 거미, 정원뱀, 도롱뇽, 도마뱀, 새의 먹이가 되기도 한다. 민달팽이를 먹고사는 어떤 선형동물은 이제 상품으로도 나와 있다. 눈도 안 보이는 이 선형동물들이 열을 감지해서 운 나쁜 민달팽이를 쫓아가는데, 민달팽이의 일부는 사냥에 성공한 선형동물의 먹이가 되고 나머지는 남겨져서 세균과 균류가 분해하고 콜로니를 형성하는 데 쓰인다.

　복족류가 건강한 먹이그물의 일부일 때 그 수는 제한된다. 화학 성분과 다른 유해한 행위로 먹이그물의 균형이 깨진 곳에서는 달팽이나 민달팽이가 골칫거리가 되지만, 그렇지 않은 조건에서는 심각한 해충이 되지 않는다.

12장

_파충류, 포유류, 조류

이 대형동물들에 대해서는 자세히 다루지 않으려 한다. 정원이나 텃밭을 돌보는 사람들에게 이들은 골칫거리지만, 다람쥐, 들쥐, 우드척다람쥐, 뱀, 도마뱀 등은 모두 굴을 파고 땅속을 돌아다니고 유기물을 뒤섞고 옮기고 쌓아두며, 물과 공기가 지나갈 통로, 물과 공기가 담겨 있을 공간을 만든다. 그러나 사람들은 대부분 이 동물들을 정원이나 텃밭에서 보자마자 공포(도마뱀의 경우)나 증오를 느낄 것이다(우드척다람쥐, 토끼, 두더지의 경우. 아니면 땅속에 굴을 파는 동물은 모두 증오를 불러일으킨다. 아, 참, 채소 뜯어 먹는 사슴도 빼놓을 수 없지!).

이 대형동물들이 텃밭에서 하는 역할은 그 동물들이 다른 데서 하는 역할과는 매우 다르다. 그러나 어디에서 돌아다니든 그들의 역할은 중요하고, 그 역할의 기초가 되는 것은 미세 절지동물과 미생물이다. 토양 먹이그물에서 미세 절지동물이나 미생물은 대형동물에 비할 수 없을 정도로 그 수가 많다. 파충류, 포유류, 조류 등 그 모든 동물의 똥은 먹이그물 공동체의 다른 구성원들에게 먹이가 된다. 먹이그물 공동체가 그 동물들의 똥을 양분으로 순환시키는 것이다. 대형동물들은 자기 몸 표면과 몸속에, 그리고 발에 미생물을 묻혀서 한 장소에서 다른 장소로 옮기는 역할도 한다. 그리고 죽으면 토양 생물에 의해 사체가 분해된다.

　대형동물의 활동은 더 쉽게 관찰되기 때문에 먹이그물의 다른 구성원들의 활동에 비해 더 잘 알려져 있다. 그러나 모든 형태의 생명체가 그렇듯이, 그 수는 서식지와 먹이에 달려 있다. 특히 새가 있다는 것은 대형 절지동물, 곤충, 나비나 나방의 유충이 주변에 있다는 뜻이므로 새가 잔디밭이나 텃밭에서 깡충거리고 다니는 모습이 보이면 안도감을 느껴도 된다. 먹이그물이 제대로 작동하고 있다는 의미니 말이다. 물론 알풍뎅이의 유충을 찾아서 잔디밭 주변에 땅굴을 파놓은 두더지에 대해서도 똑같이 말할 수 있다. 잔디밭에 두더지가 굴을 파놓는 것은 원치 않을지 모르지만, 여러분은 토양 먹이그물이 어떻게 돌아가는지 알고 있으므로 최소한 두더지 집단을 먹여살리고 있는 먹잇감이 어딘가에 있다는 것쯤은 알아야 한다. 이 사

줄다람쥐는 항상 바쁘다. 다람쥐들의 활동도 토양 먹이그물에 영향을 준다. 사진: Paul Bolstad, University of Minnesota, www.forestryimages.org

실은 농약에 의지하지 않고 두더지에 대한 대책을 세워야겠다는 생각을 갖게 할 것이다.

　우리 인간은 토양 먹이그물의 어디에 들어가야 할까? 인간은 토양 먹이그물에 엄청난 영향을 미치고 있는데, 매우 자주 긍정적이지 않은 영향을 미친다. 토양 먹이그물이 없는 곳이 없는데도 정원이나 텃밭을 가꾸는 사람들은 대부분 그 시스템에 대해 들어본 적도 없을 것이고 토양 먹이그물에서 미생물과 절지동물이 하는 역할에 대해서는 짐작도 못 했을 것이다. 그리고 물론 이제 그만 멈추어야 한다는 것을 알지 못하고 항상 토양 먹이그물이 유지하는 미묘한 균형을 뒤집어엎어 버린다.

　기계 경운, 제초제 뿌리기, 살충제, 살균제, 살응애제, 땅 다지기, 잔디밭과 나무 아래에서 유기물 제거하기, 이 모든 인간의 행위는 정원과 밭에 있는 토양 먹이그물에 영향을 끼친다. 생태적 지위가 한번 파괴되면 토양 먹이그물은 불완전하게 돌아가기 시작한다. 생태적 지위의 구성원 하나가 사라져도 마찬가지다. 그런 경우에 정원이나 텃밭을 가꾸는 사람은 그 틈을 메워야 한다. 그렇지 않으면 시스템이 완전히 붕괴한다. 정원이나 텃밭을 가꾸는 사람은 자연에 맞서 일하기보다는 자연과 협력하는 편이 낫다. 그리고 이것은, 앞으로 보게 되겠지만, 힘든 일이 필요한 것이 아니다. 토양 먹이그물을 이해하고 그것과 한팀을 이루어, 그 구성원들이 일을 하도록 내버려둔다면 전혀 어렵지 않다.

2

텃밭과
정원의
미생물과
한팀이 되어라

토양 먹이그물이 정말로 식물 생장에 도움이 될까? 나의 텃밭과 정원에서 토양 먹이그
물이 작동할까? 확신을 얻기 위해 그리고 배운 것을 활용하기 위해, 가까운 숲으로 가
기를 권한다. 아니면 그냥 눈을 감고 예전에 가보았던 숲을 머릿속으로 그려보라. 가까
이에서 냇물 소리가 들리는 듯하고 나뭇잎을 스치는 바람 소리가 들릴 것이다. 아름답
고 웅장한 숲의 나무들에게 그 누구도 비료를 준 적이 없다. 그런데도 어떻게 그토록
크고 아름다울 수 있을까? 여러분은 답을 알고 있다. 아름다운 곳의 아름다운 식물들
은 그들이 살고 있는 곳의 토양 먹이그물에 의해 완벽하게 관리되고 있다.

식물의 뿌리에서 뻗어가는 균근균. 식물이 양분과 물을 더 쉽게 얻을 수 있게 해준다. 사진 제공: Mycorrhizal Applications, www.mycorrhizae.com

13장

_농지와 정원을 살리는 '토양 먹이그물' 재배법

여러분은 이제 제대로 된 건강한 토양 먹이그물이 식물 재배에 어떤 혜택을 주는지 잘 알게 되었을 것이다. 물론 캘리포니아의 화훼 재배지에 좋은 것과 조지아 주의 옥수수 밭에 좋은 것은 다를 테지만, 여러분이 사는 곳의 기후가 어떠하든, 땅의 유형이 어떠하든, 균류·세균·원생동물·선형동물·절지동물 등 토양 먹이그물의 구성원들이 여러분을 위해 하루 24시간, 일주일에 7일간 일하도록 하면 여러분의 밭과 정원이 더 좋아질 것이고 여러분은 더 훌륭한 농부, 더 훌륭한 원예가가 될 것이다.

첫째, 토양 먹이그물이 활발히 돌아가면 흙 속에 양분을 더 잘 보유할 수 있다. 왜냐하면 먹이그물을 구성하는 생물들의 사체는, 나중에 분해되어서 식물의 양분이 될 물질을 보유(고정)하고 있기 때문이다. 또 균류나 세균이 원생동물이나 선형동물에게 먹혀서 소화될 때마다 양분이 식물이 흡수할 수 있는 형태로 남는다. 그리고 식물은 근권으로 균류와 세균을 유인하기 때문에 균류나 세균이 공급하는 양분은 식물이 쉽게 흡수할 수 있

맹큐
아메바

는 적당한 장소에 있다.

건강한 토양 먹이그물은 토양 구조도 개선한다. 우선 세균은 작은 흙 알갱이를 큰 흙덩이로 뭉치게 하는 점액을 만들어낸다. 균류의 균사, 지렁이, 곤충, 유충, 작은 포유동물들이 크고 작은 굴을 파며 흙 속을 돌아다닌다. 그 결과 흙에는 적당히 구멍이 생기고, 구멍이 생기면 통기뿐만 아니라 보수와 배수 능력이 좋아진다. 이는 모두 식물이 잘 자라는 데 꼭 필요한 요소다.

토양 먹이그물은 질병을 막아준다. 또 어떤 구성원이 그 수가 너무 많아져서 먹이그물의 균형 상태를 해칠 위험이 있으면 그 위험도 막아준다. 토양 먹이그물의 어떤 구성원들은 나쁜 놈들을 쫓아가서 붙잡는 경찰 역할을 하기도 한다. 또 다른 구성원들은 비타민과 호르몬을 제공하는 의사 역할을 한다. 균류와 세균은 식물의 뿌리나 줄기, 잎을 갉아 먹는 동물들이 못 들어오게 막는다. 균류와 세균은 나쁜 놈들이 살기 위해 필요한 양분, 공간, 산소를 두고 경쟁을 벌이기까지 하므로 나쁜 놈들은 더욱 살기 힘들어진다.

마지막으로, 토양 먹이그물의 생명체들은 근권 내의 산성도에 영향을 미치는데, 산성도에 따라 어떤 종류의 질소가 많은지, 다시 말해 질산 이온 형태의 질소가 많은지 암모늄 이온 형태의 질소가 많은지가 정해진다. 자기가 좋아하는 형태의 질소를 끌어당겨서 흡수하는 식물은 매우 잘 자랄 것이다. 토양 미생물은 오염 물질을 정화하는 일도 할 수 있다. 공기의 오염 물질, 또 경우에 따라 물의 오염 물질은 말할 것도 없고, 잔디밭과 농지에 뿌리는 화학 물질—정말로 심각한 오염을 일으킨다—까지 정화한다. 건강한 토양 먹이그물에서는 흙 속에서 발견할 수 있는 모든 것, 인간이 버린 것 또는 뿌린 것을 포함해서 뭐든지 먹어치우는 생물이 있다.

새로운 규칙

우리는 토양 먹이그물을 활용하는 재배법이나 조경에 가이드가 될 만한 매우 간단한 '규칙 19'를 만들었다(규칙의 전체 개요를 보려면 부록을 보라). '규칙 1': 어떤 식물은 균류가 많은 토양을 좋아하고, 어떤 식물은 세균이 많은 토양을 좋아한다. 식물은 아미노산을 만들어내기 위해 질소가 필요하다. 질소는 식물의 성장과 생존에 필수적이다. 그래서 수용성 질소 비료가 먹이그물에 해로움을 주는데도 질소 화학 비료를 주면 식물이 엄청 잘 크는 것이다. 질소 비료가 물에 녹으면 그 질산 이온$^{NO_3^-}$을 식물 뿌리가 곧바로 흡수할 수 있다. 식물 뿌리는 스펀지처럼 액체를 빨아들인다. 양이온은 부식질이나 점토에 달라붙지만, 이와 달리 질산 이온은 음이온이므로 물에 녹는다.

건강한 토양 먹이그물이 있을 때 식물이 흡수할 수 있는 질소는 두 가지 형태가 있다. 질산 이온 형태의 질소와 암모늄 이온^{NH_4} 형태의 질소가 그것이다. 그리고 어떤 식물은 질산 이온 형태를 좋아하고 다른 것은 암모늄 이온 형태를 더 좋아한다.

선형동물과 원생동물이 균류와 세균을 잡아먹으면, 암모늄 이온 형태의 질소가 배설물과 함께 배출된다. 흙 속에 질화 세균이 충분히 있을 때에는 질화 세균이 암모늄 이온을 재빨리 산화시키거나 질산 이온으로 바꾼다. 흙 속에 균류보다 세균이 많을 때에는 거의 항상 그렇게 된다. 토양 세균이 만들어내는 점액이 7 이상의 pH를 띠기 때문이다. 질화 세균에게 딱 좋은 환경이 그 정도 pH를 띠는 것이다. 세균이 많은 토양에서는 일반적으로 질화 세균이 번성한다.

균류는 유기 물질을 분해하면서 유기산을 만들어내 pH를 낮추는 역할을 한다. 세균 점액의 효과를 상쇄할 만큼 균류의 산이 많으면 토양의 pH는 7 아래로 내려간다. 다시 말해 그 주변을 산성으로 만들어 대부분의 질화 세균이 점점 더 살기 어려운 조건이 된다. 암모늄 이온은 그대로 암모늄 이온으로 남는다.

텃밭이나 정원을 가꾸는 사람은 자기 땅에 있는 식물들이 '규칙 1'의 예외가 아니라는 사실을 잘 알아야 한다. 여러분이 쓰는 수용성 질소 비료는 토양 먹이그물의 미생물들의 수분을 빨아들여 죽게 만들 뿐 아니라 여러분이 키우려는 식물을 위해서도 가장 좋은 종류의 비료가 아닐 수 있다. 보통 식물은 별로 선호하지 않는 형태로 된 것도 이용하면서 생명을 이어간다. 그러나 식물 대부분은 그 식물이 선호하는 형태의 질소가 있을 때 더 잘 자란다.

누가 무엇을 원하는가?

특정한 식물이 무엇을 더 좋아하는가 하는 질문의 답은 다음에 이야기할 두 가지 원칙에서 찾을 수 있다. '규칙 2'는 채소, 일년생 초본, 잔디는 대부분 질산 이온 형태의 질소를 더 좋아하고 세균이 많은 토양에서 가장 잘 자란다는 것이다. '규칙 3'은 교목, 관목, 다년생 초본은 암모늄 이온 형태의 질소를 더 좋아하고 균류가 많은 토양에서 잘 자란다는 것이다.

이 두 가지 일반 원칙은 토양 먹이그물과 함께하는 재배를 시도할 때 어림짐작으로 하는 일이 없게 해준다. 이 두 가지 규칙으로 무엇이 무엇을 좋아하는지 쉽게 파악할 수 있게 해주지만, 왜 그런지를 알면 그 원칙들을 훨씬 정확하게 이해할 수 있을 것이다.

생태 천이의 초기 단계에서는 세균이 우점한다. 세균들과 그들이 도와주는 식물이 내놓은 배설물로 유기 물질이 점점 더 쌓여가면서, 균류의 포자가 싹트기에 충분한 양분이 마련된다. 균류가 자리잡을 공간과 먹잇감이 있으므로 균류가 번성한다.

다른 많은 요소들이 관련되어 있지만, 우리가 관심을 가지는 데만 집중하면 이렇다. 식물과 토양 먹이그물이 다양해짐에 따라 균류 밀도가 높아지고, 일년초같이 짧게 사는 식물 대신 여러 해를 사는 목초지 식물들이 자리잡는다. 유기 물질이 더 많이 만들어지고, 계속 늘어나는 균류의 먹이를 제공한다. 관목이 들어오고 이어서 양수성 교목, 활엽수, 음수성 교목이 들어온다. 그동안 균류의 생물량은 세균의 생물량과 비례해서 늘어난

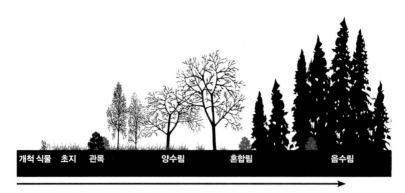

식물 천이. 잡초만 자라는 맨땅에서 울창한 삼림으로 변해가는 과정. 그림 제공: Tom Hoffman
Graphic Design

개척 식물   초지   관목   양수림   혼합림   음수림

다. 그 뒤로는 세균이 균류를 당할 수 없게 될 것이다. 세균은 단당류 같은
탄수화물만 소화할 수 있지만, 리그닌과 섬유소로 가득한 더 복잡한 식물
들이 점점 더 많아지는 상황에서 탄수화물의 공급은 제한적일 수밖에 없
기 때문이다.

　말하자면 바닷가에서 목초지로, 오래된 침엽수림으로 옮겨가면서 균
류의 우점 정도는 그 과정의 매 단계마다 점점 더 커진다. 초기 식물이 임시
적이라는 점이 균류가 이렇게 많아지는 까닭 중 하나다. 식물이 얼마 살지
않고 죽어버리면 식물 뿌리와 균근 관계를 형성하기가 어렵기 때문이다.
동반자 관계에서 이득을 얻을 것이 없을 때에는 혼자 사는 편이 낫다.

　한 티스푼만큼의 경작지 토양, 목초지 토양, 삼림 토양에는 세균이 1억
~10억 개 정도로, 거의 같은 수가 있는 것으로 보인다. 세균보다 균류가 많
은 곳의 일반적인 원인은 세균 생물량의 감소가 아니라 균류 생물량의 증
가에 있다. 삼림 천이 도표에서 '바닷가' 쪽 가까이에서 자라는 식물들은
대개 세균 우점의 농지나 정원 흙을 더 좋아하고, 다른 쪽 끝 곧 오래된 숲
에서 자라는 식물들은 균류 우점인 토양에서 잘 자란다. 세균 우점 상태에
서 균류 우점 상태로 넘어가는 것은 초지에서 일어난다. 초지 식물은 이 둘
의 균형 상태를 좋아하기 때문이다. 말이 나온 김에 덧붙이자면, 여러분의

	농지	초지	숲
세균	1억~10억	같음	같음
균류	3, 4야드	수십에서 수백 야드	1~40마일(침엽수림에서)
원생동물	수천	수천	수십만

한 티스푼 분량의 여러 토양에 포함된 미생물 개체수(세균, 원생동물의 수, 균류 균사의 길이).

도표 제공: Tom Hoffman Graphic Design

잔디밭도 이와 비슷하다.

특정 식물이 어떤 종류의 질소를 좋아하는지를 알아내는 또 다른 방법은 그 식물이 얼마나 사는지를 보는 것이다. 채소와 일년초처럼 한 계절 동안만 땅에 있는 것이라면, 그것이 선호하는 질소 형태는 질산염이다. 일년 이상 땅에 있는 식물들은 대체로 암모늄이 많은 것을 더 좋아할 것이다. 이렇게 생각해도 된다. 세균 수는 모든 재배 환경에서 거의 똑같이 유지되는데, 비율 변화를 일으키는 것은 균류 생물량의 증가 정도다. 균류는 매우 약한 생명체이고 자라는 데 시간이 걸린다. 균근균이라면—많은 토양 균류가 균근균류인데—붙어 있기 위해 살아 있는 식물 뿌리가 있어야 한다. 그 뿌리가 오래 살아 있을수록 균근균도 오래 살 수 있다는 말이다. (균류가 더 오래 살지는 않는다 해도 더 많이 뻗어나갈 수가 있을 것이다.) 그리고 마지막으로 한 계절 정도 살고 죽은 식물 유체에는 일반적으로 균류가 좋아하는 셀룰로오스와 리그닌이 없다. 거기에는 세균이 좋아하는 셀룰로오스로 거의 가득 차 있다. 그래서 세균이 널리 퍼지는 것이다.

텃밭은 세균 비율을 약간 더 높게

여러분이 키우는 식물들 중 어떤 것에 대해서는 어느 정도의 균류:세균 생물량 비율Fungal to bacterial biomass, F:B 비율을 선호하는지 관찰하고 측정한 적이 있을 것이다. 그 비율에 맞추기 위해 균류의 먹잇감을 넣어서 균류를 늘릴 수도 있고, 반대로 세균의 먹이를 제공해서 세균을 늘릴 수도 있다. 다음 장들에서는 그 방법에 대해 설명할 것이다.

여러분이 텃밭을 가꾸고 있다면, 균류보다 세균의 생물량이 약간 더 많은 상태를 목표로 해야 한다. 더 구체적으로 말하면, 당근, 상추, 브로콜리, 양배추 등은 0.3:1의 F:B 비율을 좋아하고, 토마토, 옥수수, 밀은 0.8:1~1:1의 비율에서 잘 자란다. 잔디는 0.5:1~1:1의 F:B 비율을 좋아한다. 아마 농업기술센터 등의 실험실에서 여러분 흙의 F:B 비율을 검사해줄 것이다.

나무들은 높은 F:B 비율이 필요하다. 조경수와 관목의 고향인 삼림 토양은 균류의 생물량이 세균 생물량의 100배가 넘는다. 침엽수는 50:1~1000:1 정도의, 균류 비중이 가장 큰 비율을 필요로 한다. 단풍나무, 포플러, 떡갈나무 등은 10:1~100:1 비율로, 균류가 적은 토양에서 잘 자란다. 과수원에서는 10:1~50:1의 비율이 가장 좋고, 어떤 나무들(오리나무, 너도밤나무, 포플러, 미루나무, 그리고 본래 강가 생태계에 속한 나무들)은 어릴 때는 세균 우점 토양에서 잘 자라고, 어느 정도 큰 다음에는 균류 우점 토양(5:1~100:1의 F:B)을 좋아한다.

꽃을 좋아하는 사람들은, 대부분의 일년생 초본은 세균 우점 토양을 좋아하고, 다년생 초본은 대부분 균류 우점 토양을 좋아한다는 것을 알아야 한다. 다시 한 번 말하지만, 식물이 사는 기간이 그 원칙에 영향을 준다.

관목은 일반적으로 다년생 초본보다 균류 비율이 높은 것을 더 좋아한다(관목은 수명이 기니까 이 경우도 우리의 법칙에 들어맞는다). 침엽수림은 활엽수림과 반대로 높은 F:B 비율을 필요로 한다.

앞으로 규칙들을 더 많이 제시하겠지만 '규칙 2', '규칙 3'을 잊지 말길 바란다. 질소 관리는 성공적인 농지와 정원 가꾸기의 기본이다.

14장

_내 땅의 토양 먹이그물은 어떠한가?

내가 가꾸는 밭이나 정원에 토양 먹이그물의 과학을 활용하려 한다면, 무엇보다도 내가 가진 땅의 토양 먹이그물들의 현재 상태를 알아야 한다. 기초만 제대로 되어 있으면 무엇을 기르든 가장 좋은 토양 먹이그물을 만들기 위해 무엇이 필요한지 알아낼 수 있다.

위에서 우리는 토양 먹이그물'들'이라고 표현했다. 이 책을 여기까지 읽었으면 그것이 이상하게 들리지는 않았을 것이다. 다양한 식물이 다양한 세균과 균류를 끌어들이는 다양한 삼출액을 분비한다. 세균과 균류는 여러 가지 포식자 생물들을 끌어들인다. 그래서 여러분이 예상하듯이, 정원 한쪽에 있는 나무의 뿌리 주변에 사는 토양 생물은 텃밭의 채소 뿌리를 둘러싸고 있는 토양 생물과 완전히 달라질 것이다. 또 그곳의 토양 생물은 잔디밭을 유지하는 토양 생물과도 다를 것이고, 정원 다른 쪽에 있는 같은 나무 주변의 그것과도 다를 수가 있다.

과거에 화학 비료를 뿌렸던 구역은 자연 상태로 두었던 곳에 비해 토양 생물이 적을 것이다. 단단하게 다져지거나 자주 경운을 한 곳은 가만히 둔 곳보다 균류와 지렁이가 적을 것이다. 여러분의 과수원이나 건물 주위에 침엽수가 있을지도 모르겠다. 어떤 생물이 여러분 땅의 다양한 토양 먹이 그물들을 구성하는지 알아내는 게 중요하다. 그걸 알아내기 위해서는 땅으로 가서 무엇이 거기에 있는지 '센서스'를 해야 한다.

이 책의 사진들을 보고 예상할 수 있겠지만, 여러분이 땅에서 만나게 될 생물을 자세히 살펴보면 아마 놀라 넘어질 지경일 것이다. (아무거나 전자 현미경 밑에 놓지 말기를 권한다. 현미경으로 보면 모든 생물이 이빨을 가지고 있다!) 요점은 여러분이 흙 속에 있는 어떤 미세 절지동물을 자세히 보면, 다시는 흙 속에 손을 넣고 싶지 않을지도 모른다는 사실이다. 때로는 모르는 게 약인 법. 그러나 약간의 지식은 해가 되지 않을 것이다. 그리고 식물을 더 잘 키우는 데 실질적으로 도움을 줄 것이다. 다만 기억해야 할 것은, 흙 속에 뭐가 있는지 알기 전에 손을 넣어야 한다는 사실이다. 절대 해를 입지는 않을 것이다.

여러분은 텃밭이나 정원, 잔디밭 각각의 흙을 가지고 다음 과정을 되풀이하고 싶어질 것이다. 심지어 나무들 하나하나마다 그 주변의 흙도 따로 조사해보고 싶어질지도 모른다. 이 책을 쓴 우리들은 지금까지 우리의 정원에서 그 일을 수십 번 넘게 했고, 우리가 찾아낸 것이 우리를 놀라게 하지 않은 적은 한 번도 없다.

큰 동물을 먼저 찾아보자

먼저 조사하고 싶은 흙에 30제곱센티미터가량의 구멍을 판다. 삽이나 모종삽을 사용하면 된다. 어떤 도구를 쓰느냐는 중요하지 않고, 구멍 크기가 정확하지 않아도 된다. 파낸 흙은 전부 방수천 위에 놓거나 상자에 담아서, 흙 속에 무엇이 있는지, 말하자면 지렁이, 딱정벌레, 애벌레 등이 있는지 살펴볼 수 있도록 한다. 육안으로 보이는 생물은 뭐든 골라낸다. 핀셋을

	정원	초지	숲
절지동물	< 100	500~2000	1만~2만5000
지렁이	5~30	10~50	10~50

육안으로 볼 수 있는 생물들(토양별 1제곱피트당 개체수). 도표 제공: Tom Hoffman Graphic Design

쓸 필요는 없다. 무엇을 얼마나 찾았는지 기록한다.

글쓴이인 우리들도 우리 땅에 있는 생물이 무엇인지 모두 알도록 교육받지는 않았고, 솔직히 말해서 땅에 사는 생물들은 너무나 다양하기 때문에 이 책의 범위를 넘어선다. 하지만 흙에서 나온 생물들이 무엇인지 최선을 다해서 알아내라. 다른 책들의 도움도 받아라. 그러면 얼마 지나지 않아 아주 능숙하게 토양 생물들을 알아볼 수 있을 것이다. 이것은 새로운 일이니 그저 열린 마음으로 받아들이면 배우는 일이 한결 쉬워질 것이다. 우리가 그렇게 하는 데에 그리 오래 걸리지 않았으니 여러분도 토양 먹이그물의 생물들과 친해지는 데 오래 걸리지 않을 것이다.

지렁이나 지렁이 똥을 발견한다면 그건 좋은 신호다. 지렁이는 작은 포유동물의 먹이 역할을 하고 또 세균, 균류, 원생동물을 잡아먹으며 또 때로는 선형동물도 먹는다는 것을 기억하라. 여러분의 토양 샘플에 지렁이가 있다면 토양 먹이그물 전체가 그 땅에서 바쁘게 제 역할을 하고 있음이 틀림없다. 그리고 그 흙은 아마 비옥하고 유기질이 풍부하고 토성이 좋은 흙일 것이다. 그와 마찬가지로 노래기, 지네, 딱정벌레, 거미, 톡토기가―민달팽이와 달팽이까지 조금―있다면 건강한 토양 먹이그물임을 알 수 있다. 여러분이 이런 생물들을 발견한다면, 유리한 출발을 한 것이다. 여러분은 이미 미세 절지동물, 지렁이는 말할 것도 없고, 미생물과 한팀이 되어 일을 잘하고 있는 것이다.

그러나 여러분이 땅에 있는 생물들을 정말로 확실하게 제대로 잡기 위해서는 토양 트랩을 설치할 필요가 있다. 많은 토양 먹이그물 생물들은 하루 종일 또는 하루 중 일정한 시간 동안 겉흙 위나 그 주변을 돌아다닌다.

간단한 트랩을 설치하면 땅속 큰 동물들을 조사할 수 있다.
그림 제공: Tom Hoffman Graphic Design

이 생물들을 되도록 많이 세려면 약 1리터 용량의 통을 입구가 지표면에 일치하도록 해서 흙 속에 묻어야 한다. 비가 많이 오는 지역에 살고 있다면, 일종의 덮개를 세워서(우산을 펼쳐놓기만 해도 된다) 트랩 속으로 빗물이 들어가지 않게 한다. 그다음, 자동차 부동액을 1센티미터가량 붓는다. 또는 좀약 한두 개를 넣어두고 사나흘에서 일주일간 내버려둔다. 시험하고 싶은 곳 여기저기에 트랩을 여러 개 놓아두어도 된다.

아무것도 모르는 복족류와 대형 절지동물이 이 단순한 트랩에 빠질 것이다. 무엇이 빠져 있는지 이따금 트랩을 살펴보라. 집에 어린아이나 애완동물이 있다면 부동액 대신 재량껏 좀약을 활용하라. 두 가지 다 트랩에 빠진 생물들을 죽이기 위한 용도인데(서로 잡아먹어서 조사에 혼란을 초래하지 않도록), 유인제는 아니니까 반드시 필요한 것은 아니다. 일주일이 다 되어가면 딱정벌레, 노래기, 지네 같은 큰 절지동물들을 볼 수 있을 것이다. 민달팽이와 지렁이 한두 마리도 아마 보일 것이다.

모든 트랩의 조사 결과를 표로 작성하라. 트랩이 비어 있다면? 그것은 그 땅에서 토양 먹이그물이 회복되도록 하려면 많은 일이 필요하다는 뜻이다. 토양 먹이그물에 속하는 생물 중에 큰 생물이 거의 없다면, 먹이사슬에서 어떤 고리 또는 그 생물 앞의 고리가 끊어진 것이다.

작은 생물들을 세보자

미세 절지동물을 조사하려면 다른 종류의 트랩이 필요한데, 그것을 발명한 과학자(조반니 베를레제Giovanni Berlese, 1863~1927) 이름을 딴 '베를레제 깔때기'라는 것이다.

여러분도 쉽게 베를레제 깔때기를 만들 수 있다. 먼저 탄산음료나 주스용 1리터짜리 플라스틱 병의 바닥을 잘라낸 뒤 입구 쪽이 아래로 가도록 뒤집는다(그러면 깔때기 모양이 된다). 그다음, 1.5~3밀리미터 간격이 나 있는 방충망을 2제곱인치(5.08제곱센티미터) 크기로 잘라서 병목에 걸리도록 고정한다. 방충망 구멍보다 큰 것은 통과하지 못하게 하려는 것이다.

그리고 병의 입구를 1리터짜리 통 속에 넣는다. 그 통은 두 가지 목적을 가진다. 첫째는 방충망을 통과하고 깔때기 아래로 내려와서 그 통에 빠진 생물들을 모으는 저장소 역할을 한다. 둘째, 깔때기가 단단히 서 있도록 붙잡아주는 역할을 한다. 거꾸로 선 음료수 병이 잘 서 있기 힘드니 말이다. 우리는 큰 요구르트 통이나 치즈 통을 사용했다. 손잡이도 있는데다가 구하기도 정말 쉽다.

그다음 단계는 흙과 지표에 쌓인 낙엽으로 깔때기를 채우는 것이다. 특정한 밭이나 잔디밭부터 시작해서 20센티미터가량 파 내려가라.

조금 더 과학적으로 하고 싶으면, 깔때기를 넣은 통에 부동액이나 에틸알코올을 바닥이 덮일 정도로 살짝 붓는다. 부동액이나 에틸알코올 역시 여러분이 관찰하기 전에 통에 빠진 생물들끼리 서로 잡아먹는 일을 예방하기 위한 것이다. 플라스틱 용기는 너무 미끄러워서 녀석들이 통을 떠날 염려는 없으니 이 과정을 생략해도 된다. 몇몇 생물은 동족에게 희생되어 사라질지도 모른다. 흙 속에서 벌어지는 먹고 먹히는 광란이 통 속에서도 계속되기 때문이다. 이것은 음울하고도 볼 만한 광경일 수도 있다.

그다음, 열을 가한다. 그러면 흙 속에 있는 생물이 흙에서 빠져나와 통 속으로 떨어진다. 40~60와트 전구를 깔때기의 넓은 면 위에 매달아 놓으면(또는 깔때기를 전등 밑에 갖다 놓으면) 된다. 깔때기 끝이 열 나는 곳에서 15센티미터쯤 떨어져 있어야 한다. 이때 조심해야 한다. 이 과정을 통해 여러분은 최고의 토양 먹이그물이 만들어지도록 할 수는 있겠지만, 지나치게 열을 가하다가 집을 다 태워버린다면 아무리 정원이 훌륭하게 바뀐다 해도 여러분의 배우자가 좋아하지 않을 것이다.

최소한 사흘 동안 전구를 켜놓은 채로 베를레제 깔때기를 가만히 둔다. 전구의 빛과 열 때문에 토양 생물들은 방충망을 통과해 아래로 미끄러져서 조그만 수영장으로 떨어진다. 어떤 사람들은 전구를 켜놓는 대신 흙 위에 좀약을 몇 개 놓는 것으로 같은 결과를 얻는다. 미세 절지동물과 다른 동물들이 관측소를 향해 대탈주, 아니 소탈주를 벌이는 것이다.

이제 잡은 동물들을 세어보는 시간이다. 돋보기나 매크로스코프^{Macro-Scope}(팔 길이 정도 떨어진 곳에서 보면 눈에서 몇 센티미터 떨어진 곳에 있는 것처럼 보이는 기구)로 보는 것이 가장 좋다.

우리가 그렇게 잡은 동물들을 처음 세어볼 때 놀라웠던 것은(솔직히 말해서 우리가 이 책을 쓰기 위해 많은 조사를 했지만 아직도 그건 놀라운 점이다) 진드기, 대여섯 종류의 애벌레, 작은 딱정벌레, 톡토기 등 우리가 본 생물의 '수'였다. 그전에는 이들 대부분을 한 번도 본 적이 없었기 때문이다. 미생물의 경우에는 그럴 수도 있겠다고 생각할지 모르나, 평생 정원을 가꾼 사람으로서(상당히 오래 살았고 흙을 파면서 엄청나게 많은 시간을 보낸 사람으로서) 우리는 스스로 흙 속에 살고 있는 생물들을 잘 알고 있다고 생각했다. 그런데 그게 얼마나 잘못된 생각인지가 증명된 것이다. 여러분도 우리처럼 깜짝 놀랄 것이라고 확신한다.

미세 절지동물과 대형 절지동물의 개체수가 구역에 따라 다르므로, 그리고 내 땅의 토양 먹이그물에 무엇이 있는지 포괄적으로 파악하는 것이 중요하므로, 농업기술 단체나 기타 정부 기관과 접촉하여 여러분이 수집한 녀석들에 대한 정보를 얻는 일이 필요할지도 모른다. 가까운 대학교에 문의를 할 수도 있을 것이다. 그리고 인터넷에도 많은 정보가 있다.

이 조사가 완벽한 것이 아님은 우리도 인정한다. 트랩이 설치된 때에 우연히 지나가던 녀석들을 잡는 것이므로, 그것은 기껏해야 토양 먹이그물에 속하면서 움직이는 생물들의 스냅 사진에 불과하다. 그러나 베를레제 깔때기의 포획통에 들어온 생물들이 다양하고 많다는 것은 일이 제대로 되고 있다는 좋은 신호이고, 미생물도 많은 수가 있다는 것을 보여준다. 다양성이나 개체수가 적은 것은 걱정해야 할 일이다. 그것을 바로잡으려면 일을 좀 해야 한다.

미생물의 수는 어떻게 셀까?

미생물은 그 수를 어떻게 측정할까? 결국 미생물이 토양 먹이그물에서 양분을 보유하고 순환시키는 주요한 근원 아닌가? 선형동물, 원생동물, 세균, 균류의 수는 여러분이 재배하는 식물이 이용할 수 있는 양분이 무엇인지, 이 양분을 무기화하고 고정하는 흙의 능력이 어떠한지를 말해줄 수 있다. 흙에 무엇이 있는지를 알면, 무엇이 없는지도 알 수 있다. 그런데 미생물의 경우에는, 강력한 현미경이 있어도 여러분의 땅에 어떤 미생물이 있는지 정확히 파악하는 건 불가능할 것이라고 우리는 인정할 수밖에 없다. 그러나 여러분은 선형동물, 원생동물 일부, 그리고 조류에 속하는 것들의 이름을 알아낼 수 있을 것이고 적어도 세균을 볼 수 있을 것이다(정확한 이름을 알아내지는 못하더라도). 개체수를 정확히 측정하는 것은 전문가들에게 맡기는 편이 낫다.

그러나 우선 추정을 해보자. 샘플에서 지렁이를 많이 발견했다면, 그 땅에는 좋은 세균과 원생동물이 있을 확률이 매우 높다. 왜냐하면 세균과 원생동물은 지렁이의 먹이니까. 그리고 어떤 흙과 멀치에서 버섯이 발견되었다면 그것은 균류의 증거다. 균사체든(유기물이 분해되고 있는 곳이라면), 자실체든, 균류가 있다는 증거다. 살충제, 살균제, 염을 주성분으로 한 화학 비료를 사용하지 않고 땅을 가꾸었다면, 그리고 여러분 밭이나 정원에 있는 유기물이 천천히 분해된다면(온난한 기후 지역에서는 6개월 이내), 토양 먹이그물의 바닥 부분을 차지하는 구성원들이 상당히 건강하다고 볼 수 있다.

원치 않을 수도 있지만, 여러분이 직접 어느 정도는 선형동물 수를 측정할 수 있다. 우선, 베를레제 깔때기나 주방용 깔때기의 좁은 쪽 끝에 한 뼘 길이의 외과용 튜브를 꽂는다. 큰 서류용 집게로 튜브를 쥔다. 그다음에 흙을 몇 줌 퍼와서 염소 제거 처리한 물과 섞어서 걸쭉한 진흙을 만든다. 깔때기에 진흙을 반쯤 채운 다음, 진흙이 물에 다 덮이도록 물을 붓는다. 그다음에 물을 조금 더 붓는다. 선형동물들이 깔때기의 목으로 가라앉을 것이다. 24시간쯤 지난 뒤에 재빨리 집게를 열었다 닫는다. 그렇게 흘려보낸 농축액을 여러분이 가진 도구 중 배율이 가장 큰 것으로 살펴본다. 그 액체 몇 방울을 떨어뜨린 슬라이드와 현미경이 있으면 멋진 쇼를 볼 수 있을 것이다.

그러나 미생물 수를 정확히 측정하는 것은 전문적이고 정밀한 실험실 장비와 훈련이 필요하다. 전통적인 토양 검사는 토양의 결핍 요소를 판단하고(NPK 테스트) 흙의 산성도와 CEC를 재는 것이다. 이것도 유용하지만, 토양 먹이그물을 파악하기 위해서는 균류와 세균 양을 수량화하는 것이 특히 중요하다.

농업용 토양 검사를 하는 실험실 어느 곳에서든 선형동물을 알아보기 위해 토양 검사를 받는 것은 아주 쉽다. 그리고 원생동물은 비교적 값싼 현미경으로도 볼 수 있다. 이로운 선형동물이 많고 해로운 녀석들은 거의 없다면, 양분 순환 능력이 좋은 것이다. 원생동물이 많은 경우도 마찬가지다. 그런데 그 외에 여러분이 알고 싶은 것, 토양 생물에 대한 실험실 검사에서 알고 싶은 것은 생물량을 가리키는 숫자일 것이다. 흙 속에 얼마나 많은 균류가 있나? 얼마나 많은 세균이 있나? 균류와 세균의 몸속이 바로 양분이 저장되는 곳이다. 그러한 정보는 여러분의 땅속에서 어떤 종류의 생명체가 가장 우세한지, 어떤 비율로 존재하는지 알 수 있게 한다.

농업용 실험실들이 미생물을 파악하는 토양 검사의 중요성을 점점 깨달아가고 있다. 여러분이 필요한 것(이에 대한 검사지 샘플이 이 책의 끝에 첨부되어 있다)을 제공해줄 수 있는 실험실을 찾아야 할 것이다. 여러분 자신의 눈으로 조사한 것의 결과와 그런 미생물 실험실 결과를 가지고서, 여러분의 땅에서 무엇이 활동하고 있는지 알 수가 있고 또 무엇이 없는지도 짐작할 수 있다. 그다음, 여러분은 그 토양 공동체의 기존 구성원들을 유지하고 지원하기 위해 무엇을 할 수 있는지를 알아야 한다. 그러나 걱정할 필요는 없다. 흙 속에 없는 것은 토양 먹이그물을 활용한 재배 기술로 활성화할 수 있으니 말이다.

15장

_흙을 건강하게 되살리고 유지하는 방법

이제 여러분의 땅에 무엇이 살고 있는지 알았으니, 그곳의 토양 먹이그물이 식물이 원하는 양분과 필요한 도움을 주는 행동을 취할 때다.

토양 먹이그물 재배법의 3대 도구, '퇴비' '멀칭' '퇴비차※'

이제야말로 미생물과 한편이 되어 '토양 먹이그물 농부/원예가'가 될 때다. 대부분의 토양에서, 첫 목표는 다양하고 온전한 토양 먹이그물을 회복시키는 일이 될 것이다. 유익한 생물들이 돌아오면서 토양뿐만 아니라 식물들에도 변화가 일어나는 것을 보게 될 것이다. 어떤 구역(예를 들어 잔디밭이나 일년초 화단)은 반응이 빨리 나타나는 반면, 다른 곳은 토양 먹이그물이 구축되거나 바뀌는 데 오래 걸린다. 땅이 보이는 반응의 많은 부분은 그전에 어떻게 했느냐에 따라 달라진다. 과거에 살충제, 제초제, 살균제, 강한 염기성 화학 비료를 쏟아부었다면, 토양 먹이그물을 완전히 새로 구축해야 할 것이다. 그렇게 하려면 일 년 이상 걸릴지도 모른다. '유기 재배'를 한 사람들은 대개 새로운 방법이나 하던 방법을 더 강화하여, 이미 자리잡은 먹이그물이 조금 바뀌게 하면 된다.

그 방법은 간단하다. 퇴비, 멀칭, 퇴비차compost tea가 토양 먹이그물을 활용하는 농부/원예가의 수단이다. 토양 먹이그물을 활용하여 그것을 복원하려면 오로지 이 세 가지 전략만 있으면 된다. 적절한 퇴비 넣기, 적절한 유기 물질로 적절하게 멀칭(피복)하기, 호기성 퇴비차AACT 뿌리기! 토양 먹이그물이 일단 자리잡으면 이 세 가지 수단을 활용하여—한 가지 수단만 가지고 할 수도 있고 한꺼번에 여러 가지를 활용할 수도 있다—토양 먹이그물을 유지할 수 있다. 잘만 활용하면 이 관리 방법들은 관행적인 화학 비료 사용을 대신할 수 있다. 이 방법은 미생물에게 먹이를 제공하는 것이며 미생물은 식물에게 먹이를 제공한다. 미생물이 행복하고 건강하고 다양해지도록 하면 여러분도 만족스러운 결과를 얻을 것이다.

토양 먹이그물의 생물들이 알려지기 훨씬 전부터 퇴비는 토양 먹이그물 생물들을 돕기 위해 사용되었다. 퇴비는 확실하고도 효과적인 재배 수단이다. 퇴비는 어떤 지역에 미생물이 퍼지게 해서 토양 먹이그물을 지원할 수 있다. 제대로 만들어진 퇴비는 토양 먹이그물에 필요한 미생물 곧 균류, 세균, 원생동물, 선형동물을 모두 가지고 있다. 퇴비는 또한 유기 물질로 가득 차 있어서 퇴비 더미 속 미생물 무리가 살 공간과 양분을 제공한다. 잘 부숙된 퇴비는 나쁜 냄새가 전혀 나지 않는다. 나쁜 냄새가 나는 것은 혐기성 미생물이 활동했다는 확실한 증거다. 좋은 퇴비는 신선한 흙냄새가 나고 언제나 기름지고 어두운 커피색을 띤다. 단 한 가지 주의할 점은, 오늘날에는 퇴비를 만드는 데 무엇이 쓰였는지 알아야 한다. 화학 물질 대부분은 퇴비 더미 속에서 빨리 분해되지 않기 때문이다.

유기물 멀칭도 토양 먹이그물을 활용한 재배의 효율적인 방법이다. 유기물이라 함은 자연적인 것, 즉 탄소와 질소로 가득 찬 것—식물의 잎, 잔디 깎은 것, 목재 부스러기 등—이다. 이런 것은 토양 공동체의 생물들에게 적당한 환경을 제공해주고 그 생물들이 먹고살 유기질 먹이를 풍부하게 제공한다. 다시 말해, 퇴비 더미를 구성하는 것들로 멀칭을 한다. 멀칭은 차가운 퇴비의 일종이다. 퇴비 더미처럼 열이 올라가지는 않지만 더 긴 시간에 걸쳐 분해될 것이다. 다양한 종류의 유기물을 재료로 하여 멀칭을 해줌으로써 다양한 토양 먹이그물 구성원들을 불러들이거나 보충할 수 있고, 그러면 그곳에서 자라는 식물이 선호하는 질소 형태를 더 많이 공급할 수 있을 것이다.

호기성 퇴비차AACT, actively aerated compost tea는 퇴비에서 쉽게 추출할 수 있는 액체다. 잘 만들어진 AACT는 본래 퇴비가 가지고 있던 것과 똑같은 미생물들을 가지고 있다. AACT는 우리 부모님, 할아버지 할머니가 만들던 옛날식 퇴비차와 구분해서 현대식 퇴비차를 가리키기 위해서 만든 말이다. 옛날에는 퇴비나 동물 똥 주머니를 몇 주 동안 물속에 넣어두는 식으로 퇴비차를 만들었다. AACT는 퇴비, 염소 제거 처리를 한 물, 미생물 양분을 섞은 것에다 공기를 불어넣어 주면 된다. 옛날식 퇴비차는 혐기성 발효가 이루어졌지만 이것은 호기성 발효가 된다.—호기성 미생물이 이로운 미생물이다. 퇴비차 재료들 속으로 공기 방울이 부글거리며 일으키는 에너지가 퇴비에 붙은 미생물을 떨어뜨려 액체 속으로 들어가게 한다. 퇴비차 속에서 미생물들이 자라고 증식해서, 땅에 뿌릴 수 있는 이로운 먹이그물 미생물 수프가 된다.

AACT는 만들기 쉽고, 퇴비에 비해 뿌리기도 쉽고, 미생물들이 더 많이 집중되어 있어서, 땅에 미생물을 넣으려고 할 때 일반 퇴비를 넣는 양보다 훨씬 적게 넣어도 된다. 이 퇴비차는 퇴비와 달리 식물의 잎 표면에 뿌려줄 수도 있다. 퇴비차 속에 있는 이로운 미생물들이 먹이와 공간을 차지하기 위해 병원균과 싸워 이긴다.

당장은 일이 더 많아도 나중에는 적어진다

퇴비, 멀칭, 퇴비차는 밭과 정원을 유지하기 위해 드는 노동량을 크게 줄여줄 것이다. 화학 물질에 의존하던 데서 미생물을 활용하는 방식으로 바꾸는 데에는 약간의 노동이 필요하지만, 한번 방향을 바꾸고 필요한 변화를 만들어놓으면 궁극적으로 할 일이 줄어든다. 미생물들이 여러분 대신 일을 하기 때문이다. 먹이그물의 동물들이 흙의 보수, 통기를 좋게 하기 때문에 물도 덜 필요할 것이다. 비료를 줄 필요도 없다. 흙 속 양분을 미생물들이 적절히 순환시키니 말이다. 그리고 작물이 선호하는 종류의 질소를 작물이 흡수할 수 있다.

병이 드는 횟수도 줄어들 것이고, 잘되지 않을 경우에는 효과적이고 쉬운 개선 방법을 쓸 수 있다. 그리고 그렇게 해서 시간과 노력이 아껴지지 않는다 해도, 경운을 하거나 흙을 뒤집는 일을 하지 않는 것만 해도 시간과 노력을 많이 번 셈이다. 가장 좋은 것은 위험한 화학 물질이 없어진다는 점, 지하수층으로 아무것도 침출되지 않는다는 점이다. 여러분이 미생물과 한편이 되면 복잡한 살포 요령 설명서 따위도 필요 없고 여러분과 가족, 애완동물의 건강을 해칠 일도 없어진다.

지금까지 토양 먹이그물을 살리는 방법들을 간단히 살펴보았다. 각각의 방법이 모두 중요하므로 한 장씩 할애해서 살펴보려고 한다. 일단 이 세 가지 방법을 활용하여 모든 규칙을 적용하기 시작했다면 예전으로 되돌아가는 일은 없으리라 확신한다.

잠깐 앞을 내다보자면

미래 일을 누가 알겠는가? 프랑크 박사가 균근균을 발견한 뒤 한 세기가 지나서야 정원과 텃밭을 가꾸는 사람들이 균근균을 구입할 수 있게 되었다. 육묘장이나 전 세계 체인점에서 토양 먹이그물의 다른 미생물들과 함께 균근균을 살 수 있다. 토양 먹이그물의 다른 생명체들 몇몇과 식물의 관계는 우리가 이 책을 쓰고 있는 동안에도 계속 연구되고 있다. 과학 기술의 발전, 이 주제에 대한 높은 관심, 생물학 관련 상품이 금전적으로 또 인류에게 줄 수 있는 혜택의 잠재력 등을 감안하면, 복원과 유지를 위한 기술을 점점 더 많이 찾아낼 것이 확실하다.

내생균

내생균Endophyte은 이미 인류를 위한 의약품으로 활용되고 있다. 그중 하나인 택솔Taxol은 아마도 항암제 중에서 가장 유명한 약일 것이다. 또 다른 의약품—특히 항진균, 항생, 항산화 특징을 지닌 약들—도 내생균을 이용해서 개발될 가능성이 있다. 이것은 원시림 보존이 시급히 필요한 또 다른 이유가 된다. 나무들과 생명의 그물을 파괴함으로써 무심코 중요한 내생균들까지 없애버릴 위험이 있기 때문이다. 지금까지 검사한 모든 식물이 내생균을 가지고 있었다는 점을 잊지 말아야 한다.

이 균들이 잔디의 성장과 건강에서 담당하는 역할, 균들이 선택하는 공생 파트너(5장을 보라)에 대해서는 엄청나게 많이 알려져 있다. 가정의 잔디밭에 뿌리는 천연 재료의 제초제와 살충제가 이 균들을 파괴하지 않을까 하는 염려는 하지는 않아도 된다. 또 다행히도 점점 더 많은 지역에서 화학 농약의 사용을 그만두거나 제한하고 있다. 우리는 잔디밭의 민들레를 제거하는 내생균 상품을 가장 고대하고 있다.

내생균의 한 속인 트리코데르마Trichoderma는 식물 뿌리와 동맹 관계를 맺는다. 트리코데르마에 속하는 균들은 거의 모든 토양에서(나무 지상부의 조직에서도) 발견된다. 그리고 배양하기 가장 쉬운 균류에 속한다. 우리는 먹다 남은 코티지 치즈를 트리코데르마 하르지아눔의 포자가 녹색으로 뒤덮은 광경을 본 적이 있고, 귀리 가루 한 줌과 섞은 퇴비 속에서 자란 트리코데르마 하르지아눔을 본 적도 있다.

트리코데르마종은 균류기생균이다. 다시 말해 다른 균류를 공격함으로써 양분을 얻는다. 이들은 유기 물질에 의존하여 살 수도 있다. 어떤 트리코데르마는 특정 유형의 균류에만 기생하고, 어떤 종류의 트리코데르마는 숙주를 가리지 않고 기생한다. 어찌 되었든 트리코데르마는 숙주 식물의 성장에 도움을 준다. 트리코데르마의 한 변종인 T-22는 옥수수가 필요로 하는 질소량을 30~40퍼센트까지 절감할 수 있다. 또 다른 변종인 PTA-3701은 선충을 억제한다. 변종 T-39가 잿빛곰팡이병을 일으키는 병균보트리티스 시네레아에 기생해서 산다는 말을 들으면 텃밭 농부들이나 가정 원예가들이 기뻐할 것이다. 트리코데르마를 함유하는 상품들이 렌즈콩에서 토마토에 이르기까지 모든 종류의 농작물을 보호하는 데 이미 쓰이고 있다. 보트리티스균 외에 푸사륨균, 리조크토니아균, 스클레로티니아균, 스클레로티움균에도 효과가 있다.

프랑키아

프랑키아Frankia는 방선균류의 한 속으로 개별 유기체가 균사 같은 긴 실을 만드는 세균이다. 프랑키아는 숙주 식물에 뿌리혹을 형성하고 질소 고정 효소nitrogenase를 만든다. 이 효소는 대기 중 질소의 단단한 분자 결합을 깨뜨리는 데 필요한 것으로, 그렇게 함으로써 질소를 암모늄으로 바꿀 수 있다. 프랑키아는 생물에 의해 고정되는 질소의 약 15퍼센트를 담당한다.

일반적으로 프랑키아는 질소가 부족한 토양에서 자라는 식물과 관계를 맺는다. 대기의 질소를 고정하여 질소가 부족한 식물들에게 도움을 줄 수 있으니, 그렇게 되는 것이 당연해 보인다. 프랑키아는 생태 교란 지역을 뒤덮는 선구종pioneer species의 뿌리에서 나타난다. 화산이 분출한 뒤, 빙하가 떨어져 나간 뒤나 모래언덕이 옮겨간 뒤의 토양에서 프랑키아를 볼 수 있다. 알래스카, 캐나다, 러시아, 뉴질랜드의 일부, 스칸디나비아 국가들 같은 추운 곳에서 프랑키아는 더욱 중요하다. 그런 곳에서는 질소를 고정할 콩과 식물이 거의 없어서 토양에서의 질소 생산이 저조하기 때문이다.

프랑키아의 어떤 종은 뿌리털을 공격하는데, 감염된 뿌리털은 프랑키아를 위한 공간을 만들어낸다. 다른 종들은 뿌리 속으로 들어가서 세포를

프랑키아와 공생 관계를 맺는 식물 뿌리에 생긴 뿌리혹. 사진: David Benson, University of Connecticut

둘러싸며 자라며, 결국에는 세포 속으로 들어간다. 그러면 새 세포가 더해지면서 뿌리와 비슷하게 생긴 것이 끝에서부터 자란다. 프랑키아는 내부에서 질소를 고정한다. 지금까지 프랑키아와 관계를 형성할 수 있는 것으로 알려진 식물의 속屬은 스물네 가지이며, 이 식물들과 관계하는 프랑키아의 종은 열두 가지다. 오리나무, 소귀나무, 도금양, 베이베리나무가 프랑키아와 질소 고정 공생 관계를 맺는 식물에 속한다.

어떤 연구에 따르면 프랑키아종은 식물 뿌리와 관계를 맺지 않고 단지 근권에 있기만 해도 질소를 고정할 수 있다. 이 사실은 프랑키아가 미생물 비료(질소)로 활용될 가능성이 있음을 보여준다. 그리고 질소가 부족한 토양의 정원에도 활용될 수 있을 것이다. 머지않아 프랑키아의 질소 고정 능력이 텃밭과 정원을 가꾸는 사람들에게도 활용될 수 있을 것 같다.

시아노박테리아

　텃밭과 정원을 가꾸는 또 다른 유용한 도구가 될 수 있는 것이 시아노박테리아다. 시아노박테리아cyanobacteria는 최소한 35억 년 전부터 존재했으며 땅과 바다 어디서나 볼 수 있다. 정원이나 텃밭을 가꾸는 사람들은 토분 옆면에 생긴 미끈미끈하고 짙은 진액이나 축축한 나무 바닥을 뒤덮고 있는 형태로 만날 확률이 높다. 엽록체 곧 광합성이 이루어지는 동안 양분을 만드는 기관은 사실상 조류藻類 속으로 들어가서 공생 관계를 맺고 살도록 진화한 시아노박테리아다. 우리가 알고 있는 식물은 바로 그런 결합의

원통 모양의 큰 시아노박테리아는 미크로콜레우스(*Microcoleus*)에 속하는 것이고, 염주알 같은 것들은 아나베나(*Anabaena*)에 속한다. 아나베나는 공기 중의 질소를 토양에 고정하는 것을 돕는 헤테로시스트라는 특별한 세포도 가지고 있다(왼쪽). 사진: Tony Brain, Photo Researchers, Inc.
콩의 뿌리혹에 사는 질소 고정 세균인 리조비아(초록색)(오른쪽). 사진: Steve Gschmeissner, Photo Researchers, Inc.

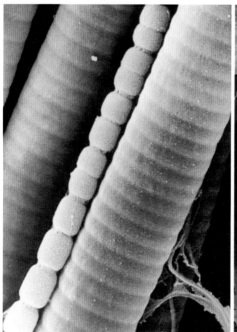
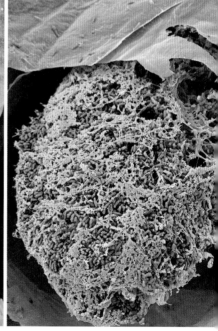

결과다. 중요한 시아노박테리아 중 하나는 논에 떠다니는 수생 양치식물(아졸라)의 잎에 산다. 그 시아노박테리아는 아졸라를 위해 질소를 만들어내고 아졸라가 죽으면 벼에게 양분을 제공하는 미생물들에게 매우 풍부한 영양원이 된다.

다른 세균들과 마찬가지로 이 단세포 광합성 미생물들은 종종 긴 실로 된 얇은 막의 군락을 형성한다. 시아노박테리아는 토양 25센티미터 깊이까지 자라며, 물을 흡수하고(물이 있는 곳이면), 다른 곳으로 이동할 때 끈적끈적한 물질을 남기고 가는데, 이 물질은 토양 입자를 결속시켜서 침식을 막도록 토양 구조를 개선한다. 제 무게의 열 배까지 물을 흡수하고 또 식물을 가뭄과 악조건으로부터 보호하는 비료를 상상해보라. 분명 시아노박테리아는 그런 상품을 현실로 만드는 데 기여할 것이다.

리조비아

1889년에 처음 발견된 리조비아Rhizobia도 콩과 식물(완두콩, 대두, 루핀, 클로버)의 뿌리와 관계를 맺는 중요한 질소 고정 세균 중 한 집단이다. 이들은 혼자서 질소를 고정하지는 않고 식물 뿌리에 들어간 뒤에만 질소를 고정한다. 뿌리에 혹을 만들면 그 속에서 세균 콜로니가 자라서 활동한다. 질소를 만든 대가로 식물은 세균에게 살 공간을 제공하고, 탄소와 단백질 같은 양분도 제공하며, 산소에 접근할 수 있게도 해준다. 그것은 참으로 대단한 관계다. 게다가 여기서 만들어진 질소 중 일부는 흙 속에 남아서 다른 식물들과 토양 먹이그물의 다른 구성원들이 이용한다.

리조비아는 시중에서 구입할 수 있으며 콩과 식물의 씨앗과 뿌리에 접종하면 빠르고 확실한 효과를 낸다. 접종 후 1분쯤 뒤에 뿌리털 반응이 일어나고 2주 안에 리조비아에서 질소가 만들어진다. 속성으로 미생물과 한편이 되는 셈이다.

인산 가용화 세균과 균류

비료에 함유된 인산 중 많은 양이 흙 속에서 칼슘, 마그네슘, 철, 알루미늄과 강하게 결합되어 불용성 인 상태로 있다. 이런 형태의 인은 식물이 흡수할 수 없다. 인산 가용화 세균들은 불용성 인산을 식물이 이용할 수 있는 형태로 바꿀 수 있는 유기산을 만들어낸다. 내생 균근균과 인산 가용화 세균 사이에는 어떤 관계가 있는 듯하다. 식물에게 이용될 수 있도록 토양 세균이 만들어낸 인도 재빨리 흡수되지 않으면 불용성으로 다시 돌아가버리는데, 내생 균근균이 가까이에 있으면 인의 일부가 흡수되어 숙주 식물에 전달된다. 인산 가용화 세균은 균사를 이용하여 인을 찾으러 다닐 수도 있다. 삼출액을 더 많이 분비해서 더 많은 가용화 세균을 끌어들이도록 내생 균근균이 식물을 자극할 수도 있다.

한 연구에 의하면, 사탕수수에 인산 가용화 세균을 접종했더니 생산량이 12퍼센트 증가하고 비료가 덜 들고 비용이 줄었다고 한다. 모든 식물은 인으로 에너지 생산을 하기 때문에 인산 가용화 세균들은 맹렬한 연구 대상이 되고 있다. 이미 가정 원예 시장의 언저리에서 그것을 이용한 상품이 나와 있으므로, 인산 가용화 세균이 더 많은 생물 비료에 활용될 것이라고 장담할 수 있다.

근권 세균

많은 근권 세균^{rhizobacteria}(근권에 사는 세균)들은 특별한 대사산물(대사에 의해 만들어지는 모든 물질)을 만들어내는데, 그중에는 지베렐린(육묘장과 농업 산업에서 널리 쓰이는 식물 생장 조절제)과 시토키닌(세포분열을 촉진하고 식물의 생장을 조절하는 물질)도 있다. 이 '식물 생장 촉진 근권 세균^{PGPR, plant growth-promoting rhizobacteria}'들도 효소를 만들어내는데, 그중 하나가 키티나아제다. 그것은 균사 벽의 주요 구성 성분인 키틴을 분해하는 데 쓰인다.

PGPR은 양분 흡수와 인의 가용화에도 도움을 주는 것으로 밝혀졌다. 어떤 경우에는 분지分枝와 뿌리털 발달을 촉진한다. 다른 어떤 대사 산물을 만들어내는지도 앞으로 밝혀질 것이다. 새로운 것이 발견될 때마다 완전히 새로운 영역이 열릴 것이고 그에 따라 토양 먹이그물 재배 도구에도 새로운 것이 덧붙여질 테니 연장 창고에 공간을 비워두시기를.

땡 큐
아 메 비

16장

_퇴비

퇴비는 다양한 토양 먹이그물 생물들의 세계 전체를 보여준다. 기름진 좋은 흙에 있는 생물들의 수가 얼마나 엄청난지는 따지지 말기로 하자. 퇴비 한 티스푼에 들어 있는 생물, 특히 미생물은 너무 많아서 다 헤아리기 어려울 정도다. 세균이 10억 마리 이상, 균사가 150~300미터, 원생동물 1만 ~5만 마리, 선형동물 30~300마리가 퇴비 한 티스푼 속에 있다. 퇴비에는 미생물 수가 엄청나게 많을 뿐 아니라 모든 종류의 미세 절지동물이 있으며, 때로는 지렁이도 있다. 한마디로 생물들이 바글바글하다.

'규칙 4'(퇴비를 사용해서 흙 속에 이로운 미생물과 생물들을 넣어주고 특정 지역에 토양 먹이그물이 형성, 유지되거나 보수되도록 한다)는 토양 먹이그물의 주요 수단으로서 '퇴비'를 제시한다. '규칙 5'는 이것을 더 상세하게 정한 것이다. 퇴비를 뿌려서 퇴비의 토양 먹이그물이 지표에 옮겨지면, 흙 속에 그와 똑같은 토양 먹이그물이 이식될 것이다. 여러분의 텃밭, 교목, 관목, 다년생 초본에 뿌려진 퇴비 속 생물들은 힘껏 증식해갈 것이다. 그런데 적절한 미

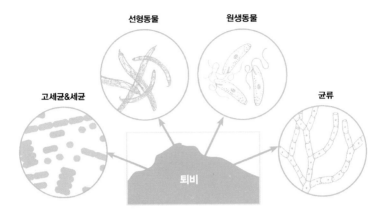

〈퇴비 속에 있는 미생물의 구조〉

선형동물　　　　　　원생동물

고세균&세균　　　　　　　　　　　　　　　　균류

퇴비

퇴비는 토양 먹이그물의 주요 생물들을 포함하며, 그 생물들은 식물의 영양 물질을 보유하고 있다. 그림 제공: Tom Hoffman Graphic Design

생물이 우점하는 퇴비를 뿌려야 식물이 필요로 하는 양분을 가장 잘 줄 수 있다.

퇴비라고 다 같은 퇴비가 아니다

정원이나 텃밭을 가꾸는 사람들은 퇴비에 대해 깊이 생각하지 않고 퇴비를 만들거나 사서 뿌린다. 어떤 퇴비든 똑같다고 여긴다. 그러나 퇴비에는 여러 종류가 있다. 퇴비 만드는 데 베테랑인 사람들도 그 사실을 듣고는 놀란다. 우리도 퇴비에 무엇이 들어가든 퇴비는 다 똑같은 생물들을 포함하고 결국 똑같은 pH를 가질 거라고 생각했다. 그런데 잘 생각해보면—그리고 특히 퇴비를 구성하는 토양 먹이그물 생물들에 대해 조금 알고 난 뒤에는—그 최종 결과물이 항상 같다는 생각이 말이 안 된다는 점이 확실해졌다. 다른 모든 시스템과 마찬가지로 무엇이 들어갔는지는 나중에 무엇이 나오느냐와 관련이 있다.

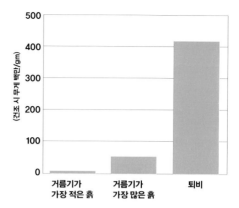

〈기름진 흙과 퇴비에 사는 세균 수〉

(건조 시 무게 백만/gm)

거름기가
가장 적은 흙

거름기가
가장 많은 흙

퇴비

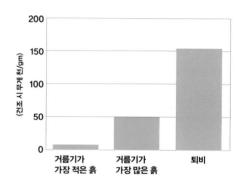

〈기름진 흙과 퇴비 속의 균류 수〉

(건조 시 무게 천/gm)

거름기가
가장 적은 흙

거름기가
가장 많은 흙

퇴비

　사실은 토양 먹이그물에 관한 지식을 조금만 활용하면 균류가 많은 퇴비를 만들 수도 있고 세균이 많은 퇴비를 만들 수도 있다. 그것은 퇴비 더미에 또는 퇴비 상자에 무엇을 넣느냐에 달려 있다. 그리고 어떤 식물들은 암모늄 형태의 질소를 좋아하고 어떤 식물은 질산염 형태의 질소를 더 좋아하기 때문에(규칙 2'와 '규칙 3' 참조), 이 두 가지 중 어느 한쪽 질소를 더 잘 만드는 퇴비를 만드는 일이 실제로 가능하다.

퇴비 만드는 법

　농부들이 토양 개선을 위해 퇴비를 사용한 것은 초기 로마 시대 이전으로 거슬러 올라간다. 식물 재배에서 퇴비가 화학 비료에 밀려난 것은 20세기에 와서 일어난 일이다. 그전에는 농장이나 정원에서 일한다면 비옥도를 높이기 위해 일상적으로 퇴비를 만들고 가축 분뇨로 만든 거름을 뿌렸다. 엔진이 말을 대신하게 되자 이 모든 상황이 변했다. 닭, 소, 돼지 같은 가축을 기르는 집이 점점 적어졌다. 특히 도시에서는 그런 집을 찾아볼 수 없게 되었다. 가축 분뇨가 부족하고 따라서 퇴비가 부족해져서 농업과 원예에서 화학 비료가 필요해진 것이다.

퇴비를 만들고 쓰는 일은 텃밭을 가꾸는 사람들에게 크게 인기를 끌며 되살아났고 정치적으로 올바른 일로 자리잡기까지 했다. 퇴비를 만들면 적어도 집에서 나오는 쓰레기 일부를 재사용함으로써 쓰레기 매립에 사용되는 귀중한 공간을 아낄 수 있다. 수십 가지 퇴비 상자가 상품으로 나와 있고, 수십 가지 책들이 수만 가지 퇴비 만드는 법을 알려준다. 그런데 어떤 방법으로 만들든, 퇴비화의 핵심은 토양 미생물에 있다. 어떤 방법으로 퇴비가 만들어지든, 퇴비 내 먹이그물을 구성하는 생물들이 퇴비를 만드는 주역이다. 그 생물들의 대사 활동이 열을 발생시키고 또 퇴비화 과정이 진행되게 하는 다른 부산물을 만들어낸다.

이 책은 퇴비 만드는 법에 대한 책이 아니므로 이 책의 한 장만 퇴비에 할애될 것이다. 여기서 이야기할 것은 퇴비화 이면에 있는 약간의 과학적 원리와, 집에서 퇴비를 만드는 기본적인 과정에 대한 것이다. 퇴비를 몇 번만 만들어보면 여러분의 식물에 가장 잘 맞는, 기후와 공간 활용도에 잘 맞는, 심지어 아내나 남편의 요구에도 잘 맞는 퇴비 시스템을 실험하고 만들어낼 수 있다. 퇴비를 만들려면 토양 미생물 외에도 열과 물, 탄소와 질소를 적당량 지닌 유기물이 있어야 한다. 이 모든 것이 적당한 비율로 섞여야 한다.

유기물은 구하기 쉽다. 잔디 깎은 뒤에 나오는 것들, 낙엽, 파쇄목, 짚, 톱밥, 나뭇가지, 그리고 과일 껍질을 비롯한 음식물 쓰레기(고기와 지방질은 뺄 것)를 모두 사용할 수 있다. 사람 똥, 애완동물 똥은 퇴비에 넣어서는 안 된다. 발효 과정의 높은 열에도 죽지 않는 병원성 미생물이 있을지 모르기 때문이다. 같은 이유에서 우리는 퇴비에 동물 똥을 사용하는 옛날 방식은 개인적으로 권하지 않는다. 동물들에게 어떤 항생제나 다른 약품을 먹였는지 알지 못하는데 위험을 무릅쓸 이유가 있겠는가? 대장균을 걱정하고 싶은 사람은 아무도 없을 것이다.

세균, 균류, 기타 미생물 대부분은 흙 속에서 하는 것과 똑같이, 퇴비 더미의 유기물에서도 탄소를 찾아다닌다. 그것이 그들 대사 활동의 에너지원이다. 미생물들은 분해 과정에서 쓰이는 효소를 만들기 위해 질소도 필요하고, 조직이나 기관, 효소를 만드는 데 필요한 단백질(미생물의 주요 구성요소인 아미노산을 포함해서)도 있어야 한다.

수분은 미생물에게 최적의 환경을 제공하기 위해 또 미생물이 죽거나 휴면 상태에 들어가는 것을 막기 위해 필요하다. 세균이나 원생동물, 선형동물이 옮겨 다니고 생명 활동을 하기 위해 필요한 물이 없으면 그들의 활발한 활동을 기대할 수 없다.

공기도 필요하다. 탄소나 질소 함유 물질을 분해하는 유익한 토양 생물들은 호기성이기 때문이다. 그들은 공기로 호흡을 하므로 산소가 필요한 것이다. 공기가 통하지 않는 상태에서도 퇴비 더미가 만들어질 수 있고 분해가 일어날 수는 있다. 그러나 알코올처럼 식물에게 해로운 물질이 만들어질 것이다. 알코올은 100만분의 1 농도로도 식물 세포를 죽게 한다. 그러므로 퇴비 더미에 공기가 잘 통하게 하는 것이 중요하다. 그래서 퇴비 더미를 뒤집어주어 공기를 불어넣는 것이다.

마지막으로 열이 필요한데, 퇴비 발효에 필요한 열은 태양에서 오는 것이 아니라 토양 생물의 대사 활동에서 나오는 것으로, 그 대부분은 세균의 활동으로 생긴다. 앞으로 보게 되겠지만, 생물들이 늘어나고 또 늘어난 생물들이 퇴비화 과정 동안 적절한 시간에 그 성격이 바뀌게 만드는 것이 바로 이 열이다.

이 재료들은 적당한 비율로 섞으면 기름지고 푸석푸석하고 짙은 커피색의 향기로운 부식토로 변할 것이다. 그리고 그 속에는 생물들이 가득할 것이다. 그 과정은 1년이나 그 이상 걸릴 수도 있지만 몇 주 만에도 좋은 퇴비를 만들 수도 있다. 그러나 어떤 방법을 쓰더라도 그 일 대부분을 하는 것은 미생물들이다.

퇴비화를 위한 적정 온도

퇴비화는 세 가지 온도 단계를 거친다. 첫 단계는 중온기다. 중온을 좋아하는 생물들은 섭씨 20~40도 정도의 따뜻한 온도에서 잘 증식한다.

이 첫 단계에도 작업은 난분해성인 섬유소 고리들에서 시작된다. 이것들은 글루코오스의 작은 고리로 분해된다. 세균은 특히 해중합(중합체를 가열하면 그 중합체가 단위체로 분해되는 현상 −옮긴이)을 잘 한다. 그러는 동안 갈색부후균(담자균류라고 하는 흔히 보는 버섯)과 어떤 세균(바실러스속, 헬리오스피릴룸속Heliospirillum)은 다른 난분해성 물질을 열심히 분해한다. 이 미생물들은 내생 포자를 만들어내는데, 이것은 화학 물질과 열에 견디는 포자다. 이것 덕분에 이 미생물들은 퇴비화의 그다음 단계인 더 뜨거운 시기를 견디고 온도가 내려가면 돌아온다.

큰 토양 생물들도 균류와 세균에 합세해서, 먹이를 찾아다니는 동안 퇴비 더미의 유기물을 분해한다. 그리고 이 동물들 중 어떤 동물의 창자에 사는 미생물들의 활동은 화학적 분해가 한층 더 많이 이루어지게 한다. 이 모든 대사 활동이 열을 만들어내 온도가 섭씨 40도까지 올라간다. 이때에는 중온균이 활동을 계속하기에는 너무 뜨거우므로 고온에 적응한 녀석들이 그 자리를 차지한다.

추운 겨울이 물러간 지 얼마 되지 않은 초봄에 퇴미 더미가 어떻게 그토록 뜨거워질 수 있는지 궁금하다면, 그 답은 간단하다. 어떤 세균들은 저온성이라는 것이다. 0도가 조금 넘는 온도에서 잘 자란다는 말이다. 그중 일부는—정말로 '쿨'한 세균은—0도 이하의 온도에서도 활동할 수 있다. 이처럼 찬 것을 좋아하는 세균들의 대사 활동이 퇴비 더미의 온도를 높

곰 팡
이 메 바

이면 더 높은 온도를 좋아하는 중온균들이 깨어나 그 자리를 대신 차지하게 만든다.

퇴비화 과정 두 번째 단계의 생물들 곧 고온균은 40~65도가 넘는 온도에서도 견딜 수 있다. 이 시기 동안 복합 탄수화물은 완전히 분해된다. 단백질 중 어떤 종류도 분해가 된다. 분해하기가 좀 더 어려운 구조인 헤미셀룰로오스도 삭는다. 더 많은 세균들(아르트로박터, 슈도모나스, 스트렙토마이세스. 기타 방선균)이 균류와 합세하거나 좀 더 눈에 띄는 역할을 하기 시작한다. 그들의 대사열 때문에 퇴비 더미의 온도가 계속해서 올라간다. 이 높은 온도는 그 속에 있을지도 모르는 병원균을 죽여 없앤다.

이 처음 두 단계는 매우 급속히 일어난다. 제대로 만들어진 퇴비 더미는 24~72시간 안에 57도까지 올라가야 한다. 탄소와 질소를 적당히 잘 섞었다면 퇴비 더미 한가운데는 하루 만에 57도까지 올라가고 사흘 안에 65

자가 퇴비 더미 뒤집기. 사진: Judith Hoersting

도까지 올라간다. 퇴비 더미의 온도가 올라가지 않는다면 산소를 공급하기 위해 뒤집어줘야 한다(다시 말해 안쪽과 바닥에 있는 것을 바깥쪽과 위에 있는 것과 위치를 바꾸어준다). 그렇게 해도 소용이 없으면 신선한 녹색 식물을 넣어주어야 한다(녹색 유기물은 분해가 쉬운 당으로 가득 차 있어서 세균에게 필요한 먹이가 되기 때문이다). 신문, 과일 껍질, 상품으로 파는 퇴비용 미생물도 온도를 높이기 위해 첨가할 수 있다.

퇴비 더미 상태를 관찰하는 일도 필요하다. 적어도 며칠 동안은 60~65도 사이를 유지하는 것이 좋다. 이렇게 높은 온도에서는 병원성 미생물이 죽기 때문이다. 65도에서는 잡초 씨도 죽는다. 그러나 퇴비 더미가 68도 이상으로 올라가게 해서는 안 된다. 그러면 탄소가 연소되기 때문이다. 과열된 퇴비 더미를 일시적으로 식히려면 뒤집어주면 된다(그렇다. 뒤집어주는 것은 열을 나게도 하고 열을 내리게 하기도 한다). 그렇게 하면 퇴비 속까지 공기를 넣어줄 뿐 아니라, 퇴비 더미 속 모든 물질이 골고루 공기를 접할 수 있다. 뒤집어주기가 열을 식히지 못하면, 물을 뿌리거나 갈색 물질을 더 넣어주어서 녹색 물질(분해가 쉬운 세균 먹이)의 비율을 떨어뜨려 균류의 먹이가 더 많아지게 만든다. 세균은 온도가 올라가게 하는 데 가장 크게 기여하는 생물이므로 열을 식히면 진행 속도가 느려질 것이다.

퇴비 더미에 손을 푹 찔러 넣어서 온도를 재어도 잘못될 것은 전혀 없다. 아니면 긴 철근 같은 것으로 찔러보아도 된다. 철근이 따끈따끈해졌으면 잘되고 있는 것이다. 그러나 온도계를 쓰면 더 정확하다. 이런 용도로 만들어진 토양 온도계를 쓰거나 오븐용 온도계를 써도 된다.

퇴비 완성의 마지막 단계, 부숙

복합 단백질과 탄수화물이 분해되고 작아지기 시작함에 따라, 물질대사 활동이 줄어들고 퇴비 더미의 온도는 낮아지기 시작한다. 중간 온도를 좋아하는 생물들은 뜨거운 온도 단계에서 살아남을 수 있도록 포자를 특별히 보호해두었기 때문에, 온도가 내려가면 다시 나타나서 고온성 세균의 자리를 차지한다. 퇴비는 마지막 부숙 단계에 들어간다.

부숙 단계에서 질긴 식물 잔해, 리그닌 등이 완전히 분해된다. 리그닌 내의 알코올 고리를 잇는 연결은 퇴비 더미 속의 그 어떤 물질보다도 극도로 강하고 구조적으로 끊기가 아주 어렵게 되어 있다. 균류와 비슷한 고리 모양의 세균인 방선균은 계속해서 이 난분해성 식물 잔해들을 공격한다. 방선균은 퇴비와 땅에서 좋은 흙냄새가 나게 하는 미생물이다. 그런 냄새는 그들이 섬유소, 리그닌, 키틴, 단백질을 분해할 때 생긴다. 이 마지막 단계에 참여하는 균류 중 하나인 담자균basidiomycetes도 계속해서 활동을 한다.

이러한 숙성기에도 물리적인 분해를 하는 생물들은 계속 미생물 팀을 뒷받침한다. 선형동물, 톡토기, 지네, 그 외 동물들이 먹이를 조각내 먹음으로써 균류와 세균이 증가하고 이 미생물이 늘어남에 따라 흙을 뭉치게 하는 이들의 활동도 활발해진다. 고온 단계의 뜨거운 열 때문에 많은 선형동물이 죽지만, 살아남은 선형동물들은 세균과 균류 먹이를 엄청 많이 갖게 된다. 선형동물은 훌륭히 자신의 임무를 수행한다. 지렁이도 퇴비 더미의 유기물을 잘게 부수어서 세균이 먹을 수 있도록 한 뒤 알갱이를 점액으로 감싸서 흙덩이를 만든다. 개미, 달팽이, 민달팽이, 진드기, 거미, 반날개(투구벌레의 일종), 쥐며느리는 퇴비 더미 속으로 들어와서 먹이를 찾아다니는 동안 유기물을 쪼개고 조각내 미생물이 공격하기 쉽게 만든다. 이 모든 생물이 매일매일 하는 일의 최종 결과가 바로 퇴비다.

처음 65도까지 올라가는 고온 단계 이후에는 퇴비 더미를 40~55도 사이로 유지하는 것이 좋다. 전체가 다 잘 분해되도록 반드시 겉에 있는 것이 가운데로 들어가도록 뒤집어주어야 한다. 완숙되기 전에 퇴비 더미의 온도가 40도 아래로 떨어지면 질소가 많은 녹색 식물체를 더 넣는 것을 고려해보라. 55도 이상이 계속되면 탄소를 함유한 갈색 식물체를 넣는 걸 생각해보라. 물론 퇴비에 공기를 넣어주는 것은 처음에는 열을 떨어뜨리지만, 온도 조절을 하려면 계속 되풀이해서 뒤집어주는 수밖에 없다. 물을 부어도 온도가 떨어지겠지만 이것은 긴급한 경우에 쓰는 방법이다.

퇴비 더미는 전체 과정 내내 촉촉해야 한다. 마르게 내버려두면 안 된다. 그러나 퇴비 더미에 공기가 공급되지 않을 정도로 축축해지게 해서도 안 된다. 퇴비를 뒤집어줄 때 물을 뿌려야 할 수도 있고 또 반대로 빗물이 들어가지 않도록 덮어두어야 할 수도 있다. 모든 것이 순조롭게 되면 퇴비가 완성된다. 두세 번 뒤집고 나면 완숙 퇴비가 되어 있을 것이다. 그 속에 있는 것이 무엇인지 알아볼 수 없는 정도가 되면 부숙이 끝난 것이다.

퇴비의 이상적인 영양 비율

퇴비를 제대로 만들려면 탄소와 질소의 비율(탄질률)이 맞아야 한다. 퇴비를 만들기에 가장 좋은 비율은 25:1에서 30:1 정도다. 탄소가 너무 많으면 질소가 금세 다 떨어져 분해 속도가 떨어진다. 질소가 너무 많은 경우, 생물들이 질소를 잡아채서 쓰고 나면, 탄소가 대기 속으로 스며 나가고 물에 섞여 씻겨 나간다. 그러나 가장 적당한 비율로 있으면 일이 빨리 되고 분해가 금방 끝난다.

텃밭 농부들은 종종 퇴비 재료로 이용할 수 있는 것을 두 가지 범주로 나눈다. 갈색 재료와 녹색 재료가 그것이다. 늙고 마른 갈색 유기물은 균류에게 도움이 되는 반면, 신선한 녹색 유기물은 세균에게 도움이 된다(규칙 6). 갈색 재료—낙엽, 나무껍질, 파쇄목, 큰 나뭇가지, 잔가지—는 탄소를 함유한다. 탄소는 토양 먹이그물의 구성원들에게 대사 활동을 위한 에너지를 공급한다. 녹색 물질—잔디 깎은 것, 막 뽑은 잡초, 음식 재료 쓰레기—은 소화하기 쉬운 세균 먹이를 많이 가지고 있고 좋은 질소 공급원이 된다. 녹색 재료들이 신선할수록 퇴비 더미에 기여할 질소도 많다. 질소는 토양 먹이그물 생물들에게 단백질을 위한 기초 재료를 제공한다. 그것은 분해 과정에 필요한 소화 효소를 만드는 데에도 쓰인다.

손에 넣을 수 있는 모든 유기물 쓰레기가 다 좋은 탄질률을 가진 것은 아니다. 예를 들어 톱밥은 500:1이고, 종이는 170:1이다. 여러분이 손쉽게 구할 수 있는 두 가지 유기물은 잔디 깎은 것(19:1)과 나뭇잎(40:1~80:1)이다. 두 가지를 섞으면 적정 비율이 될 것이다.

퇴비에 균류가 많아지거나 세균이 많아지도록, 아니면 둘이 균형을 이루도록 퇴비 재료를 조절할 수도 있다. 갈색 재료를 늘리거나(균류의 양이 많아진다) 녹색 재료(세균 수가 많아진다)를 늘리면 된다. 균류가 많은 퇴비 제조법은 5~10퍼센트의 알팔파^{자주개자리} 가루, 막 깎은 잔디를 45~50퍼센트, 마른 잎이나 작은 나무 조각을 40~50퍼센트가 되도록 넣는 것이다. 세균 퇴비 제조법은 알팔파 가루 25퍼센트, 잔디 깎은 것 50퍼센트, 마른 잎이나 나무껍질 25퍼센트로 하는 것이다.

다시 말하지만, 퇴비에 들어가는 녹색 재료는 먹기 좋은 단당류와 많은 질소를 제공하므로 세균 증식에 아주 좋다. 퇴비 속의 갈색 재료들은 난분해성인 리그닌, 셀룰로오스, 탄닌(그리고 질소도 약간)으로 구성되어 있다. 균류는 이런 종류의 재료를 더 좋아하고 그것을 분해할 효소를 가지고 있다. 균류가 분해한 다음에야 세균이 그것을 공격할 수 있다.

다른 중요한 요소들

퇴비 내 세균은 7~7.5의 pH를 지켜주는 경향이 있다. 퇴비 속에 있는 균류는 5.5~7 정도의 pH를 유지시키면서 퇴비가 강한 알칼리성이 되는 것을 막아준다. 퇴비에 균류용 재료가 많을수록 pH는 떨어진다. 어느 정도까지는 말이다.

무기질 비료, 살충제, 제초제, 진드기 약, 살균제 들은 토양 먹이그물 구성원들을 죽여 없애므로 퇴비 만드는 데 아무 역할도 하지 않는다. 퇴비 더미에 들어가는 재료는 이런 화학 물질이 없는 것이어야 한다. 화학 물질도 시간이 지나면 분해되겠지만, 퇴비를 뿌리기 전에 분해되지는 않을 것이다. 또 그렇게 할 필요가 없는데 왜 화학 물질의 위험을 무릅쓰겠는가? 게

다가 이 화학 물질 중 많은 것이 미생물에 작용할 때에는 비선택적이기 때문에 발열과 분해 역할을 하는 미생물을 없앰으로써 퇴비화 과정 자체에 간섭할 수가 있다.

퇴비 더미에 넣는 재료의 크기도 중요하다. 너무 미세한 것을 넣으면 퇴비 더미가 압축되어 금세 공기가 통하지 않게 될 것이다. 재료가 너무 크면, 공기가 너무 잘 통해서 퇴비 더미의 온도가 너무 많이 올라갈 것이다. 재료가 너무 크면 제대로 또는 빨리 분해되지 않는다. 세균이 빨리 그 속으로 들어가서 충분히 증식할 수가 없기 때문이다. 퇴비 더미에 넣는 재료 크기는 균형이 잘 맞아야 하는데, 스스로 실험을 해봐야만 필요한 것을 알게 되고 또 원하는 대로 조절할 수 있다.

그리고 퇴비 더미는 부피가 어느 정도는 되어야 한다. 열이 제대로 올라가려면 약 1세제곱미터 정도의 부피가 되어야 한다. 퇴비 더미를 더 크게 만들 수도 있지만 부피가 커지면 일이 더 많아지는 문제가 있다. 퇴비 더미 전체를 뒤집어서 공기가 통하게 해주는 작업을 최소한 몇 번은 해주어야 혐기 발효를 막을 수 있다. 우리 경험으로는, 가로세로 6피트(182센티미터 정도)가 기계의 도움 없이 뒤집어줄 수 있는 최대 용량이다.

말 그대로 유기물 재료를 쌓아놓고 퇴비를 만드는 일은 아주 쉽다. 재료를 땅 위에 그냥 쏟아놓고 섞기만 하면 된다. 어떤 사람들은 바닥에 칸막이를 해서 재료를 넣고 뒤집는 일을 더 쉽게 하는 것을 선호한다. 이런 사람은 울타리로 둘러싸거나 닭장용 철사로 지름 1미터, 높이 1.5미터 내외의 퇴비 칸을 만들면 좋다. 콘크리트 블록을 바닥에 놓고 나무 팔레트나 판자를 얹으면 퇴비 더미 속으로 공기가 잘 통하고 노동도 줄어들 것이다. 어떤 사람들은 퇴비 드럼통을 회전시키는 방법을 쓴다. 유기물 재료를 넣은 다음 공기가 통하게 해주려면 드럼통을 몇 번 굴려주기만 하면 된다. 통 속 재료들이 너무 축축해지지 않게 하는 법을 알아내기만 하면(밀폐 시스템의 고질적 문제다) 아주 효과적인 방법이 될 것이다. 이번에도 역시 여러분이 취향과 필요에 맞게 실험할 필요가 있다.

농부가 퇴비에 공기를 넣어주기 위해 퇴비를 뒤집고 있다. 사진: Ken Hammond, USDA-ARS

어떤 장비를 사용하든, 퇴비 더미가 촉촉한지 늘 관찰해야 한다. 10~15센티미터 높이의 층을 쌓아가는데, 녹색 재료와 갈색 재료를 번갈아 넣으면서 각 층이 촉촉한지 확인해야 한다. 대사 활동이 시작되고 나면 퇴비더미가 분해 과정 내내 촉촉함을 유지하도록 해야 한다. 퇴비 더미가 축축한 것은 원치 않을 테니(그러면 혐기성 발효가 일어날 것이다), 필요하면 젖은 것과 마른 것을 섞어 넣는 것이 좋다. 건조한 계절에 퇴비를 만든다면, 퇴비더미 꼭대기를 평평하게 하거나 오목하게 해서 비가 올 때 빗물이 고이게하라. 비가 많이 오는 철에 퇴비를 만들고 있다면, 퇴비 더미에 덮개를 씌우거나 밀폐된 통 속에서 퇴비를 만드는 것을 고려해보라.

퇴비 더미가 너무 축축하면 열이 제대로 나지 않는다. 퇴비를 한 줌 덜어내서 꼭 쥐어짜면 물이 몇 방울 정도만 떨어져야 한다. 그 이상 떨어지면곤란하다. 퇴비 더미가 너무 축축하면, 마른 재료를 더 넣고 뒤집어준다.이것은 힘든 일이지만 처음부터 제대로 하는 편이 낫다.

퇴비에서 나는 열이 대부분의 경우 잡초 씨와 병원균을 죽여 없애지만, 병원균이 있는 물질이나 독성이 있는 잡초를 넣는 위험을 무릅쓸 이유는 없다. 퇴비 만드는 요령을 익히고 '거의 퇴비가 다 된' 것과 좋은 퇴비를 구분할 수 있게 될 때까지는 말이다. 그 둘의 차이는 아주 크다. 병원균과 잡초 씨가 완전히 없어지도록 확실히 하려면 퇴비화 과정을 완전히 끝내야 한다.

좋은 퇴비가 되었는지 어떻게 아는가? 시험을 해보면 된다. 생물학 실험실에 보낼 수도 있지만 집에서 할 수 있는 쉽고 값싼 시험 방법이 있다. 바로 냄새를 맡아보는 것이다. 토사물 냄새나 썩은 냄새, 시큼한 냄새 등 나쁜 냄새가 나면, 거기에는 혐기성 생물과 그 부산물이 생긴 것이므로 사용해서는 안 된다. 암모니아 냄새 같은 것이 나면 퇴비가 아직 완성되지 않은 것이다. 어느 쪽이든, 혐기적 조건을 바꿔주기 위해서는 공기를 넣어주어야 한다. 그리고 며칠 두었다가 다시 한 번 코로 테스트해본다. 여러분은 신선한 흙냄새가 어떤 건지 알 것이다. 좋은 퇴비는 '깨끗한' 냄새도 나야 한다.

퇴비 속에 뭔가를 심을 수도 있다. 좋은 퇴비는 식물의 생장을 돕는다. 균류와 세균을 잡아먹는 포식자가 충분치 않으면 균류와 세균이 지닌 양분이 순환되지 않을 것이다. 그것은 식물에서 어떤 결핍이 있는지를 보면 알 수 있다.

게으른 이들을 위한 퇴비 제조법

현대식 '인스턴트 퇴비' 믹스는 갈색 나뭇잎 3세제곱야드(약 2.7세제곱미터), 동물 사료 가게에서 파는 알팔파 가루 50파운드(22킬로그램 정도)짜리 한 자루가 필요하다. 나뭇잎이 잘게 쪼개져 있어서 세균이 곧바로 분해 작업에 들어갈 수 있으면 훨씬 더 잘될 것이다. 알팔파 가루를 구할 수 없으면 같은 양의 잘라낸 잔디로 시작해보라. 이 퇴비 더미의 온도가 너무 많이 올

뱅 큐
아 메 바

라가면 풀의 양을 줄여야 한다. 열이 충분히 나지 않으면 풀을 더 많이 넣어야 한다. 수분과 공기가 적당하다고 가정할 때의 이야기다. 잔디 자른 것을 하루이틀 말렸다가 퇴비 더미에 넣으면 엉키지도 않고 냄새도 나지 않는다는 것을 우리는 경험을 통해 알아냈다.

퇴비를 층층이 쌓을 때에는 나뭇잎을 10센티미터 두께로 쌓고 그다음에 알팔파 가루(또는 풀)를 같은 두께로 한 층 쌓고 또 나뭇잎 한 층, 다시 알팔파 가루 한 층을 쌓는 식으로 해나가는 것이다. 각 층마다 가볍게 물을 뿌린 뒤에 그다음 층을 쌓아야 한다. 쌓을 때 막대기나 나뭇가지를 꽂아두면 퇴비더미 한 가운데까지 통기가 잘 된다.

여러분의 미생물 부대가 필요로 하는 유기 물질을 2.3세제곱미터 이상 쌓았다면, 부대원들이 일하러 갈 것이다. 24시간 안에 온기가 느껴질 것이다. 그다음에는 온도를 확인해야 한다. 65도를 넘어서도 안 되고 40도 이하로 떨어져서도 안 된다. 퇴비가 완숙 단계에 이르기 전까지는 뒤집어주기가 열을 올리는 효과가 있으나 완숙 단계 이후에는 뒤집어줘도 온도가 올라가지 않는다. 미생물들이 다시 조화롭게 일을 시작하기 전에는 일시적으로 뒤집어주기가 열을 떨어뜨린다. 물을 뿌려서 열기를 식혀도 된다.

이렇게 하기에는 일이 너무 많다고 느껴진다면 저온 발효 퇴비를 시도해보라. 그냥 마당 구석에 유기물을 쌓아두고 내버려두는 것이다. 이렇게 해도 결국에는 분해가 되는데, 다만 매우 천천히 분해될 뿐이다. 저온 퇴비화는 1년 이상이 걸릴 수도 있다. 반면 고온 퇴비화는 몇 주면 완성된다. 그러나 최종 결과가 퇴비라는 것은 마찬가지이고, 퇴비 더미에 유기체들이 적절히 구성되어 있기만 하면 어느 방법을 택하든 상관없다. 저온 발효 퇴비에는 지렁이, 딱정벌레, 노래기, 기타 미세 절지동물과 대형 절지동물이 더 많다는 점은 알아둬야 한다. 그러므로 여러분이 아무리 힘이 넘쳐도, 저온 발효 퇴비 더미를 늘 만들어두고 서서히 퇴비가 되도록 하는 것도 좋다. 그리고 퇴비가 가져다주는 다양한 토양 생물들은 여러분의 정원이나 텃밭에 이로움만 줄 것이다. 토양 먹이그물에서 구성원이 다양해진다는 것은 병원균을 없애거나 억제할 능력이 더 좋아진다는 것을 의미한다. 직접적인 공격으로 그렇게 될 수도 있고, 양분과 공간을 서로 차지하려는 경쟁의 결과로 그렇게 될 수도 있다.

지렁이 퇴비

유기물이 지렁이를 통과하면 지렁이 퇴비가 만들어지는데, 이런 퇴비는 거의 항상 세균이 우점한다(균류는 지렁이의 소화에 거의 관여하지 않는다). 퇴비에서 열이 나면 지렁이가 죽으니까 퇴비 더미에서 열이 나게 해서는 안 된다. 대신에 지렁이들(즉 지렁이 몸속의 세균들)이 유기질을 소화시켜서 지렁이 퇴비, 즉 분변토를 만들게 하는 것이다. 이 일을 하는 특별한 지렁이는 시중에서 구입할 수 있고 또 지렁이를 키울 작은 통도 사거나 만들 수 있다. 이 통은 단순한 나무 상자나 플라스틱 상자면 된다. 퇴비 상자에서 막 꺼냈을 때에 지렁이 퇴비는 세균이 우점한 상태다. 분변토—탄수화물과 단순 단백질뿐만 아니라 다당류로 코팅이 되어 있는—는 세균 증식을 완벽하게 도와준다.

지렁이 퇴비를 만들 때에는 음식물 쓰레기(지방질이나 고기 제외), 종이, 판지, 나뭇잎, 녹색 풀 등으로 시작하는 것이 좋다. 그렇지 않으면 일반적인 퇴비 더미를 쌓을 때 쓰는 것과 똑같은 재료를 사용해도 된다. 재료에 잡초가 포함되어 있다면, 그것을 상자에 넣기 전에 고온에서 퇴비가 발효되게 한 뒤에 상자에 넣는다. 이렇게 하면 지렁이 상자에서 원치 않은 묘목이 자라는 사태를 예방한다. 지렁이들이 좀 더 빨리 소화할 수 있도록, 갈색 재료는 모두 조각내거나 부수는 게 좋다. 운이 좋으면 재료에 미세 절지동물이 포함되어 있어서 지렁이를 위해 유기물을 물리적으로 잘게 부수는 데 도움을 줄 것이다. 지렁이 상자를 마당에 두면 절지동물과 곤충이 그 속에서 활동할 것이다.

흙에 생명을 불어넣기 위해 많은 퇴비가 필요한 것은 아니다. 땅에 미생물을 넣으려면 적당한 퇴비(작물에 따라 균류 우점 또는 세균 우점의 퇴비, 균형 잡힌 퇴비)를 작물 주위에 0.5~2센티미터 덮는다. 균류 퇴비는 교목, 관목, 다년생 초본 대부분에 주어야 하고, 세균 퇴비는 채소와 일년생 초본, 잔디에 주면 좋다(토양 먹이그물 활용 '규칙 1'에서 '규칙 4'까지 복습할 것!). 퇴비는 6개월만 지나도 땅속에서 마법을 부릴 수 있다. 그렇게 짧은 시간만 지나도 새로운 토양 생물이 지표 15~38센티미터 아래에 분명하게 나타날 것이다. 이 새로운 생물과 함께 토양 먹이그물의 모든 혜택을 얻을 수 있다. 바꿔 말하면 흙을 부슬부슬하게 만들고, 통기·보수·배수를 좋게 하고, 양분을 더 잘 붙잡고 흡수하는 흙이 된다. 일년이 지나면 약 46센티미터 아래의 깊은 땅에서도 토양 생물이 살 수 있다.

재료를 모으고 퇴비 더미를 만드는 것은 상당히 손이 많이 가는 일이다. 그러나 퇴비가 주는 혜택은 토양 먹이그물 관리 측면에서 보자면 거의 계산이 불가능하다. 퇴비는 토양 먹이그물을 활용하는 농법의 필수 불가결한 도구다.

17장

_멀칭

멀치[mulch]는 수분 증발을 줄이고 잡초 생장을 막고 식물 뿌리를 덮어주기 위해 흙 위에 얹어주는 모든 것을 가리킨다. 이 정의에 비추어보면 비닐은 아주 훌륭한 멀치가 된다. 그러나 이 책의 취지에 맞게 우리는 유기질 멀치에만 관심이 있다. 유기질 멀치란 생물 유체에서 나온 것으로 토양 먹이 그물 생물들에 의해 다시 양분으로 순환될 수 있는 것을 말한다. 유기질 멀치에는 나뭇잎, 부엽토, 오래된 솔잎, 잔디 깎은 것, 오래된 수피와 파쇄목, 짚, 잘삭은 축분(꼭 써야 한다면), 해초, 삭은 식물 잔해, 종이 등이 포함된다.

멀칭이 필요한 새로운 이유들

사람들은 텃밭이나 정원에 멀칭을 하는 이유에 대한 표준 답안에 익숙하다. 두터운 덮개를 얹어주면 잡초가 이미 자란 경우에는 햇빛을 차단하여 못 자라게 하고, 애초에 잡초 싹이 못 트게 하기도 한다. 멀치는 조경으로 꾸민 곳에 더 깨끗한 인상을 주고, 너무 더운 날씨에는 흙을 시원하게 해준다. 추운 곳에서는 멀치가 보온 효과가 있으며, 동결과 해동이 되풀이되는 곳에서는 흙을 동결 상태로 유지함으로써 식물이 너무 일찍 자라는 것을 예방한다. 또 멀치는 폭우로 땅이 딱딱해지는 것을 예방한다. 흙에서 수분이 증발하는 것도 크게 줄인다.

멀칭mulching을 하는 여러 가지 이유 목록에서 빠진 것은 멀치가 어떤 토양 먹이그물 생물들에게 서식처와 양분을 제공한다는 점이다. 또 좋은 멀치는 토양 먹이그물의 혜택을 흙 속에 불어넣는 놀라운 일을 한다. 예를 들어 지렁이는 멀치로 쓰인 재료를 땅속 굴로 많이 물고 들어가서 잘게 부순다. 그 결과는 양분이 풍부한 지렁이 똥과 더 많은 지렁이, 지렁이 굴, 보수력 개선, 통기성 개선이다. 모든 종류의 미세 절지동물, 대형 절지동물이 멀치 안에 살 수 있고, 그 속에서 분해 속도를 높이며, 흙의 유기물 함량을 높이고, 토양 먹이그물의 다른 구성원들을 끌어들인다.

토양 먹이그물에 미생물을 곧바로 투입하는 퇴비에 비하면 멀치의 효과는 크지 않은 것이 사실이다. 토양 먹이그물에 속한 생물의 다양성 면에서 멀치는 퇴비에 대적이 안 된다. 멀치의 분해 과정은 완전히 끝마쳐지지 않는다(시작되지 않기도 한다). 그래서 멀치는 퇴비만큼 생물들의 수와 다양성이 풍부하지 않다.

멀치는 세균과 균류가 신나게 먹어치울 거리를 잔뜩 제공함으로써—세균과 균류보다 선형동물, 원생동물이 좋아하는 먹이가 아니라면—양분이 묶여버리며, 그 결과 그 구역 식물들에게 해가 될 수도 있다는 점 또한 사실이다. 이것은 멀치가 잡초를 잘 잡는 또 다른 이유다. 다시 말해 멀치 내부의 생물이 질소, 황, 인산염, 그 밖의 멀치 아래 지표면의 양분을 붙잡아두는데, 뿌리가 얕은 잡초는 이 양분을 흡수할 수 없다. 반면 우리가 재배하는 식물은 흙 속 더 깊은 곳까지 뿌리를 내리고 있어서 괜찮다. 그러나 멀치가 제대로 쓰이면 멀치의 양분이 순환될 수 있다.

지금쯤 여러분이 확실히 알아야 할 멀치의 좋은 점 한 가지는 이것이다. 멀치의 종류를 제대로 택해서 활용하면 균류나 세균의 우점을 확립할 수 있다는 점이다.

풀 멀치와 낙엽 멀치

'규칙 6'이 여기서 적용된다. 오래된 갈색 유기물로 된 멀치는 균류를 증식시킨다. 생생한 녹색 유기물 재료의 멀치는 세균을 증식시킨다. 갈색 낙엽으로 덮으면 균류가 급격히 늘 것이고, 녹색 멀치로 땅을 덮으면 세균이 순식간에 늘어날 것이다. 어느 쪽이든 결국에는 미세 절지동물, 절지동물, 지렁이, 기타 토양 먹이그물 참가자들을 끌어들인다. 이 생물들은 멀치 속을 돌아다니면서 멀치 조각을 흙 속으로 끌고 가고, 조각내고, 멀치 내부에 굴을 뚫고, 먹이그물의 다른 구성원들을 새로운 장소로 옮길 것이다. 여러분은 이제 토양 먹이그물이 어떻게 발전해가는지 그 순서를 알고 있을 것이다.

좋은 유기질 멀치를 공짜로, 또는 싼 값에 구할 수 있다. 깎아낸 잔디는 가장 쉽게 이용할 수 있는 녹색 멀치로 세균이 먹는, 세균을 유인할 수 있는 필수 당분을 모두 가지고 있다. 제초제와 살충제가 뿌려졌던 잔디밭에서 나온 것은 피하는 것이 좋다. 이때 풀을 너무 두껍게 쌓지 않도록 조심해야 한다. 멀치가 너무 두꺼우면 혐기성 발효가 시작될 수 있다. 그러면 고약한 냄새나 열이 나서 토양 먹이그물을 간섭할 수도 있다.

우리가 선호하는 갈색 멀치는 가을에 모아두었던 낙엽이다. 이것은 아주 잘게 갈지 않는 한 균류가 증식하는 것을 돕는다(곱게 갈아서 쓰면 세균이 이용하기 좋은 상태가 되므로 세균이 균류보다 우세해진다). 우리 경험에 따르면 나뭇잎 멀치는 파쇄목보다 균류가 더 많이(또는 더 빨리) 자란다.

피트모스peat moss도 갈색 멀치로 종종 사용된다. 그러나 이것은 살균되어 있어서 미생물을 불러들이려면 다른 재료와 섞어야 한다. 구하기 쉬운 또 다른 갈색 멀치는 솔잎이다. 솔잎도 좋은 멀치가 되지만 약간 오래된 것만 사용해야 한다. 솔잎에는 테르펜이 함유되어 있는데, 이 물질은 많은 식물들에게 유독한 휘발성 물질이다. 삼나무 파쇄목도 높은 수준의 테르펜을 함유하고 있으므로 피해야 한다. 그러나 다른 파쇄목 대부분과 톱밥은 훌륭한 갈색 멀치 재료이고 좋은 효과를 낸다. 특히 오래된 것이거나 어떤 형태의 유기질 질소와 섞인 경우엔 더욱 그렇다. 녹색 풀이나 알팔파 가루 같은 것을 섞어서 탄질율을 적당히 맞추면 멀치 안 토양 미생물들에게서 아무것도 빌려올 필요가 없다.

멀치가 얼마나 오래 효과를 발휘하는지는 멀치의 종류에 달려 있다. 예를 들어 수피 조각 5센티미터를 깔았다면 3~4년은 갈 것이다. 수피의 리그닌, 셀룰로오스, 왁스는 미생물이 분해하기 어렵기 때문이다. 그동안은 균류가 우점할 것이다. 그런가 하면 나뭇잎은 6개월 만에 완전히 분해될 수

낙엽은 훌륭한 갈색 멀치가 된다. 사진: Judith Hoersting

있다. 처음에는 균류가 우점하지만, 멀치 재료 속으로 세균이 들어갈 수만 있으면 그다음부터는 세균이 늘어난다.

멀치를 어디에 어떻게 덮느냐도 중요한 역할을 한다. '규칙 7'(지표 위에 놓인 멀치는 균류 증식을 돕고, 흙 속으로 들어간 멀치는 세균 증식을 돕는다)이 의미하는 것은, 한 종류의 멀치—예를 들어 나뭇잎—로도 두 가지 중 하나가 우점하도록 선택할 수 있다는 점이다. 멀치 대부분을 흙 속에 묻으면 세균이 좀 더 편하게 살 수 있을 것이다. 지표 위에 두면 균류가 잠시 분해 활동을 독점할 것이다. 균류는 흙에서 멀치로 옮겨가는 것이 조금 더 쉽기 때문이다.

그게 다가 아니다. 멀치의 조건도 중요하다. 멀치를 축축하게 하고 완전히 갈아버리면 세균 콜로니화의 속도가 더 빨라진다(규칙 8). 세균은 축축한 환경이 필요하다. 그렇지 않으면 휴면 상태에 들어간다. 그리고 재료를 잘게 부수면 표면적이 훨씬 더 넓어진다. 표면적이 넓어진다는 것은 그 속으로 들어가기가 쉽다는 뜻이고, 그러면 세균이 쉽게 증식한다. 균류가 먹이에 다가가지 못하도록, 이 세균들 중 일부는 균류 성장을 억제하는 항생물질을 분비한다. 그것은 세균이 일단 자리를 잡은 뒤 우점을 획득하기 쉽도록 한다. 만약 세균이 더 많아지기를 원하면 잘게 썰어서 물에 적신 녹색 멀치를 사용하라. 갈색 멀치 재료밖에 없는데 세균이 우점하도록 해야 한다면, 갈색 재료를 아주 잘게 썬 다음, 지표에서 몇 인치 깊이의 흙 속에 그것을 섞어 넣으면 된다.

반대로 거칠고 건조한 멀치는 균류 활동을 돕는다(규칙 9'). 35퍼센트 습도 이하의 멀치는 '건조한 멀치'로 간주된다. 물론 균류도 증식하고 성장하려면 습기가 필요하지만, 세균이 습기에 더 많이 의존한다. 균류의 활동을 원한다면 갈색 잎이나 파쇄목을 사용하라. 가루로 만들거나 물을 많이 적시지는 말아야 한다. 그리고 지표면 위에 그것을 깔아둔다.

다시 기억해야 할 탄질률

멀치가 분해되기 위해서는 공기, 물, 탄소, 질소, 그리고 생물들의 적절한 활동이 필요하다. 그리고 다시 한 번 말하지만, 탄소 대 질소의 비율, 곧 탄질률이 작용한다. 멀치에 탄소가 풍부하지만 질소가 별로 없다면, 또는 비율이 30:1이나 그 이상이면, 분해 미생물이 멀치 내의 질소를 다 써버릴 것이고 그게 다 떨어지면 멀치가 접한 흙에서 질소를 가져올 것이다.

사람들은 이렇게 질소를 많이 도둑맞지만 그런 일은 보통 흙과 멀치가 접한 얇은 면에서만 일어난다. 흙과 멀치의 접촉면에는 실제적인 영향을 미치지만, 대체로 근권이나 뿌리 부근에 사는 세균, 균류에게는 영향을 미치지 않는다. 그러나 문제를 애써 끌어들일 이유는 없다. 우리가 경험으로 배운 바에 따르면, 파쇄목 멀치 아래의 흙에서 질소가 고정될 확률은 파쇄목이 10센티미터 이상이 될 때 줄어들 수 있다. 이것은 작은 파쇄목에서 보이는 세균 콜로니화를 가로막는다. 그리고 멀치에 관한 한, 주변 흙에서 질소를 고정하는 일은 주로 세균이 한다.

멀치 깔기

멀치는 구하기 쉽고, 토양 먹이그물을 살리는 데 쓰기 좋으며, 다루기도 쉽다. 그저 규칙을 적용하여 적당한 멀치(녹색이냐 갈색이냐, 축축한 멀치냐 건조한 멀치냐, 거친 것이냐 고운 것이냐를 택하여)를 적절한 방식으로(파묻을 것이냐, 지표를 덮을 것이냐), 식물(채소, 일년생 초본, 잔디, 교목, 관목, 다년생 초본) 주위에 덮어두라. 이것은 조심해야 한다. 5~7.5센티미터 이상으로 두껍게 깔면 양분과 공기를 가로막고 균근균을 죽게 할지도 모른다. 식물의 줄기나 나무 둥치까지 멀치에 파묻히게 해서는 안 된다. 식물 자체가 미생물에 의해 분해될 수 있으니 거리를 약간 두어야 한다.

여러분이 이미 땅에 멀치를 하고 있다면 멀치가 어떤 훌륭한 일을 하는지 알 것이다. 잡초를 못 자라게 하고, 여름에 습기를 머금고, 겨울에 단열재 역할을 한다. 멀치가 일을 많이 줄여주지 않는가? 식물이 좋아하는 종류의 질소를 주는 데 멀치를 이용한다면 얼마나 일이 많이 줄지 상상해보라. 그러니 지금까지 멀칭을 할 때 실수한 부분이 있다면 바로잡고 적당한 종류의 멀치를 적당한 방식으로 여러분이 키우는 식물 각각에 맞게 덮어라.

멀치는 퇴비와 함께 사용하면 탁월한 효과를 보인다. 먼저 퇴비를 넣은 다음 멀치로 덮어라. 흙과 섞인 퇴비 속 생물들이 멀치에 미생물을 옮기고 멀치도 분해되기 시작한다.

마지막으로, 여러분이 원하는 세균과 균류를 모두 멀치에서 키울 수 있다. 그러나 적절한 양분 순환자가 있지 않으면, 특히 원생동물과 선형동물이 없으면, 식물에 큰 영향을 주지 않을 것이다. 여러분이 직접 원생동물을 키울 수도 있는데 그렇게 하려면 잔디 깎은 것, 알팔파, 건초, 짚을 염소 제거 처리를 한 물 속에 사나흘 담가두라. 호기성이 유지되게 하기 위해 수족관 공기 펌프나 공기돌air stone(수족관 용품 파는 곳에서 구할 수 있다)로 공기 방울이 나오게 하는 것도 좋다. 이것을 자세히 보면 원생동물이 돌진하는 모습이 보일 것이다(돋보기를 쓰면 확실히 볼 수 있다). 이 원생동물 수프를 멀치에 붓는다. 그러면 멀치의 양분 순환 능력이 더 커질 것이다.

18장

_퇴비차 茶

토양 먹이그물을 활용한 재배법의 세 번째 도구는 미생물을 토양에 되돌려주는 퇴비차 compost tea다. 다른 두 가지 도구(퇴비와 멀칭)를 활용하는 일은 약간의 어려움이 있을지 몰라도 퇴비차는 그렇지 않다. 퇴비 더미 뒤집기는 무척 힘든 일이고, 텃밭이나 정원이 작지 않고 교목과 관목이 많으면 퇴비와 멀치 재료를 수레로 나르고 뿌리는 것도 상당히 힘든 일이다. 땅이 아주 넓다면 퇴비와 멀치가 아주아주 많이 있어야 한다. 그런데 이 두 가지 도구의 주요 문제는? 뿌리 부근까지 이르는 데 시간이 좀 걸린다는 점이다. 그리고 멀치와 퇴비는 잎에 뿌리는 것이 아니다. 식물은 잎에서 삼출액을 분비해서 세균과 균류를 엽권 곧 잎 표면 구역으로 유인한다. 근권에서와 마찬가지로 엽권에서도 미생물들이 공간과 먹이를 두고 병원균과 경쟁을 벌여서 잎 표면이 공격받지 않게 보호할 수도 있다. 그런데 퇴비와 멀치로는 미생물을 근권과 엽권에 즉시 투입할 수 없다.

그와 달리 호기성 퇴비차는 토양에도 잎 표면에도 시비 施肥하기가 좋고 필요한 곳에 바로 뿌릴 수가 있다. 퇴비차는 텃밭과 정원의 토양 먹이그물 미생물을 관리하는, 빠르고 값싸고 확실히 매혹적인 방법이며, 퇴비와 멀칭의 한계를 손쉽게 극복하는 방법이기도 하다.

전통적인 퇴비차

호기성 퇴비차가 퇴비 침출액, 퇴비 추출물, 두엄차※와 혼동되어서는 안 된다. 퇴비 침출액 등은 모두 농부들이 수백 년 동안 써온 것이다.

퇴비 침출액은 퇴비가 눌려서 또는 퇴비 속으로 물이 흘러서 우러나온 액체다. 물론 이 액체도 약간의 색을 띠고 있고 영양가가 조금 있을지도 모르지만, 침출액은 토양에 미생물을 옮겨놓는 일과는 관련이 없다. 퇴비 속에 있는 세균과 균류는 생물학적 접착제에 의해 유기물과 흙 알갱이에 딱 붙어 있어서 쉽게 떨어지지 않는다.

퇴비 추출물은 퇴비를 물속에 1, 2주 또는 그 이상 담가놓아 만드는 것이다. 그 결과물은 혐기성 발효 혼합액이다. 표면에서는 약간의 호기성 발효가 일어났을 수도 있지만 말이다. 호기성 미생물들이 사라진 것만으로도(혐기성 병원성 미생물과 알코올을 함유하는 위험은 차치하고) 퇴비 추출물은 들인 노력에 비해 가치가 없다. 우리는 퇴비 추출물 사용이 안전하다거나 권장할 만하다고 생각하지 않는다.

두엄차는 분뇨 자루를 물속에 3~4주 동안 매달아서 만든다. 분뇨를 사용하는 것은 병을 끌어들이는 일과 다름없다. 특히 혐기적 조건에서는 사실상 대장균의 존재를 보장하는 일이다. 우리는 우리의 흙에서 이로운 미생물들이 활동하고 있기를 원하는데, 이로운 미생물을 얻으려면 공기를 잘 통하게 해야 한다.

현대식 퇴비차

현대식 퇴비차는 호기성 혼합물이다. 제대로 만들어지면 그것은 이로운 호기성 미생물들이 응집된 액체가 된다. 예를 들어 퇴비 한 티스푼에 있던 세균 10억 개가 호기성 퇴비차에서는 한 티스푼에 40억 개로 늘어난다. 이 퇴비차는 탈염소 처리한 물에 퇴비를 넣고 (그리고 미생물 먹이가 될 양분을 더 추가하고) 하루이틀 동안 그 혼합액에 공기를 주입해서 만든다. 공기를 주입해서 섞어줌으로써 구식 혐기성 퇴비차가 현대식 퇴비차로 탈바꿈되는 것이다. 공기 주입은 퇴비차가 호기성을 유지하게 해주고 따라서 안전하게 만들어준다. 공기 주입이 충분해야 퇴비차가 만들어지는 내내 호기성을 유지할 수 있다.

퇴비에서 미생물을 떼어내려면 에너지가 필요하다. 여러분은 세균 점질의 일종인 치아의 플라크를 제거하기 위해 날마다 얼마나 많은 에너지를 쏟아야 하는지 알 것이다. 토양의 세균 점질도 그만큼 강하다. 또 균사는 퇴비 조각 표면에서만 자라는 것이 아니라 퇴비 조각의 갈라진 틈과 내부의 구석구석에서도 자란다. 이런 가닥들을 분리하고 세균을 떼어내려면 에너지를 사용해야 한다. 물론 너무 많은 에너지를 쏟으면 이 미생물들을 죽일 수 있다. 공기 주입 장치는 미생물들을 떨어뜨릴 만큼 힘이 강해야 하

〈액비 1밀리리터 당 유기체 표준 최소 함유량〉

10~150마이크로그램	활동 중인 세균
150~300마이크로그램	세균 총량
2~10마이크로그램	활동 중인 균류
5~20마이크로그램	균류 총량
1000	편모충
1000	아메바
20~50	섬모충
2~10	이로운 선형동물

도표 제공: Tom Hoffman Graphic Design

호기성 퇴비차에는 퇴비에서 나온 세균, 균류, 원생동물, 선형동물이 우글거린다. 사진: Judith Hoersting

지만, 미생물을 죽일 정도로 강해서는 안 된다.

퇴비차 제조기

상품으로 나온 퇴비차 제조기가 점점 늘어나고 있다. 약 1헥타르(1만 제곱미터)를 감당할 정도를 쉽게 만들 수 있는 5~20갤런(19~75리터)짜리 작은 것에서부터, 한 번에 1000갤런(3785리터)까지 만들어낼 수 있는 대량 생산용 제조기까지 다양하다. 인터넷에서 퇴비차 제조기를 찾아보고 쉽게 비교해 볼 수 있다. 제조업자들은 자신이 판매하는 기계가 균류와 세균을 살아 있는 상태로 얼마나 많이 추출할 수 있는지 실험 결과를 보여줄 수 있어야 한다. 생물학적 실험 결과를 수치로 보아야 한다. 그것을 보여달라고 요구하고, 만약 그런 실험 결과가 없다고 하면 그 기계는 사지 말아야 한다.

여러분이 직접 호기성 퇴비차를 만들 수도 있다. 만들기는 아주 쉽다. 어디서나 쉽게 구할 수 있는 5갤런(19리터 정도)짜리 플라스틱 물통, 여기에 수족관용 공기 펌프(최대한 큰 걸로), 에어스톤, 1.2미터 정도의 플라스틱 관만 있으면 된다. 좋은 펌프는 공기 배출구가 두 개 있는데, 배출구 두 개짜리를 구할 수 없으면 배출구 하나짜리 펌프 두 개를 사용한다. 공기를 충분

뱅 큐
아 메 비

KIS 퇴비차 제조기는 12시간 내에 1에이커 면적에 뿌릴 수 있는 양의 퇴비차를 만든다(왼쪽). 사진: Judith Hoersting

퇴비를 눌러두는 장치가 있는 밥오레이터(BobOLator)는 24시간 만에 50갤런의 액비를 만든다(오른쪽). 사진: Judith Hoersting

히 공급하는 것이 핵심이다. 장치가 작동하면 공기가 충분한지 알 수 있을 것이다. 퇴비차에서 좋은 냄새가 나면 잘되고 있는 것이다. 나쁜 냄새가 나기 시작하면 혐기성 발효로 가고 있는 중이다.

우리는 물리 시간에 공기 방울이 작을수록 표면 대 공기 비율이 높아서, 물과 공기의 교환도 더 많이 일어난다고 배웠다. 그러나 공기 방울이 아주 작을 때, 다시 말해 1밀리미터 이하가 되면 미생물을 떨어뜨릴 수 있다. 깨끗이 관리해야 한다는 것만 기억하면(펌프에 붙은 관도 깨끗이 해야 한다), 수족관용 에어스톤도 아주 쓸 만하다. 에어스톤 대신 4분의 1인치(0.5센티미터 정도)짜리 분사 호스 60센티미터를 연결해서 써도 된다. 분사 호스를 소용돌이 모양으로 놓고 물통 바닥에 덕트 테이프(알루미늄 테이프)로 붙이면 에어스톤보다 더 골고루 공기 방울이 퍼진다.

덕트 테이프를 조금 써서 에어스톤이나 분사 호스를 물통 바닥에 붙인 다음, 관을 연결해서 물통 바깥으로 빼서 에어펌프와 연결한다. 깔끔한 모양을 원한다면, 물통 안쪽에 놓게 만들어진 작은 고무 고리를 사면 된다. 그러면 튜브를 고리에 끼워서 액체가 새지 않게 할 수 있다. 이 고리를 물통 벽 아래쪽에 달거나 물통 바닥에 달면, 공기 방울을 일으키기 위해 무엇을 사용하든, 물통 바닥에 그것을 고정시키기가 쉽다.

어떤 사람들은 퇴비가 물속에서 자유롭게 섞이도록 하지 않고, 망이나 주머니에 퇴비를 넣어서 물속에 담가둔다. 이렇게 하면 퇴비차를 뿌리기 전에 거를 필요가 없어진다. 분무기로 퇴비차를 뿌리려면 어쨌거나 걸러내야 하니까 말이다(퇴비차를 토양 관주용으로만 쓰려면 거르는 과정은 필요 없다). 큰 사이즈의 팬티스타킹이 그런 '퇴비 양말' 역할을 잘 할 수 있다. 남성 독자들의 연구 시간을 아껴주기 위해 자세히 써보겠다. 스타킹의 허리 부분을 늘려서 5갤런짜리 물통 입구를 감싼다. 이때 다리 부분을 물통 속에 빠지게 하고 다리 안에 퇴비를 넣는다. 아니면 다리를 하나로 묶은 다음, 그 속에 퇴비를 넣는다. 그러면 다리가 물에 가라앉을 것이다.

설치와 청소

퇴비차를 만들 때에는 온도가 중요하다. 온도가 너무 낮으면 미생물의 활동이 둔해진다. 온도가 너무 높으면 미생물들이 말 그대로 익어버리거나 휴면에 들어간다. 실내 온도 정도를 유지하는 것이 가장 좋다. 물 온도를 자주 확인해보라. 이것은 필요하면 여러분이 나중에 조정할 수 있는 변수 중 하나니, 기록해두면 샘플을 가지고 가서 실험실에서 검사할 때 도움이 될 것이다. 일정한 온도의 따뜻한 곳에 퇴비차 제조기를 설치할 수 없다면, 작고 싼 수족관용 히터를 사용할 수도 있다. 수족관용 히터에는 자동 온도 조절 장치도 포함되어 있을 것이다. 퇴비차를 만드는 곳이 너무 더우면 얼음을 넣고 통을 싸두거나 가끔 얼음을 넣어서 온도를 떨어뜨려야 할 것이다.

퇴비차를 만들 때 직사광선이 드는 곳은 피해야 한다. 자외선이 미생물을 죽인다. 그리고 퇴비 속의 단백질(주로 벌레 사체)은 퇴비차에서 거품을

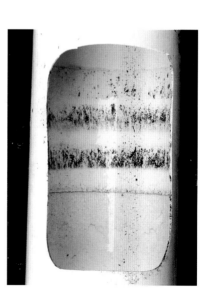

이 까만 테두리는 퇴비차 제조 통 속에 생긴 세균 막이다. 내버려두면 퇴비차의 질에 나쁜 영향을 줄 수 있다. 사진: Judith Hoersting

만드는 경우가 많으므로, 쏟아져도 괜찮은 장소에 설치하는 것이 좋다.

호기성 퇴비차를 만들 때 세균막이 나타나면 즉시 제거하는 것이 중요하다. 세균막은 강한 물질이어서 기포 발생기와 튜브의 공기구멍을 막을 위험이 있다. 이 점막은 아주 엉뚱한 곳에서 나타날 것이다. 물통의 옆면에 붙어 있거나 바닥 틈새에 모여 있을 것이다. 그런 경우에는 호스 등을 분해해서 철저히 씻어야 한다. 퇴비차를 사용하기 전이라도 제조기를 깨끗이 하라. 젖어 있는 것을 씻으려 할 때에는 보통 호스에서 나오는 물의 힘을 이용해서 씻어내면 된다. 최소한 물로는 씻어내야 한다. 그러고 나서 통을 말린다음 3퍼센트 농도의 과산화수소나 5퍼센트의 베이킹 소다로 닦아야 한다.

재료

호기성 퇴비차에는 세균, 균류, 선형동물, 원생동물이 많이 포함되어있다. 퇴비에 그런 것들이 많기 때문이다. 이런 퇴비차가 토양 먹이그물을 살리는 좋은 도구가 될 수 있는 이유는 맞춤식으로 제조할 수 있다는 데 있다. 어떤 것을 첨가하여 식물 각각의 특정한 요구에 맞는 양분을 제공할 수 있다('규칙 10'을 보라). '규칙 10'은 퇴비, 멀치, 토양에도 똑같이 적용되는데, 퇴비차를 만들 때에도 이 규칙을 적용한다. 그러면 그것이 '규칙 11'로 발전한다.

'규칙 11'은 이렇다. 애초에 퇴비를 선택하고 또 거기에 첨가할 양분을 선택함으로써, 퇴비차에 균류가 많도록 만들 수도 있고, 세균이 많게 만들 수도 있고, 균형 잡힌 것으로 만들 수도 있다. 많은 사람들에게 퇴비차 발효 과정이 점점 하나의 취미가 되어가고 있다. 맥주를 만드는 일과 다르지 않게 말이다.

그러나 모든 요리법이 기본 재료부터 시작하듯이, 퇴비차에서 첫 번째 재료는 염소가 제거된 물이다. '규칙 12'는 매우 중요하다. 퇴비차는 발효액 속에 있는 염소와 방부제에 매우 민감하다. 재료 중 그 어떤 것에도 방부제가 들어 있지 않아야 한다는 점이 아주 중요하다. 그도 그럴 것이, 결국 방부제나 염소는 미생물을 죽이거나 미생물 활동을 억제하기 위한 것 아닌가. 여러분이 쓰는 수돗물에 염소가 들어 있다면, 퇴비차 제조기에 물을 채워놓은 다음 한두 시간 동안 공기 방울이 나오게 하라. 염소가 증발해서 미생물에게 안전한 물이 된다. 탄소 필터와 역삼투 정수 필터도 염소와 클로로마인을 잘 제거하는데, 특히 많은 양의 물이 필요할 때 유용하다. 일반적으로 1제곱피트의 탄소를 채운 탄소 필터가 1분에 물 4갤런(약 15리터)을 거른다고 보면 된다.

그다음으로 좋은 퇴비가 필요하다(좋지 않은 것은 퇴비라 할 수 없으니, 좋은 퇴비라는 말은 우리가 보기에는 일종의 동어반복이지만). 다시 말하지만 화학물질 잔존물이 없어야 한다. 그리고 코로 킁킁 냄새를 맡아보라. 좋은 냄새가 나지 않으면 좋은 퇴비가 아니다. 그것을 확인하는 가장 좋은 방법은 말할 것도 없이 실험실에서 검사하게 하는 것이다. 완전히 부숙되지 않은 퇴비, 고약한 냄새가 나고 혐기성 발효가 일어난 퇴비는 피해야 한다. 과열되어 이로운 미생물들이 다 죽고 토양 먹이그물이 작아진 퇴비도 쓰지 말라. 퇴비의 미생물이 다양하지 않으면 퇴비차에서도 미생물의 다양성이 떨어질 것이다.

지렁이 분변토는 퇴비를 대신할 수 있는 좋은 재료다. 분변토에는 이로운 미생물이 가득하고 세균이 매우 많다(지렁이 몸속에서 세균이 먹이를 소화시키는 역할을 한다는 것을 잊지 않으셨겠지). 특히 분변토가 오래되지 않은 것이면 더욱 그렇다. 물 5갤런에 퇴비나 분변토 네 컵 정도가 필요하다. 물의 양에 비례해서 퇴비를 많이 넣어야 하는 건 아니다. 물이 많아질수록 퇴비의 비율은 줄일 수 있다.

다른 첨가 재료는 퇴비차가 만들어지는 동안 넣어서 미생물의 먹이가 되게 한다. 가루나 액체 형태의 당밀(황을 함유하지 않은 당밀. 미생물을 죽게 만들면 안 되니까), 사탕수수 시럽, 메이플 시럽, 과일 주스 등이 모두 퇴비차의 세균에게 먹이가 되어 세균을 증식시킨다. 4~5갤런의 물에 이런 단순

염소 제거 처리한 물	퇴비
25갤런	5파운드(20컵)
50갤런	7파운드(28컵)
500갤런	15파운드(60컵)

이 표가 보여주듯이 퇴비차에 넣는 퇴비(또는 분변토)의 양은 물의 양과 똑같은 비율로 늘어나지는 않는다. 도표 제공: Tom Hoffman Graphic Design

당 두 큰술만 넣으면 세균 증식과 세균의 우점에 도움이 될 것이다. 많은 양의 퇴비차를 만든다면, 같은 비율로 양분을 더 넣어라. 추가하는 양분의 양은 물의 양이 증가한 만큼 일정한 비율을 유지하면서 늘리면 된다. 복합 당과 생선 잔여물도 세균의 먹이로 좋다. 이 두 가지는 균류의 증식에도 약간 도움이 된다.

퇴비차에서 균류의 성장을 촉진하려면, 켈프, 부식산, 풀브산, 인산 함유 광물 가루를 뿌리면 된다. 그것은 균류에게 양분을 제공할 뿐 아니라 균류가 자랄 때 붙잡을 수 있는 표면을 제공한다. 아스코필룸 노도숨은 심해에 사는 대형 갈조류로, 인터넷이나 꽃가게, 동물 사료 파는 곳에서 구입할 수 있다. 갈조류 가루도 파는 경우가 종종 있다. 오렌지, 블루베리, 사과 같은 과일의 껍질도 균류가 퇴비차에서 자라는 데 도움을 줄 것이다. (방부제 없는) 알로에베라 추출물과 생선 가수분해물(효소에 의해 분해된 생선 뼈 등의 가루)도 도움이 될 것이다. 생선 가수분해물은 양어장에서 살 수도 있고 직접 만들어도 된다. 파파인(파파야 펩티다제라고도 한다)이나 키위(키위도 적당한 효소를 함유하고 있다)를 생선 잔여물에 첨가하여 효소에 의해 뼈가 분해되게끔 만들면 된다. 유카실난초와 제올라이트도 균류에게 좋은 먹이가 되며, 세균 증식에는 도움이 되지 않는다.

균류가 기선을 제압해야 한다

퇴비차 만들기를 해보지 않은 사람들은 균형 잡힌 퇴비차가 될 만큼 충

팀 류
아 메 바

분한 양의 균류를 키우기가 어려울 수 있고 균류 우점의 퇴비차 만들기는 더더욱 어려워서 좌절하기도 한다. 그 이유는 여기에 있다. 퇴비차의 적당한 영양 상태에서 세균은 자라기만 하는 것이 아니라 급속히 증식한다. 반면, 균류가 퇴비차에서 증식할 만큼 퇴비차 제조 기간이 길어지는 경우는 거의 없다. 균류는 더 자라기만 할 뿐이다. 더 좋은 방법은 퇴비차를 만들기 전 퇴비에서 균류가 활발히 활동할 수 있게 하는 것이다. 퇴비에서 떨어져 나와 퇴비차 속으로 들어가기 전에 개체수를 늘릴 수 있게 하는 것이다.

균류의 활동은 쉽게 도와줄 수 있다. 퇴비차 제조를 시작하기 며칠 전에 퇴비에 단순 단백질을 첨가하면 균류에게 좋은 먹이가 된다. 예를 들면 콩가루, 맥아, 귀리 겨 등이 좋다. 가장 좋은 것은 오트밀 이유식이다. 퇴비한 컵당 서너 큰술 비율로 이중에 한 가지를 아주 잘 섞는다. 퇴비 속에 물기가 충분하도록 해야 한다. 퇴비 한 줌을 꼭 짰을 때 물이 한 방울 떨어질 정도가 적당하다. 이 혼합물을 용기에 넣고 따뜻하고 어두운 곳에 둔다.

퇴비차를 만들기 전, 퇴비에 균류 양분을 첨가하여 균사 성장을 활성화한다. 사진: Judith Hoersting

발아 전기 매트를 용기 아래에 두면 적당한 열을 주는 데 아주 좋다.

섭씨 27도에서 사흘쯤 두면, 퇴비 속의 균류가—애초에 퇴비 속에 충분히 많은 균류가 있었다면—자랐을 것이고, 균사가 균사체 덩어리로 뭉쳐져 있을 것이다. 퇴비는 길고 가는 흰 솜털로 덮여 있어서 산타클로스의 수염처럼 보일 것이다. 며칠 더 지나면, 균사가 아주 많아져서 퇴비 상자 속에 있는 것이 전부 서로 엉겨 붙어 있을 것이다.

숙성

에어펌프를 켜면 공기 방울이 퇴비를 휘저으며 퇴비에서 미생물들을 벗겨내기 시작한다. 퇴비와 양분에 따라 거품을 조금 볼 수도 있다. 거품은 곤충 단백질이 퇴비에서 떨어져 나오고 있다는 표시로, 좋은 현상이다. 부숙 단계가 다 끝났을 때 균근균을 넣어도 된다. 퇴비차가 만들어지고 있는 동안 포자를 넣으면 포자가 죽어버리거나 포자가 만들어낸 균사가 파괴될 것이다. 둘 다 매우 약하니까 맨 마지막에 넣어야 한다. 또 균근균은 뿌리 삼출액을 먹고살므로 균근균과 퇴비차가 뿌리에 재빨리 이를 수 있어야 한다.

우리의 단순한 물통 거품기를 사용하여 좋은 퇴비차를 만드는 데에는 24~36시간이 걸린다. 상품으로 나온 어떤 퇴비차 제조기는 에너지를 많이 사용하여 12시간 내에 퇴비차를 만든다. 어떤 경우든 부숙 과정에서 퇴비차가 커피색으로 변하는데, 이것 또한 좋은 신호다. 퇴비 속의 부식 물질이 모두 퇴비차 속으로 나오고 있다는 표시다. 퇴비차의 온도도 몇 도 올라갈 수 있는데 그것은 대사 활동 증가의 결과다. 가장 좋은 부분은 냄새다. 퇴비차의 냄새, 특히 당밀이 양분으로 쓰였을 때의 퇴비차 냄새는 상쾌하고 달콤한 흙냄새다.

퇴비차는 보관 기간이 아주 짧다. 아주 많은 미생물이 퇴비차 속에 살고 있어서 그 미생물들이 양분을 다 먹어치우고 나면 서로 잡아먹기 시작한다. 더 중요한 것은 미생물이 산소를 모두 고갈시킨다는 점이다. 퇴비차에서 나

쁜 냄새가 난다면 아마도 혐기성으로 변했다는 의미이고, 그러면 그 퇴비차
는 버려야 한다. 그런 퇴비차는 식물에 주면 안 된다. 퇴비차는 제조 후 네 시
간 이내에 쓰는 것이 가장 좋다. 냉장 보관하거나 계속해서 공기를 불어넣어
주면, 3~5일은 더 버틸 것이다. 미생물 수는 줄어들지만 말이다.

퇴비차 제조를 몇 번 경험하고 나면, 더 좋은 퇴비차를 만들기 위해, 그
러니까 미생물이 더 많은 퇴비차를 만들수 있도록 기계를 변형하고 싶어질
것이다. 예를 들어 에어스톤 대신 분사 호스를 쓰는 것 외에도, 우리는 펌
프를 큰 것으로 바꾸었다. 결국 우리는 3분의 1마력짜리 중고 에어펌프를
발견했고 이제는 100리터짜리 플라스틱 쓰레기통에다 공기를 주입하여 퇴
비차를 만든다. 공기 방울은 여러 종류의 장비로 만들 수 있다. 우리는 특
수 생선 탱크와 자쿠지 욕조 기포기, 물뿌리개 머리를 이용하기도 하고, 심
지어 16분의 1인치, 8분의 1인치 드릴로 구멍을 낸 PVC 수도관을 가지고도
계속 실험을 하고 있다.

병균을 이기고 잘 자라게 하는 보약

퇴비차를 너무 많이 뿌려서 문제가 될 일은 없다는 점을 미리 말해두려
고 한다(우리가 연구한 바에 따르면 퇴비차를 무제한 뿌려서 나쁜 영향이 나타난 적
은 없다). 식물 뿌리나 잎이 타들어가게 하는 일은 없으며, 퇴비차 속의 미생
물이 그 구역에서 이용할 수 있는 양분에 적응할 것이다. 다시 말하지만 퇴
비차를 뿌리면 토양의 미생물 수와 다양성을 높이는 데 도움이 될 뿐이다.
잔디, 채소, 교목, 관목, 일년생 초본, 다년생 초본에 퇴비차를 뿌려보라.
화학 비료나 농약 살포와 달리 퇴비차는 안전하고 뿌리기 쉽다.

퇴비차가 준비되면 컵이나 플라스틱 물뿌리개(세균이 금속 물뿌리개의 함
석에 영향을 줄 수 있다)를 써서 토양 관주灌注, 물주기 처리를 하듯 퇴비차를 뿌
려라. 또는 퇴비차가 걸러져 있다면 수동 분무기를 사용하면 좋다. 잎 표면
에 퇴비차를 뿌리는 엽면 시비는 이로운 미생물들을 잎에 옮겨준다. 엽면

시비 효과를 높이려면 잎 표면의 70퍼센트가 넘게 퇴비차가 묻어야 한다. 잎의 앞뒤 양쪽에 모두 묻혀야 한다. 퇴비차를 땅에 뿌릴 때에는 식물과 그 주변이 퇴비차로 흠뻑 젖게 하라. 양이 많아서 문제될 일은 절대 없다.

그리고 햇빛을 잊으면 안 된다. 자외선은 미생물을 죽인다. 남쪽 지방에 사는 사람이라면, 오전 10시 이전, 오후 3시 이후 자외선이 가장 약할 때에 뿌리는 것이 좋다. 흐린 날에도 마찬가지다. 미생물용 자외선 차단 로션은 없으니까 말이다. 세균이나 균사가 잎에 달라붙는 데에는(잎에 붙으면 보호를 받을 수 있다) 15~30분이 걸린다. 햇빛에 노출되어 있기에는 너무 긴 시간이다. 다른 방법으로는 물방울의 지름이 1밀리미터가 넘게 해서 뿌리는 것이 있다. 그 정도 많은 물이면 수분이 증발하기 전에 자리를 잡고 점막을 충분히 형성할 수 있다. 토양 관주를 할 때도 자외선은 미생물에게 나쁜 영향을 줄 수 있지만, 이 경우에는 시간 조절을 약간 더 편하게 생각해도 된다. 퇴비차가 뿌려짐과 동시에 미생물은 흙 속으로, 썩은 낙엽층 속으로 들어가기 때문이다.

이때 살아 있는 유기체를 다루고 있다는 점을 잊어서는 안 된다. 여러분이 퇴비차 속에서 조심스럽게 배양하고 키운 미생물들은 생생하게 살아 있는 존재이므로 부드럽게 다루어야 한다. 분무기 압력이 70파운드를 넘으면 안 되고 분사 속도도 낮게 해야 한다. 물러서서 뿌리거나 분무기 헤드를 뒤집어서 뿌려 퇴비차 방울이 낙하산처럼 잎 표면에 떨어져 잎을 덮도록 하는 것이 좋다. 흙이나 잔디, 작물을 때리듯이 세게 뿌려서는 안 된다. 분무기 통의 압력 때문이 아니라 뿌리는 방식 때문에 때로는 식물이 죽기도 한다. 정전靜電 분무기는 때때로 엉뚱한 전하를 미생물에게 뿌려서 미생물을 파괴하기도 한다. 그러니 그런 분무기는 사용하기 전에 분무기에서 나오는 퇴비차를 시험해보아야 한다.

퇴비차가 걸러졌다면 수동식 펌프 분무기를 쓸 수 있지만, 미생물까지 걸러지지 않도록 조심해야 한다. '퇴비 양말'의 그물눈은 400마이크로미터 이하여야 한다. 그 정도면 균류와 선형동물은 지나갈 수 있지만 분무기를 막혀버리게 할 퇴비 부스러기는 통과하지 못한다. 아니면 공기 주입을 멈춘 다음 15분쯤 가라앉혔다가 용액을 가만히 따라도 된다. 그러면 부스러기와 조각들이 많이 제거된다. 나쁜 점은 그렇게 할 때 종종 퇴비차 내 균류 양이 줄어드는 것이다.

경제적 여유가 있으면 콘크리트용 분사기에 투자해도 좋을 것이다. 일반적인 농사용 분무기 구멍을 막히게 할 퇴비 알갱이도 처리할 수 있다. 콘크리트용 분사기는 가정용 원예 펌프 분사기와 아주 비슷해 보이지만, 구부러지는 정도가 덜하고 구멍이 더 크고 큰 입자도 통과시키는 노즐이 있다는 점이 다르다. 가격과 구입 가능성은 여러분이 사는 동네의 건축자재 상이나 콘크리트 공사 도급자, 콘크리트 공급 가게, 모래와 자갈을 취급하는 회사에 알아보라. 등에 지고 뿌리는 분무기도 특히 넓은 밭에서는 쓸 만하다. 잔디밭을 잘 가꾸는 비법은 이동식 스프링클러를 이용해서 퇴비차를 뿌리는 것이다(자세한 것은 20장을 보라).

분무기로 뿌리든, 바가지로 붓든, 퇴비차 속 미생물들은 스스로 자리를 잡고 자라고 증식하고 포식자를 끌어들이고 먹고 먹힐 것이고 휴면 상태에 들어가기도 할 것이다. 미생물은 식물 뿌리 주위에 보호 장벽을 만들고 죽어서는 양분을 내놓는다. 미생물은 토양 구조를 만들어내고 개선한다. 잎에서는 보호 장벽을 만들고 나쁜 놈들하고 경쟁도 한다.

퇴비차는 즉시 효과를 발휘한다. 그래서 좋은 퇴비차를 쓰는 것이 중요하다. 병원체로 가득한 퇴비차가 아니라 이로운 유기체가 가득한 퇴비차를 써야 한다. 잘못 만들어진 퇴비차에 미련을 가져서는 안 된다. 직접 만들기가 버거우면 호기성 퇴비차를 살 수도 있다. 점점 늘어나는 종묘원과 원예센터에서 살 수 있고, 어떤 회사들은 퇴비차를 만들어 팔 뿐만 아니라 대신 뿌려주기까지 한다. 어느 경우든 퇴비차가 기준에 부합하는지 확인하기 위해 실험 결과를 요구할 것을 권한다. 물론 퇴비차를 사기 전이나 뿌리기 전에, 두려워 말고 냄새 테스트를 해보라. 본래는 좋은 상태의 퇴비차였으나 판매 전에 혐기성으로 변해버렸을지도 모르니까 말이다.

호기성 퇴비차는 얼마든지 자주 뿌려도 되지만, 얼마나 자주 뿌리는 것이 '필요한가'(특히 돈 주고 산 것이라면)는 여러분이 짐작할 수 있는 대로, 뿌리려고 하는 구역의 토양 먹이그물 유기체들의 상태에 달려 있다. 처음 해보는 사람들은 이 효과적인 수단에 대해 이야기하기 전에 미생물과 절지동물에 대한 기본적인 독서를 해야 한다. 여러분의 토양 먹이그물이 건강해질수록 퇴비차 뿌리는 빈도를 점점 더 줄여야 할 것이다. 정원이나 텃밭에 여러 해 동안 화학 비료를 뿌렸다면 석 달 동안은 격주로 퇴비차를 뿌려야 건강한 토양 먹이그물 집단이 생길 것이다. 그다음에는 한 계절 동안은 한 달에 한 번 뿌리고, 마지막으로 일 년에 세 번 정도 퇴비차를 뿌리면 된다.

얼마나 긴 기간 동안 얼마나 많이 퇴비차를 뿌려야 할까? 이 책을 쓴 우리 중 한 명은 2년 동안 4분의 1 에이커(1만 제곱미터)의 땅에 매주 60갤런(약 227리터) 정도를 사용하여 좋은 결과를 얻었다(미생물과 함께 너무 많은 시간을 보낸다고 느낀 배우자의 불평을 제외하면). 그러나 일반적인 규칙은 토양 관주 방식으로 1에이커당 퇴비차 5갤런을 뿌리는 것이다. 잎에도 뿌려준다면 10갤런을 뿌리는 것이 좋다. 퇴비차를 희석해도 상관 없다. 시작할 때 5갤런을 뿌리는 것만 확실히 하면 된다. 경험이 좀 더 쌓이면 퇴비차 시비량은 토양 검사와 퇴비차 검사 결과에 맞게 조절하여 특정한 균류 비율 혹은 세균 비율을 만들 수 있다.

퇴비차 주기 좋은 시기

퇴비차를 뿌리기에 특별히 좋은 시기가 있다. 예를 들어 가을에 잎이 떨어진 직후에 퇴비차를 뿌려주면 좋다. 겨울에 흙과 낙엽이 얼지 않으면 겨울 내내 분해가 빠르게 진행될 것이다. 눈이 덮여 있어도 눈과 토양 표면의 접촉면에서 분해가 일어난다. 그 접촉면은 미생물 활동이 지속될 수 있을 정도로 따뜻할 것이다. 봄이 와서 식물이 새로 자라기 시작하기 직전에 한 번 더 퇴비차를 준다. 1에이커당 10갤런의 퇴비차로 토양 관주를 할 것을

땡 큐
아 메 바

권한다. 새싹과 어린 잎에도 1에이커당 5갤런 정도 엽면 시비를 하라. 식물이 잘 자라고 병이 없다면 이렇게 두 번만 뿌려주면 된다. 여러분이 사는 곳이 열대에 가까우면 일 년에 네 번 퇴비차를 뿌려줘야 한다.

균류가 우점한 퇴비차는 흙 속이나 이파리 영역에서 다음과 같은 병을 억제하고 예방하는 데 쓰인다. 흰가루병, 노균병, 테이크올 패치, 회색 설부병(타이풀라), 홍색 설부병, 대목역병, 뿌리역병, 잘록병, 갈색 마름병, 시들음병, 잔디녹병, 페어리링병(모든 종류의 균류).

세균 우점 퇴비차가 예방과 억제 효과를 보이는 병은 다음과 같다. 달러스팟, 네크로틱 링스팟, 황색엽부병, 엽고병, 핑크패치(엽고병의 일종), 깜부기병. 퇴비차는 곤충들을 물리치는 데에도 효과가 있다. 특히 바구미, 굼벵이 유충, 뿌리를 잘라 먹는 나방 유충, 풍뎅이 등이 그러한데, 몇몇 보고서에 의하면 가루이, 마디개미, 잔디깍지벌레를 억제하는 데도 세균 우점 퇴비차가 효과가 있다.

잎에 생긴 흰가루병. 잎에 퇴비차를 뿌리면 이 병을 비롯한 균류에 의한 병을 억제할 수 있다(왼쪽). 사진 제공: Clemson University, USDA Cooperative Extension Slide Series, www.forestryimages. org

흰가루병 곰팡이를 확대한 모습(오른쪽). © Dennis Kunkel Microscopy, Inc.

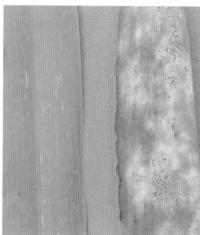

뿌리역병, 잘록병(이 사진에서 잔디가 말라 뒤틀린 부분)도 호기성 퇴비차로 억제할 수 있다. 사진 제공: Clemson University, USDA Cooperative Extension Slide Series, www.forestryimages.org

　　어떤 식물에서든 병이나 벌레 피해의 첫 신호가 보이면 5~7일간 퇴비 차를 되풀이해서 뿌려라. 물론 예방을 위해 미리 뿌려두면 가장 좋다. 텃밭이나 정원이 시기별로 어떠한지 (계절의 순환을) 파악하고 있으면, 문제가 생기기 전에 미리 퇴비차를 뿌려둘 수 있을 것이다.

　　마지막으로, 퇴비차에 영향을 받는 잡초도 있다. 원생동물과 이로운 선형동물을 흙 속에 많이 넣어주면 클로버와 구주개밀이 잘 자라지 못한다. 균류 우점 퇴비차를 사용하여 토양 속 질산염을 줄이면 질경이, 별꽃, 사초莎草류가 사라진다. 담쟁이도 균류가 많은 퇴비차에 반응한다.

　　퇴비차는 진정한 액체 토양 먹이그물이다. 퇴비 수레를 힘겹게 끄는 대신 똑같은 미생물이 농축되어 있는 퇴비차를 뿌려보는 것을 한번 고려해보라. 퇴비차를 쓰면 정말로 미생물과 한팀을 이룰 수 있다.

그래도 대장균이 걱정된다면

혐기성 미생물인 대장균이 제대로 공기가 주입된 퇴비차에서 발견될 리는 없다. 우리는 퇴비에 분뇨를 쓰지도 않으니, 대장균이 어디에서 오겠는가? 그래도 어떤 사람들은 퇴비차에서 대장균이 자라지 않을까 염려되는 모양이다. 그것을 피할 방법은 당연히 분뇨를 제외하는 것이고, 그뿐만 아니라 퇴비차를 만들 때 추가 성분을 더 넣는 것이다(당밀molasses, 켈프 등). 공기 주입을 확실히 하여 균류 우점 퇴비차, 또는 세균 우점 퇴비차, 또는 균형 퇴비차가 되도록 한다. 또 식량 작물에는 퇴비차를 쓰지 않는 것도 한 방법이다. 다시 말하지만, 퇴비차를 호기성으로 만드는 데 필요한 양의 용존 산소(6ppm)가 있으면 대장균이 퇴비차에서 자라는 것은 사실상 불가능하다. 에어펌프는 물 1갤런에 1분당 최소한 0.0014세제곱미터의 공기를 공급하는 것이어야 한다. 만약 대장균이 걱정되면 더 많은 공기를 공급할수록 좋다.

19장

_균근균

퇴비, 멀칭, 퇴비차는 텃밭과 정원의 거의 모든 상황에서 활용할 수 있는 토양 먹이그물 재배 도구인데, 거기에 하나 더 덧붙인다면 균근균이 부족할 때 그것을 넣어주는 것이 네 번째 도구가 될 수 있다. 자연 상태의 조건에서는 텃밭의 토양에 균근균과 포자가 필요한 만큼 들어 있을 것이다. 그러나 우리가 앞서 말한 바와 같이, 균류는 연약한 미생물이고 토양 상황이 나빠지면 가장 먼저 사라지기 일쑤다. 경운, 살균 소독, 살진균제 살포, 땅다지기 모두가 토양 내 균근균에게 해로운 영향을 준다. 경운이나 살균 등을 한 뒤에 미생물과 한편이 되려면 토양 먹이그물을 복구하는 노력 곧 적절한 균근균을 넣어주는 일이 필요하다.

병원균을 이기는 균근균

균근균은 크게 외생 균근균ectomycorrhizal fungi, EM fungi과 내생 균근균

arbuscular, AM fungi 두 가지로 나뉜다는 이야기를 이 책 5장에서 처음 본 사람들이 많을 것이다. 균근균은 식물의 95퍼센트 정도에서 활동하며 뿌리의 유효 범위를 확대한다. 균근균이 뿌리에 침투하는 것은 탄소를 지속적으로 얻기 위해서다. 식물의 뿌리 삼출액에 탄소가 포함되어 있는 것이다(균류는 스스로 탄소를 만들어내지 못한다). 앞서 말했듯이 식물들은 통제력을 발휘할 수 있다. 뿌리 삼출액의 탄소에 대한 대가로 균근균은 유기 물질을 잘게 부수고 토양에서 양분을 꺼내 흡수한 다음, 이 양분들을 뿌리 내부의 교환 장소로 보낸다. 농지에서는 (그리고 여러분의 텃밭과 정원에서도) 내생 균근균(뿌리 밖으로 뻗을 뿐 아니라 뿌리를 뚫고 들어가서 그 속에서 자라는)이 주요 탄소 보관 메커니즘으로, 토양 탄소의 30퍼센트 가까이를 함유한다(부식과 비교해보면, 부식은 겨우 12퍼센트까지만 함유한다). 외생 균근균은 뿌리 주위를 둘러싼 균사 다발에 구멍이 많아서 수분도 함유한다.

이 균들이 없는—곧 뿌리 삼출액이 공급되어 이 미생물들이 제구실을 하지 않으면—식물이 잘 자라지 못한다. 난초를 키워봤으면 특정한 난균 없이는 난초의 싹조차 트지 않는다는 것을 알 것이다. 그리고 만병초, 히스, 칼미아, 블루베리 등 철쭉과 식물, 그리고 그와 유사한 상록수들은 진달래 균근균에 감염된다. 이 균은 시판되지 않지만, 내생 균근균과 외생 균근균은 시중에서 살 수 있다.

'감염'이라는 말을 썼다고 해서 놀라지 말기를. 균근균은 실제로 식물 뿌리를 감염시키지만 감염된 식물은 더 건강해진다. 그뿐만 아니라 균근균에 의한 감염은 숙주 식물이 병원균에 감염되는 것을 사실상 예방한다. 이것은 다른 균이 살 공간이 좁아진 덕이기도 하고(공간을 전부 균근균이 차지해버려서) 양분을 둘러싼 경쟁에서 균근균이 병원균을 이기기 때문이기도 하다. 그럴 때에도 항생 물질이 생성될 수 있는데, 항생 물질은 파트너가 된 균류에 의해 만들어질 수도 있고 균이 연합한 조력자 세균에 의해서 만들어질 수도 있다.

토양에서 특정한 양분이 빠져나가면 뿌리가 토양의 새 영역으로 자라

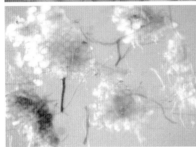
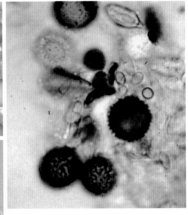

균근균의 포자.

나가지 않는 한, 또는 새로운 양분이 근권으로 흘러들어오지 않는 한, 뿌리는 그 양분을 흡수할 수 없다. 식물이 균류와 한팀이 될 때 균사가 뿌리가 닿는 범위보다 더 멀리, 양분이 고갈된 영역을 넘어서서 땅속 깊이 갈 수 있다(2장의 '양이온 교환 용량'을 참조하라). 균근균은 뿌리보다 가늘어 균보다 굵은 뿌리가 닿지 못하는 공극 속으로 들어갈 수도 있다. 이런 공극 속에는 양분과 수분이 들어 있어서 이 속으로 들어가는 것은 숙주 식물로서는 보물 상자를 여는 것과 같다. 균근균에게 양분을 공급받는 식물은 크게, 왕성하게 성장하며 뿌리와 줄기, 잎이 더 건강하게 자란다.

지금까지 발견된 내생 균근균과 외생 균근균 유형 가운데 수백 종이 한 식물이 아닌 여러 가지 식물들과 관계를 맺는다. 실제로 균근균은 여러 다양한 식물들에게 양분을 제공할 수 있는 광범위한 네트워크를 형성하며 한 번에 여러 종류의 식물에게 그렇게 하는 경우도 많다. 어떤 개별 균들은 한 종류의 식물과는 외생 균근 관계를 형성하고 또 동시에 다른 식물과는 내생 균근 관계를 만들기도 한다. 이중인격 같다고나 할까. 다행히도 시중

균근균의 도움을 받은 왼쪽 식물의 뿌리가 더 건강하고 깊이 뻗은 것을 볼 수 있다.
사진 제공: Mycorrhizal Applications, www.mycorrhizae.com

에서 구입할 수 있는 외생 균근균, 내생 균근균 믹스 상품은 그런 만능선수 같은 종을 포함하므로 많은 종류의 식물을 감염시킬 수 있다.

양분을 끌어오는 자석

균근균은 킬레이트 물질을 만들어낸다. 킬레이트란 보통 유기 물질이나 점토에 결합되어 있어서 식물이 이용할 수 없는 무기 물질의 단단한 화학적 연결을 끊는 화합물을 말한다. 균근균은 이 무기질 양분을 흡수해서 —특히 질소, 인, 구리를 흡수하며 칼륨, 칼슘, 마그네슘, 아연, 철도 흡수한다—식물에게 전달한다. 그러면 식물은 적당한 균근균 무리를 끌어들이고 먹이는 삼출액을 배출한다. 그러면 이제 여러분은 어떤 도구를 적용해야 할지 알 수 있을 것이다. 대부분의 침엽수와 경질목(자작나무, 참나무, 떡갈나무, 히커리)은 외생 균근균과 균근 관계를 형성한다('규칙 16'). 채소, 일년생 초본, 잔디, 관목, 연질목, 다년생 초본은 내생 균근균과 균근 관계를 맺는다('규칙 17').

연구에 의하면, 균근균이 있으면 질산염 형태의 질소와 암모늄 형태의 질소 흡수가 더 활발해진다. 내생 균근균에 의해 암모늄이 흡수되어서 숙주 식물이 이용할 수 있는 형태로 만들어질 뿐 아니라, 균근균이 있음으로 해서 질소 고정이 사실상 향상되는 것이다. 유기물 내의 단백질에서 질소를 만들어내는 효소를 가진 균근균도 있다. 북극 지방(우리가 사는 곳이 알래스카이므로)에 대한 한 연구를 보면, 광합성으로 생긴 탄소가 최고 17퍼센트까지 균류의 양분으로 쓰였고, 식물의 질소 필요분의 61~86퍼센트를 균류가 공급한다고 한다. 식물의 입장에서는 좋은 거래, 에너지를 들일 가치가 있는 거래다.

특히 인은 화학적 결합력이 높은 상태로 토양 속에 있는 원소다. 또한 인은 식물의 생장에 꼭 필요한 요소이기도 하다. 그래서 엄청난 양의 인이 땅에 뿌려지지만 아주 적은 양만이 식물에 흡수된다. 흡수되지 않고 남은 것은 심각한 환경 문제(부영양화)를 일으킨다. 균근균은 인의 흡수를 향상시킨다. 외생 균근균(농작물을 먹여살리는 종류가 외생 균근균이다)은 그것의 숙주 식물이 흡수하는 인의 80퍼센트나 담당한다. 인은 질소 다음으로 식물 생장에 중요한 양분이므로 인의 흡수율을 높이는 것은 경제적 이유에서도 무척 중요하다.

균근균은 인산 화합물을 분해하는 효소인 포스파타제를 만들어내서 분비한다. 그리고 인산염을 흡수하여 뿌리로 전달한다. 연구가 보여주는 바로는 희한하게도 토양 인산염 함량이 너무 올라가면 곧 50~80ppm이 되면, 많은 식물들이 균근 관계를 형성하지 않는다. 균근균이 필요 없는데 왜 삼출액을 만드는 데 쓸데없는 에너지를 쓰겠는가? 인산염 함량이 떨어지면 균근 관계가 형성된다. 그래서 자연 상태에서는 인산염 오염이 있을 수가 없다. 외생 균근균과 인을 용해하는 세균의 특별한 관계에 대해 자세히 보려면 15장을 참조하라.

다른 미생물들, 특히 세균(고세균일지도 모르지만)은 균근균과 연합하여 균근균의 성장을 활성화하고 그에 따라 숙주 식물도 잘 자라게 한다. 이 모든 것으로도 충분치 않으면, 균근균은 비타민, 호르몬, 시토키닌(식물 성장 호르몬)을 만들어낸다.

균근권

　토양 먹이그물의 기본 원리는 근권에 있는 식물 삼출액, 떨어져 나온 식물 세포, 대사 분비물이 미생물들을 끌어들인다는 점이다. 아직 잘 연구되지는 않았지만, 균근권에서도 이와 같은 일이 일어난다. 균근권이란 균근균 주변 영역을 말한다. 균근권에서 발견되는 세균 수는 부근 토양에 비해 많다. 이 사실로써 어떤 유인 물질, 아마도 탄소라는 유인 물질이 있으리라고 추측할 수 있다. 균근의 조력자 역할을 하는 이런 세균들을 균근 보호 세균MHB, mycorrhizal helper bacteria이라고 하는데, 이들은 균근의 형성을 활성화하기도 하고 또 다른 방식으로도 균근균을 돕는다.

　살아 있는 상태든, 죽은 상태든, 내생 균근균 내의 탄소는 다른 토양 먹이그물 생물들에게 기질基質, 효소의 작용을 받는 물질을 제공하고 숙주 식물에게 양분을 제공하며 그 식물을 보호하는 데 도움을 준다. 어떤 MHB들은 외생 균근균의 세포벽에서 자라고 거기에서 살기 때문에, MHB들과 외생 균근균의 공생 관계를 과학자들이 연구하는 중이다. 어떤 과학자는 뿌리가 죽으면 균근균이 부생성(부패 유기물을 영양원으로 하는 생활 방식)이 되도록 MHB가 돕는다고 주장한다. MHB가 인의 흡수를 돕거나 균근균을 죽이는 독소로부터 균근균을 보호한다고 보는 과학자들도 있다. 요약하면, 균근은 항상 양방향의 상호 관계라고 여겨졌지만, MHB가 그 생각을 바꿔놓고 있다. 삼중의 상호 관계일 수도 있다는 것이다.

외생 균근균

　지금까지 알려진 외생 균근균은 4000종이 넘는데 그 대부분이 자낭균문(땅속에 자실체를 만드는 균으로, 송로버섯이 이에 포함된다)과 담자균문(그물버섯, 곰보버섯, 말불버섯, 먹물버섯, 그리고 예쁘지만 독이 있는 주름버섯 등)에 속한다. 자실체가 보이느냐 안 보이느냐가 외생 균근균과 내생 균근균 사이의 큰 차이다. 외생 균근균은 균사 다발과 균사체를 볼 수 있다.

외생 균근은 몇 가지 공통점을 가진다. 첫째는 감염된 뿌리의 외부와 그 주위를 균사 덮개가 감싼다. 이 덮개는 뿌리 영역의 표면을 확장하고 수분을 보유하며 뿌리의 분기를 자극하고 활성화한다. 둘째, 감염된 뿌리는 그렇지 않은 것에 비해 더 넓고 짧은 경향이 있다. 마지막으로, 외생 균근균은 그물 모양의 균사 조직이 있다. 이것은 상피세포와 내피세포 사이에서 자란다. 여기에서 양분 수송이 이루어지는 것이다. 이 균사 조직은 선형동물을 비롯한 토양 먹이그물의 다른 생물이 뿌리에 침입하지 못하도록 가로막는 역할을 할 수도 있다. 뿌리가 병원균에 저항할 수 있도록 돕는 물질을 균사가 만들어내기도 한다.

연구 결과에 따르면, 외생 균근균에 감염된 침엽수와 경질목('규칙 16'을 보라)은 감염되지 않은 나무들보다 병원균에 대한 저항성이 더 크다. 외생 균근균과 관련된 식물—너도밤나무, 참나무류, 소나무, 전나무, 개암나무, 호두나무 등—의 비율은 2~10퍼센트 정도로 볼 수 있다. 그 비율이 얼마든 간에, 이 침엽수와 경질목들은 지구 표면에서 차지하는 비율이 매우 높다.

외생 균근균은 때로는 공생 관계를 맺으며 사는 방식과 분해된 유기물에서 탄소를 얻는 방식 사이를 왔다 갔다 할 수 있다. 외생 균근균이 공생 관계로 살 때에는 숙주 특이성(식물 병원균이 한정된 범위의 식물에 기생하여 병을 일으키는 현상)을 별로 보이지 않는다. 한 연구에 의하면, 노르웨이 스프러스는 100가지가 넘는 종류의 외생 균근균들과 관계를 맺을 수 있다. 또 광대버섯은 스프러스, 자작나무, 미송, 고무나무 등과 공생 관계를 맺는 것으로 알려져 있다.

내생 균근균

　　내생 균근균은 식물 뿌리의 세포벽(세포막을 뚫는 것은 아니다)을 밀고 들어가기 때문에 확대하지 않으면 육안으로 볼 수 없다(그리고 확대하더라도 염색을 해야만 보이는 경우가 많다). 적절한 비율로 확대하면, 내생 균근균의 균사 끝이 나뭇가지가 뻗은 듯한 모습의 균사 다발을 형성한 것을 볼 수 있다. 이것을 수지상체arbuscule라고 한다. 이 균에 감염되면 뿌리의 세포벽은 수지상체에 둘러싸이고 감싸진다. 수지상체는 하루이틀에서 2주 정도의 짧은 시간밖에 살지 못한다. 수지상체가 죽으면 뿌리 세포는 정상으로 돌아온다. 가지 모양으로 뻗은 아주 작은 균사 다발은 넓은 표면적을 제공하므로 양분의 수송을 유리하게 한다. 그런데 양분 수송은 균류의 원형질이 식물 원형질과 접촉하지 않아도 일어난다. 그것은 세포막 경계에서 일어나는 매우 화학적인 무역이다.

　　많은 내생 균근균은 소포라는 저장 구조물을 만들어낸다. 이 때문에 내생 균근을 VAMvesicular-arbuscular mycorrhizae, 소포 수지상 균근이라고도 불렀다. 소포를 만들지 않는 내생 균근균이 많다는 사실이 밝혀지자 AMarbuscular mycorrhizal균이라는 말이 내생 균근균을 통칭하는 용어로 자리잡았다.

　　내생 균근균 중 약 150종은 20만 종이 넘는 식물들과 관계를 맺는다('규칙 17' 참조). 내생 균근균은 모두 글로메일목ᵀ에 속하며, 모두 숙주 식물과 관계를 맺어야만 살 수 있다. 삼출액이 없으면 내생 균근균도 없다.

글로말린

　　내생 균근균의 균사를 감싸고 있는, 탄소를 함유한 초강력 접착제인 글로말린은 1996년까지, 정체가 밝혀지지 않은 부식의 오염 물질로 간주되었다. 1996년 미국 농무부 농업연구청USDA-ARS의 새라 라이트Sara Wright는 그 근원을 발견하고 내생 균근균이 속한 균류 목ᵀ의 이름을 따서 글로말린이

네브래스카 주의 자연 상태 흙에서
채취한 다음 냉동 건조한 글로말린.
사진: Keith Weller, USDA-ARS

라 이름붙였다. 글로말린은 균사를 코팅해서 빈틈 없이 균사를 봉해지게
한다. 그렇게 해서 물과 양분액이 균사에서 식물 뿌리로 전달되는 동안 새
어 나가지 않는 것이다. 글로말린이 없으면 내생 균근의 균사는 줄줄 새는
호스 같을 것이고, 균과 식물 뿌리의 양분과 에너지가 많이 낭비될 수밖에
없을 것이다.

당과 단백질이 결합된 글리코프로틴은 글로말린을 끈적끈적하게 만든
다. 그것이 끈적거리기 때문에 내생 균근균이 흙 입자를 뭉쳐서 큰 토양 입
단으로 만들 수 있다. 토양 입단이 만들어지면 토양 구조가 좋아지고, 이때
만들어진 공극 덕분에 작은 미생물들이 큰 미생물을 피해 숨을 수도 있다.
또 공극은 물을 저장하는 공간이 되기도 하며, 물이 흐르는 통로 역할도
해서, 물이 흐르면서 오래된 공기를 밀어내고 좋은 공기가 들어오게 해주

기도 한다.

글리코프로틴 분자에는 탄소 자리가 몇 군데 있다. 곧 이 탄소는 전부 극히 중요한 결과를 낳는다. 늙은 균사가 죽으면 토양 입단을 코팅한 글로말린 속의 탄소가 한데 묶여서 서서히 분해되는 것이다. 그 탄소가 밖으로 나올 때까지는 100년이 걸릴 수도 있다. 내생 균근 네트워크는 매우 방대한 것이 될 수 있으므로(어떤 토양에서는 한 티스푼당 3마일이나 된다), 그것이 지닌 탄소는 엄청나게 많은 양에 이를 수 있다.

내외생 균근균

어떤 식물—특히 오리나무, 자작나무, 버드나무, 포플러, 고무나무—들은 외내생 균근균을 동시에 가질 수 있다. 얘기를 복잡하게 만들고 싶지는 않지만, 외생 균근 구조를 형성하면서 또 내생 균근균처럼 세포벽을 밀고 들어가는 균근균이 실제로 있다. 그 결과로 만들어지는 관계를 내외생 균근균이라고 한다. 독자 여러분이 혹시 궁금해할까 봐 말씀드리자면, 내외생 균근균은 외생 균근균의 모양을 하고 있다. 내외생 균근 관계는 종종 불타 버린 삼림 토양에서 만들어진다. 자연 복원 과정에 있는 삼림의 소나무 묘목에서도 나타나지만 특히 육묘장—이전에 나무를 심었던 흙—의 소나무 묘목에서 흔히 나타난다. 대개는 묘목이 커감에 따라 그 관계는 외생 균근 관계만으로 한정된다. 때때로 내외생 균근 관계를 맺는 식물 중에는 스프러스와 낙엽송도 있다.

이 같은 지식을 우리의 텃밭과 정원에 적용할 방법은 제한되어 있지만, 이런 복합적 관계가 존재한다는 것 자체가 우리에게는 흥미롭게 느껴졌다. 언젠가 이 균류도 시중에서 판매될지도 모른다. 당장은 아니라 하더라도 말이다.

균근균이 모든 상황에서 해결책이 되는 것은 아니지만, 필요가 보일 때 균근균을 식물에 접종하는 것은 식물의 건강과 생장을 위한 유용한 단계가 될 수 있다. 우선 쉽게 시작할 수 있는 것은 애초에 균근균을 해치는 조건을 만들지 않는 것이다. 우리가 정원을 가꾸는 큰 이유는 무엇보다 흙에서 놀기 위함이었다. 그런데 안타깝게도 정원을 가꾸는 사람들이 이따금 너무 거칠게 논다. 균근균은 매우 깨지기 쉬우므로, 모든 종류의 원예 활동은 균근균에게 해가 된다.

먼저 토양 소독부터 보자. 씨를 뿌리려고 할 때나 실내에서 식물을 키울 때 흔히 토양을 소독한다. 뿌리를 갉아 먹는 선충을 비롯한 해충과 병원균을 없애기 위해서 토양 소독을 하기도 한다. 소독은 당연히 균근균의 죽음을 의미한다. 소독한 흙에 식물을 심을 때 새로운 흙을 더하려면 신중히 해야 한다.

그다음은 무경운 원칙이다. 내생 균근균을 방해하는 일이 많아질수록 인 흡수가 줄어든다. 그리고 경운은 일년생 초본과 채소가 자라는 데 중요한 균류를 극도로 방해하는 일이다(자세한 것은 22장을 보라). 공극이 남아 있을 수도 있고 번식체가 만들어질 수도 있지만, 좋은 모양은 아닐 것이며 위치가 옮겨질 수도 있다. 싹이 트려면 균근균이 뿌리 영역에 있어야 하는데 뿌리 영역과 삼출액이 있는 곳에서 벗어날 수도 있다는 말이다. 경운으로 균근균이 다 사라지지는 않았다 하더라도 처음부터 새로 시작해야 하고 그러려면 시간이 걸린다. 간단히 말해서 균근균 네트워크는 방해받지 않는 토양에서 더 빨리 자란다. 그러므로 만약 여러분이 매년 경운을 한다면, 이제 그 일을 멈춰라. 그리고 앞으로 한두 계절 동안 파종기에 균근균을 사서 씨앗과 모종에다 접종하라.

다져진 흙은 균근 관계를 제한하거나 해를 입힐 수 있다. 그런 일이 생기면 통기—다져진 흙에 구멍을 뚫어주는 것—도 하나의 답이다. 흙이 다져지는 이유는 물의 범람에서 자동차 주차, 빈번한 통행, 쌓인 눈이나 얼음 등 가지가지다. 무거운 장비를 사용할 때에도 흙이 다져진다(집을 지을 때에는 항상 흙이 다져진다). 잔디용 트랙터 사용 때문에 흙이 다져지기도 한다.

통기 작업은 배수를 좋게 하고, 공기가 잘 통하게 하며, 균류 성장을 위한 조건을 개선한다. 통기 후 균근균을 넣어주면 땅의 회복이 빨라지고 균류가 빨리 퍼질 것이다. 나무 아래에도 통기 작업을 하는 것을 잊지 말아야 한다. 나무 아래의 다져진 흙이 균근 관계를 망가뜨릴 수도 있다. 뿌리 주입기로 외생 균근균을 접종하거나 뿌리를 균근균 믹스에 묻히면 좋다.

언제 도움을 주어야 할까?

여러분이 유기적 관리를 고수하고 있고 토양 먹이그물을 잘 활용하는 농부라면(이 책을 읽은 뒤에는 그렇게 될 것이 분명하지만), 우리가 보기에 균근균을 사용하는 것이 옳은 상황이 있다. 첫 번째는 실내에서든 실외에서든 화분에든 모종을 키우기 시작할 때다. 대부분의 화분 흙에는, 그리고 퇴비에조차 균근균 포자와 번식체가 없고 살균 소독되어 있는 경우가 많다. 이 단계에 적절한 균류를 넣어주는 것은 균근이 일찍 자리 잡는 데 도움이 된다. 균근균 믹스에 씨앗을 굴린 다음, 옮겨 심을 때에는 심는 도구와 드러난 뿌리에도 그것을 뿌린다. 퇴비를 넣은 실내용 화분에도 균근균 접종을 미리 해야 한다. 퇴비에는 세균과 다른 균류, 선형동물, 원생동물이 있지만 균근균 포자는 대개 들어 있지 않다.

어떤 살충제는 균근균에게도 해롭다는 얘기를 들어도 이제는 덜 놀랄 것이다. 그런데 확실히 외생 균근균, 내생 균근균은 살진균제와도 사이가 좋지 않다. 이전에 살진균제를 뿌렸던 땅에서 식물을 키우고 있다면, 균근균에 감염되게 하는 것이 토양 먹이그물을 되살리는 방법이다. 그와 유사하게, 고농도 화학 비료를 뿌렸던 땅에다 식물을 키우려면, 그리고 유기적 시스템이 빨리 돌아오기를 바란다면, 한두 계절 동안 씨앗과 모종에 균을 접종하는 것이 좋다. 화학 물질, 경운에 의존하는 관행 농법에서 지속 가능한 토양 먹이그물 농법으로 바꾸면 내생 균근균 군체가 커지는 것으로 밝혀졌다.

정원이나 텃밭을 가꿀 때 균근균을 활용할 수 있는 또 다른 상황이 있다. 필수적인 균근균이 토양에 자연적으로 없는 경우다. 여기서 '필수적인'이란 그 균이 없는, 다시 말해 문제의 토양에 그 균이 쫙 퍼지지 않으면, 식물이 자라지 못한다는 뜻이다. 푸에르토리코의 토양이 유명한 예인데, 1950년대에 푸에르토리코에서 소나무를 키우려는 시도가 실패로 돌아간 적이 있다. 대다수 소나무들은 1년 정도 비실비실 살아 있기는 했지만 결국에는 죽어버렸다. 비료를 뿌리는 것도 도움이 되지 않았다. 1955년, 노스캐롤라이나에 있는 소나무 주변 흙을 가지고 가서 푸에르토리코의 소나무 묘목 뿌리에 접종을 했다. 접종하지 않은 소나무들은 잘 자라지 못하고 죽었다. 그러나 접종한 나무들은 잘 자랐다. 필수적인 균근균을 넣어주는 것이 비결이었다. 이 예가 특이한 우연의 일치일 뿐일까? 그렇지 않다. 예전에 이곳 앵커리지에서 단풍나무를 키운다는 건, 어떤 종류의 단풍나무든, 보나마나 실패할 일이었다. 그런데 1970년대 초에 시어스 백화점에서 판매한 열 몇 그루의 단풍나무가 죽지 않고 잘 자란 일이 있었다. 운이 좋게도 그 묘목들은 흙에 심겨져서 알래스카로 실려왔던 것이다. 항공 화물 요금이 비싸고 조경수들이 모두 뿌리를 드러낸 채 운송되는 것을 감안하면 매우 드문 일이었다. 그 단풍나무 묘목은 잘 커서 큰 나무가 되었다. 이제는 시중에 판매되는 균근균 믹스 제품 덕택에 뿌리를 드러낸 채 운송되는 단풍나무들도 잘 자라고 있다.

조경 공사를 할 때, 특히 좋지 않은 흙에 모종을 심을 경우에, 뿌리에 균근균이나 그 번식체를 묻혀주어서 그 균에 감염시켜야 한다. 잔디밭에 씨를 뿌릴 때에도, 잔디밭을 새로 만드는 경우든, 기존 잔디밭에 씨를 뿌리는 경우든, 씨앗에 균을 묻혀주는 것이 좋다(2009년 봄, 백악관 잔디밭을 새로 조성하는 데 쓰인 씨앗은 처음부터 균근균을 접종한 뒤에 뿌려졌다). 더 자세한 것은 다음 장을 보라.

이 모든 예의 핵심은 뿌리 영역에 균근균의 균사나 포자가 살아 있게 하는 것이다. 균근균 상품은 유효 기간을 확인하고 접종을 해야 하는데, 포자는 번식체보다는 오래 간다. 흙에서 적절히 잘 섞이면 뿌리가 균근균을 통과해 자라면서 감염이 된다. 뿌리 삼출액이 균근균의 포자가 자랄 수 있게 하므로, 되도록 일찍 감염되게 하는 것이 확실히 좋다. 균근균의 이점은 너무나 많으므로, 텃밭이나 정원 가꾸기에는 반드시 균근균을 우리 편으로 만들어야 한다.

20장

_잔디

옛날에는 잔디밭 상태가 마음에 들지 않으면 동물 똥을 뿌리거나 퇴비를 주었다. 잡초가 보이면 몸소 손으로 뽑거나 자녀들을 시켜 뽑게 했다. 1928년 잔디 종자를 팔던 한 회사가 질소 화학 비료를 만드는 방법을, 그것도 싸게 만드는 방법을 발견하면서 그 모든 것이 변했다. 공격적인 광고와 놀라운 효과—인정할 건 인정하자—덕에, 잔디밭용 화학 비료는 수십억 달러 규모의 산업으로 성장했다.

잔디밭의 악순환

잔디용 화학 비료는 효과가 있다. 효과가 아주 좋다. 질소 농도가 엄청 높기 때문에 즉시 효과가 나타난다. 흙 속 생물들의 활동은 건너뛰고 뿌리에 직접 양분을 주는 화학 성분으로 만들어진 비료여서 그렇다. 그런데 합성 비료를 뿌리면 토양 먹이그물 미생물들 대부분 또는 전부가 죽는다(규

땡큐
아메바

칙 13'). 이 화학 비료의 성분은 염이어서, 토양 미생물과 접촉하면 삼투압 충격을 받게 한다. 미생물의 세포벽에 있는 물이 농도가 더 높은 곳으로 흘러가는 것이다. 그것은 말 그대로 세포벽을 통과해서 터지기 때문에 양분을 지닌 미생물(세균과 균류), 양분을 순환시키는 생물(선형동물과 원생동물)을 죽여버린다.

잔디밭의 토양 먹이그물 생물들이 얼마나 빨리 화학 비료에 영향을 받는가는 생물 자체에 달려 있다. 그 생물의 농도와 힘, 뿌려진 비료의 양에 달려 있다. 그러나 우리 경험에 비추어보면, 1에이커(1만 제곱미터)당 질소 비료 100파운드(약 45킬로그램)면 건강한 토양 먹이그물을 싹 쓸어가 버린다. 그보다 적은 양이면 죽는 생물이 조금 줄겠지만, 그래도 손상을 입히는 것은 마찬가지다. 질소 화학 비료 100파운드에도 죽지 않은 생물들은 먹이가 부족해서 또는 화학 비료의 냄새 때문에 그곳을 떠난다. 미생물의 활동이 없으면, 여러분도 알다시피, 잔디를 푸르게 유지하기 위해 필요한 양분을 뿌려야 한다(그리고 얼마 지나지 않아 또 뿌려야 한다).

세균과 균류가 하는 자연적인 완충 역할이 없어지면 토양의 pH가 금세 나빠진다. 질산염이 많이 뿌려질수록 토양 pH가 점점 더 낮아져서 결국 토양 개량이 필요해진다. 사람들은 보통 잔디를 깎은 다음 잘라낸 것을 즉시 치우는데 이것도 일을 더 꼬이게 만드는 짓이다. 화학 비료에 의존해서 정원을 가꾸는 사람들은 대개 잔디를 깎은 뒤에 '깨끗이' 치운다. 유기 재배법으로 하는 사람도 조건반사처럼 잘라낸 잔디를 치워버려서 본의 아니게 잔디밭 흙 속 생물의 파괴에 일조한다. 낙엽과 잘라낸 잔디를 잘게 부수고 분해할 토양 먹이그물이 없다면 그것이 분해되지 않을 것이고, 그러면 그것이 햇빛을 가릴 것이다. 그러니 잔디가 햇빛을 못 보는 일이 없도록 치워버릴 수밖에 없다.

화학 비료 사용은 악순환이 시작되게 한다. 비료를 많이 쓸수록 토양 먹이그물은 더 많이 파괴되고 그러면 양분이 부족하게 되므로, 부족한 양분을 채우기 위해 비료를 더 많이 쓰게 된다. 나선형 퇴보라 할 수 있다. 그

골프장 잔디에서 가장 큰 두 가지 골칫거리 병 가운데 하나인 달러스팟은 화학 비료의 과도한 질산염 때문에 발생한다. 사진: Kevin Mathias, USDA-ARS

최종 결과는, 잔디밭이 말도 못하게 나쁜 상태가 되는 것이거나 여러분의 일이 아주 많아지는 것이다. 잔디 잘라낸 것을 잔디밭에서 치우고 잔디밭에 염을 뿌리면, 예전에 수천억, 수조의 미생물들이 하던 일을 사람 혼자서 다 떠맡아야 한다. 지렁이는 염이 뿌려진 구역을 떠난다. 염이 몸에 닿으면 괴롭기도 하고 또 지렁이의 소화를 책임져주는 내장 속의 미생물이 화학 비료를 섭취하면 죽기 때문이다. 흙을 뭉치게 해서 흙 덩어리를 만드는 균류도 사라진다. 흙 알갱이들을 묶는 점액을 만들어내는 세균도 가버린다. 잔디밭의 흙은 토양 구조를 잃는다. 물과 공기를 붙잡아두는 능력도 서서히 잃어간다. 이제 곧 병이 더 많이 생기고 문제가 점점 더 많이 일어날 것이다.

　토양 먹이그물이 풍부하고 다양하지 않으면 자연 방어력이 사라진다. 매년 흰가루병, 흑반병, 뿌리역병, 회색 설부병 등 기회성 미생물이 일으키는 병에 걸리는 잔디에는 분명 이런 병을 억제하는 다양한 이로운 유기체들이 없는 것이다. 미생물과 한팀을 이룸으로써 여러분은 건강하고 멋진 잔디밭을 가질 수 있다. 그것도 훨씬 적은 노동을 투여하고서 말이다.

빵 큐
아 메 바

잔디밭에 미생물을 기르자

텃밭이나 정원의 다른 구역도 마찬가지지만, 먼저 잔디밭의 토양 먹이 그물의 지위를 판단하는 일이 중요하다. 실험실에서 하는 생물학적 토양 검사를 하는 것만이 정확한 방법이다. 그렇게 하면 무엇을 개선해야 하는지, 정확히 얼마나 많은 복원 작업을 해야 하는지를 알 수 있다. 그러나 토양 검사 외에 다른 것도 토양 상태에 대한 상당히 좋은 표시 역할을 한다. 예를 들어 세균, 균류, 원생동물 같은 먹이가 없으면 지렁이가 없을 것이다. 그러므로 지렁이가 있다는 것은 건강한 먹이그물의 확실한 표시다. 지렁이가 많이 산다면 그 잔디는 이미 이로운 미생물이 많이 있는 것이고, 그 미생물들이 토양 구조를 만들고, 잔디 뿌리로 양분을 순환시키고, 보수·통기·배수 기능을 향상시키고, 병원체와 싸우고 있는 것이다. 그래서 만약 새들이 지렁이를 잡아먹는 것이 보이면, 비가 많이 온 뒤에 지렁이가 많이 나타나거나 밤에 잔디밭 위에 지렁이 똥이 놓여 있다면, 잔디의 토양 먹이

토양 먹이그물에 의해 유지되는 잔디밭. 뒤쪽의 노란 부분은 토양 먹이그물을 활용한 관리를 받지 않은 곳이다. 사진 제공: Soil Foodweb, Inc, www.soilfoodweb.com

그물을 유지하기만 하면 된다. 토양 먹이그물을 만들기 위해 미생물을 더 넣을 필요가 없다.

그와 마찬가지로 잔디 토양에는 많은 미세 절지동물—보려면 매크로스코프나 저배율 현미경이 필요한 작은 절지동물—도 있어야 한다. 미세 절지동물은 양분의 순환을 돕고 잘라낸 잔디를 잘게 부수고 흙 속에 공기가 잘 통하게 한다. 베를레제 깔때기를 써서 관찰해보라. 여러분의 땅에 미세 절지동물이 부족하다는 걸 발견했다면, 이로운 균류, 세균, 원생동물, 선형동물—이들은 절지동물, 지렁이, 그 외 토양 먹이그물 참가자들을 유인할 기초가 된다—을 넣어줌으로써 미생물의 활동을 복원할 수 있다.

미생물 먹이고 돌보기

생장기의 시작이나 끝 무렵에 유기질 비료(미생물의 먹이가 된다)를 잔디밭에 뿌려야 한다. 그러면 흙 속의 미생물이 먹을 유기 물질 공급이 충분해질 것이다. 거름이라는 말 대신 미생물 먹이라는 말을 쓰는 것은 원예 용어에서 큰 변화이며, 필요한 변화이기도 하다. 미생물과 한팀이 되면 우리는 미생물에게 먹이를 주고, 미생물은 뿌리에게 먹이를 준다.

'규칙 14'가 경고하는 것은, 토양 먹이그물을 활용해서 일하고 싶으면 NPK 비율이 높은 웃거름을 멀리해야 한다는 점이다. 텃밭이나 정원을 가꾸는 사람들은 대부분 NPK라는 글자가 비료의 질소, 인산, 칼리 비율을 뜻한다는 것을 안다. 이 NPK 삼형제는 비료 포장지에서도 볼 수 있다. NPK 비율이 10-10-10을 넘는 것은 잔디에 뿌리지 말라. 전통적인 유기질 거름은 대개 이 기준에 부합한다. 인산의 농도가 높으면(10퍼센트가 넘으면) 균근균이 자라지 못할 뿐 아니라 이미 있는 균근균도 죽는다. 그 결과 잔디는 양분을 쉽게 흡수할 수 있는 능력을 잃는다. 인산을 잔디에 아무리 많이 뿌려도 인산은 순식간에 작물이 이용할 수 없는 형태로 변해서 균근균이 없는 잔디가 이용할 수 없게 된다.

균근균이 잔디 성장을 돕는다(오른쪽 화분을 보라!). 사진 제공: Mycorrhizal Applications, www.
mycorrhizae.com

우리가 즐겨 쓰는 잔디용 미생물 먹이는 NPK 비율이 6-1-1인 콩가루
다. 이것을 1제곱피트(약 0.09제곱미터)당 3~4파운드(약 1.3~1.8킬로그램) 비
율로 뿌린다. 다른 유용한 유기질 미생물 먹이로는 알팔파 가루, 혈분, 목
화씨 가루, 계모_{닭털}분(전부 처음에는 100제곱피트당 4파운드의 비율로 뿌리고 그
다음부터는 취향에 맞게 뿌리면 된다), 어골분(100제곱피트당 3파운드. 그런데 경고
해둘 것은 며칠 동안은 생선 냄새가 심하게 난다는 것)이 있다. 이런 것들은 모두
토양 생물들의 먹이가 되지, 식물 뿌리에 곧바로 흡수되지는 않는다. 그래
서 비료가 아니라 미생물 먹이라고 하는 것이다.

이 일은 잔디밭의 미생물들에게 적당한 환경이 만들어지는 데에도 도
움이 된다. '규칙 2'에서 우리가 알고 있는 것은, 잔디는 세균이 약간 우점하
는 토양을 좋아한다는 것이다. 그 이유 때문에라도 잘라낸 잔디를 사계절
내내, 세균이 좋아하는 멀치 역할을 하도록 잔디밭에 내버려두는 것이 좋
다. 잔디 속의 당은 적당한 밀도의 세균을 끌어들일 것이다. 잘라낸 잔디는
원생동물이 늘어나는 데에도 도움이 되는데, 원생동물은 양분의 순환이
이루어지게 한다. 그러면 많은 양의 농축 질산염이 뿌리에 흡수되지 않으

므로 잔디 깎는 횟수를 줄여도 된다.

　가을이 되어 잎이 떨어지거나 폭풍 뒤에 크고 작은 나뭇가지들이 떨어질 때 그런 것들을 갈퀴로 싹 긁어내지 말라. 그 대신, 잔디 깎는 기계로 그 위를 한두 번 왔다 갔다 한 다음 그대로 두면 멀치가 된다. 기계로 잘게 부수어주면 잔디밭의 균류가 이용하기 쉬워진다. 잔디밭에서는 균류도 중요하다. 균류는 토양 구조가 좋아지게 하고 물이 잘 빠지게 한다. 균류가 있으면 북더기 잔디thatch 층을 형성하는 난분해성 잔디 줄기도 분해된다. 그렇기 때문에 잔디밭에서 버섯을 보면 기뻐해야 한다. 버섯은 보통 잔디 아래에 있는 것들이 건강하다는 표시다.

　건강한 토양 먹이그물의 혜택을 보지 못한 잔디밭(화학 비료와 제초제 때문이기도 하지만 나쁜 배수 때문인 경우도 많다)은 통기를 해주어야 한다. 2인치(약 5센티미터) 깊이로 작은 구멍을 뚫어주면 이 구멍들이 잔디밭의 숨통을 틔워주어 물, 공기, 유기 물질이 뿌리 구역으로 들어갈 수 있게 해준다. 구멍을 뚫을 때 나온 2인치 길이의 흙덩이는 잔디밭에 버려두어서 썩게 한다.

　3~4년에 한 번씩 이른 봄에 이렇게 통기 작업을 하면 토양 먹이그물에 도움이 된다. 눈과 얼음 무게 때문에 또는 애완동물이나 아이들, 자동차

잔디 통기 작업으로 뽑아낸 플러그 모양의 잔디 사진: Judith Hoersting

땡 큐
아 메 바

등이 밟고 다녀 딱딱해진 흙을 다시 부슬부슬하게 만들어준다. 통기 작업을 하면 특히 잔디밭의 균류 집단이 건강을 유지하는 데 도움이 된다. 균류는 가장 약해서 잔디밭이 다져지면—잔디밭은 사실 다져질 수밖에 없다—가장 먼저 사라지는 토양 생물이기도 하다. 이렇게 봄에 통기를 해준 다음 유기질 미생물 먹이를 준다. 그것이 통기 작업을 할 때 뚫은 구멍으로 들어가서 땅속 잔디의 뿌리 구역에 양분을 제공할 것이다.

그다음, 잔디밭에 이로운 미생물들을 넣어주어서 토양 미생물이 복구되도록 또는 이미 있는 미생물들이 유지되도록 한다. 잔디밭이 작으면 세균 우점의 퇴비를 퇴비 살포기로 잔디밭에 얇게 뿌려줌으로써 쉽게 이 일을 완수할 수 있다. 잔디밭이 크면, 약간 세균 우점인 퇴비차를 뿌려주는 것이 좋다(이 장의 마지막 절 '잔디에 퇴비차 뿌리기'를 참조하라).

잔디밭에 주는 물속의 염소는 괜찮을까? 스프링클러로 물을 주면 염소가 미생물에게 영향을 주지 않는다. 미세한 분무로 허공에서 땅으로 천천히 떨어지는 동안 물속에 있던 염소 대부분이 없어진다. 물론 비싸지 않은 염소 필터를 사서 호스에 부착해도 된다. 필터 하나를 한 철 내내 쓸 수 있지만 효과가 지속되는지 때때로 점검해야 한다.

땅의 먹이그물을 살리는 잡초 뽑기

잔디밭의 잡초는 토양 먹이그물에서 영향을 받을 수 있다. 예를 들어 민들레는 칼슘이 부족한 토양 표면에 나타난다. 민들레의 곧은뿌리는 부족한 칼슘을 찾아서 멀리 뻗어가기 때문에 민들레가 죽으면 흙에 칼슘이 남겨진다. 때가 되면—불행하게도 때로는 아주 긴 시간이 걸린다—토양 먹이그물 생물들이 칼슘이 부족했던 표층에 이 칼슘을 돌려놓는 작업을 한다. 민들레는 본래 스스로 사라질 수도 있다. 민들레를 빨리 없애려면 흙속 균류 활동을 늘려야 한다. 균류가 칼슘을 붙들어 매는데, 세균이 하는 것보다 훨씬 더 많이 할 수 있다. 미생물 먹이인 옥수수 글루텐(옥수수 녹말 생산의 부산물)을 유기질 '발아 전 제초제'로 이용할 수도 있다. 막 싹이 나오고 있을 때 민들레나 다른 잡초를 뽑아서 잔디밭에 두라. 그러면 새로운 씨가 뿌리 내리는 것을 방지한다.

잔디밭에 클로버와 구주개밀이 많은 것은 토양 먹이그물이 질소를 충분히 순환시키지 않는다는 것을 뜻한다. 퇴비나 퇴비차, 원생동물 수프로 선형동물과 절지동물을 늘려주면 질소 순환을 도울 수 있다. 잔디밭에 흔히 보이는 별꽃류는 질산염이 너무 많을 때 잘 자란다. 비료를 사서 뿌리면 질산염이 많아진다. 비료를 사다 뿌리지 말고 그 대신 토양 먹이그물 도구를 이용하여 잔디밭에 균류 생물량이 늘어나게(그렇게 해서 흡수할 수 있는 암모늄도 많아지게) 하라.

한편 이끼가 있다면 그것은 잔디밭 흙이 약간 세균 우점이 아니라 이미 균류 우점 상태에 있다는 뜻이다. 잔디는 세균이 약간 우점하는 상태를 좋아한다. 이끼는 산성을 좋아한다. 이끼가 생긴 잔디밭에 세균이 많은 퇴비

잔디밭의 페어리링을 비롯한 균류는 퇴비와 퇴비차의 다양성을 늘림으로써 극복할 수 있다. 사진 제공: Clemson University, USDA Cooperative Extension Slide Series, www. forestryimages.org

땡큐
아메바

차를 뿌리고 세균 우점 퇴비를 웃거름으로 얇게 뿌려주면, 잔디가 좋아하는 정도로 pH가 바뀌고 이끼가 살기에 적절하지 않게 될 것이다. 그러면 이끼가 더 생기지 않을 것이고 결국에는 전혀 생기지 못할 것이다. 이미 있는 이끼는 갈퀴로 긁어 없애야 한다. 긁어내기 전에 먼저 철을 뿌리면, 이끼는 죽어버리게 된다.

먹이그물을 활용하는 사람으로서, 잔디밭에 버섯이 보이면 반가워해야 한다는 것은 이미 알고 있을 것이다. 물론 버섯이 너무 많으면 곤란하다. 너무 많은 버섯은 좀 더 세균이 많은 퇴비차를 뿌려야 한다는 뜻이다. 예를 들어 페어리링으로 잔디밭에 버섯이 나타난다면 잔디밭 흙에서 균류의 다양성을 높이기만 하면 된다. 퇴비차와 퇴비가 다양한 균류를 갖도록 하면 되는 것이다. 그러면 페어리링 곰팡이가 경쟁에서 질 것이다. 그리고 미세 절지동물과 대형 절지동물, 생쥐, 뾰족뒤쥐 등이 그 버섯과 다른 균류들을 먹는지 계속 확인해야 한다.

손쉬운 변화와 좋은 출발

pH에 변화를 주려고 할 때 토양 먹이그물을 유리하게 이용할 수 있다. 보통 웬만큼 넓은 잔디밭의 pH를 몇 포인트 변화시키려면 석회나 석고, 유황을 수백 파운드 뿌려야 한다. 특히 석회는 천천히 효과를 발휘해서 1포인트 변화를 일으키려면 한 계절은 걸린다. 그러나 토양 먹이그물 과학을 적용함으로써 석회 등을 훨씬 덜 쓰고(보통 사용량의 4분의 1 정도) 더 짧은 시간 안에 같은 결과를 얻을 수 있다. 석회는 직접 잔디에 뿌리는 대신 퇴비를 만들 때 섞는 것이 좋다. 그러면 석회가 미생물에 의해 퇴비 속에 단단히 붙들려 있다가 먹이그물 순환이 이뤄지는 동안 방출된다. 이 퇴비를 잔디밭에 직접 뿌려도 되고 퇴비차를 만드는 데 써도 된다.

여러분이 그것을 잔디밭에 뿌리고 있다면 여러분은 시작부터 건강한 토양 먹이그물을 구축할 기회를 가진 것이다. 화학 물질을 웃거름으로 주는 잔디밭이라는 불명예를 피할 수 있으면서 말이다. 잔디 씨앗을 뿌리기 전에, 잔디와 공생 관계인 내생 균근균 곧 VAM^{vesicular-arbuscular mycorhizae}의 균사를 씨앗과 섞어라. 건강한 잔디밭이라면 VAM의 콜로니가 된 뿌리가 잔디밭 전체에 퍼져서 균근 관계의 이익을 얻고 있을 것이다. VAM의 콜로니화는 잔디가 양분을 두고 잡초와 경쟁할 때 잔디를 돕고 뿌리를 갉아 먹는 선형동물을 제지한다. 그리고 균근균이 물과 양분을 뿌리에 다시 되돌려준다. 실험실에 의뢰해서 여러분의 잔디밭 흙에 VAM이 얼마나 많은지 알아볼 수 있다.

잔디밭에 씨를 뿌리기 24시간 전에 젖은 잔디 씨앗을 VAM에 굴린 다음 어둡고 시원한 곳에 보관한다. VAM은 균근균이 없었던 잔디밭을 물이나 거름을 훨씬 덜 주어도 되는 건강한 잔디밭이 되도록 도와줄 것이다.

급속한 개선을 원한다면

어떤 잔디밭은 보기에 절망적이어서, 토양 먹이그물 관리가 효과를 나타내는 동안 좀 더 신속한 행동이 필요할 때가 있다. 우선 손으로 잡초 제거하는 것, 잔디밭에 식초와 열을 사용하는 것을 고려해보라. 잡초가 너무 많아서 제초제를 뿌려야겠다면, 또는 질산염을 뿌려서라도 즉시 잔디를 푸르게 만들 필요가 있다면(예를 들어 마당에서 야외 결혼식을 치러야 하는 긴급 상황이라면), 토양 먹이그물을 회복시키기 위한 행동이 필요하다.

그럴 때는 '규칙 15'를 실행하라. 화학 액비를 뿌리거나 토양 관주 처리를 한 다음에 유기질 퇴비차를 뿌려라. 화학 물질이 효과를 발휘하도록 며칠 둔 뒤에 유기질 퇴비차를 뿌리면 된다. 유기질 퇴비차 속 미생물들이 화학 물질 잔여물을 분해하고 또 흙 속에 자리를 잡음으로써 즉시 땅의 해독을 시작할 것이다. 일주일 후에 퇴비차를 한 번 더 뿌리고 나서 토양 먹이그물 생물의 상태를 확인하라.

세균과 균류 둘 다 살충제를 분해하지만 이 복잡한 염화탄소 사슬을

땡큐
아메바

공격하고 깨뜨리는 것은 주로 균류다. 그러므로 오염된 토양에는 복합 단백질(균류가 좋아한다)을 가진 유기 물질—켈프, 생선 가수분해물, 부식산—을 많이 넣어주어야 한다.

잔디밭에 퇴비차 뿌리기

잔디밭에서 생물이 제대로 자리잡도록 하는 가장 좋은 방법 중 한 가지는 세균이 약간 우점하는 호기성 퇴비차를 1에이커에 5갤런 비율로 뿌리는 것이다. 적당한 장비가 없으면 넓은 잔디밭에 퇴비차를 뿌리는 게 수월치 않다는 건 인정한다. 비료 살포 서비스 업체의 도움을 받는 것이 가장 쉬운 길이지만, 직접 하는 것보다 훨씬 비싸고 연락해서 일을 시키는 것이 더 번거로울 수도 있다.

콘크리트용 살포기는 작은 면적에 쓰기 좋다. 넓은 땅에 뿌리려면 이동

비료 살포 서비스 업체에 전화 한 통만 해서 해결할 수도 있다. 사진: Judith Hoersting

이동식 스프링클러와 비료 분배기가 있으면 잔디밭에 퇴비차 뿌리는 일이 쉬워진다. 사진: Judith Hoersting

식 비료 분배기(액체 비료를 뿌릴 수 있게 만들어진 탱크)가 달린 스프링클러(잔디밭 위에 놓인 호스를 따라 따라오는) 사용을 고려할 수 있다. 해로운 화학 물질 대신 호기성 퇴비차로 분배기를 채우고 스프링클러가 잔디밭을 가로질러 가며 그것을 뿌리는 것이다.

정말로 넓은 잔디밭에 퇴비차를 뿌릴 계획이라면 가스 분사기를 빌리거나 구입하고 싶어질 것이다(가장 낮은 압력으로 뿌려야 한다). 5~10분 안에 1에이커 넓이의 잔디밭에 분무할 수 있고 30피트 높이의 나무에도 뿌릴 수 있다. 사용료를 주고 대여하는 편이 훨씬 나을 것이다. 토양 먹이그물이 정착된 뒤부터는 봄가을에 한 번씩만 뿌려주면 될 테니 말이다. 사용할 때는 탱크에 제초제, 살충제와 같은 해로운 화학 물질이 남아 있지 않은지 확인해야 한다.

21장

_교목·관목·다년생 초본 키우기

교목, 관목, 다년생 초본은 조경에서 중요한 요소들이다. 그러나 특별한 보살핌을 받지 못하고 잔디와 함께 뭉뚱그려져 취급되기 일쑤다. 잔디에 뿌리는 비료는 대개 모든 교목과 관목에도 흡수되고 많은 다년생 초본에게도 간다. 교목과 관목, 일부 다년생 초본의 뿌리는 잔디 아래로 뻗어 있고 사람, 장비의 통행에 의해, 그리고 비선택성 제초제의 영향권에 있다. 비선택성 제초제는 잔디밭 잡초를 죽일 뿐 아니라 식물을 보호하는 이로운 생물들도 다 죽인다. 토양 먹이그물이 축소되어 있으면 여러분이 토양 먹이그물의 방어자가 되어야 하고, 교목과 관목, 다년생 초본에 양분을 주어야 한다.

교목·관목·다년생 초본은 '균류 우점 토양'을 좋아한다

정원의 라일락이 왜 꽃을 안 피우는지 궁금해한 적 있는가? 질소 비료를 잘 뿌려주어 아름답고 푸른 잔디밭 한가운데 있는 저 전나무가 왜 자라지 않는지는? '규칙 3'을 떠올려보라. 나무, 관목, 다년생 초본은 질산염이 아니라 암모늄 형태의 질소를 좋아한다. 곧 균류가 많은 토양을 좋아한다. 반면 잔디는 질산염 형태의 질소이거나 세균이 많을 때 가장 잘 자란다. 거기에 문제가 있다. 흙에 세균이 매우 많으면 많은 나무들이 자리잡는 데 어려움을 겪는다.

나무, 관목, 다년생 초본이 잔디에 둘러싸여 있는 것은—정원을 돌보는 사람에게도—좋지 않을 수 있다. 특히 나무들이 자라는 곳에 따라 각각 다른 토양 먹이그물을 제공하지 않은 경우에는 말이다. 교목과 관목은 특히 정원을 대표하는 역할을 종종 한다. 그래서 암모늄을 좋아하는 침엽수 같은 것이 질산을 좋아하는 잔디밭 한가운데에 심어져 있을 수 있다. 이럴 때 비책은 교목과 관목 주위에 균류가 많은 토양 먹이그물의 섬을 만드

세균 우점의 토양 또는 세균과 균류가 균형 잡힌 토양에서 자라는 나무들은 멀치를 해주면 균류가 많아져서 좋다. 사진: Judith Hoersting

쌩큐
아메바

는 것이다.

'규칙 3'의 극히 드문 예외는, 사막에서 울창한 숲으로 옮겨가는 생태계의 천이 과정에서 과도적인 단계에 있다고 일반적으로 여겨지는 나무들이다. 그중 가장 익숙한 것은 사시나무, 자작나무, 포플러다. 이 나무들은 어릴 때에는 세균 우점의 토양에서도 잘 자란다. 그 단계에서는 질산을 쉽게 이용할 수 있기 때문이다. 그러나 다 자란 뒤에는 이 나무들도 암모늄 형태의 질소를 더 좋아한다.

교목, 관목, 다년생 초본은 딱딱한 흙을 싫어한다

교목, 관목, 다년생 초본은 자주 딱딱하게 다져진 흙의 희생자가 된다. 잔디밭에 심어졌을 때(교목과 관목은 종종 그런 일을 당한다)나 지나다니는 사람들에게 밟혀서 딱딱해진 정원에서(다년생 초본이 그런 곳에 심어지기 쉽다) 특히 그렇다. 이런 조건을 예방하려면 매우 조심해야 한다(또 그것을 바로잡기 위해 차근차근 노력해야 한다). 뿌리는 좋은 토양 구조에서 가장 잘 자라고 (물론 식물 전체도 그렇고), 좋은 토양 구조가 되려면 여러분이 이제 잘 알고 있듯이 활발한 토양 먹이그물이 절대적으로 필요하다.

큰 생물들은 다져진 흙 속에서 살 수가 없다. 이동 경로가 파괴되어 먹이를 찾아 흙 속을 돌아다니는 것이 불가능해진다. 다져진 정도가 아주 심하다면, 새로 통로를 만들기가 불가능하거나 그럴 가치가 없을 수도 있다. 선형동물과 원생동물 다수가 사라져버려, 양분이 그들의 몸 밖으로 배출되어 식물이 이용할 수 있게 되는 대신 균류와 세균의 몸에 축적된다. 그와 동시에 교목, 관목, 다년생 초본의 뿌리에 연결되어 있던 약한 균근균이 말 그대로 찌그러져 죽거나 물에 빠져 죽는다. 균근균은 줄기나 뿌리가 썩는 문제를 일으키는 피튬, 리조크토니아 같은 균류와 경쟁한다. 얼마 후에 남아 있는 토양 먹이그물의 생물이라고는 세균과 기회성 균류와, 크기가 작아서 다져진 흙 속에서도 돌아다닐 수 있는 원생동물밖에 없다. 그러면 먹이그물은 좋은 모양새를 갖추지 못하고 당연히 교목과 관목이 좋아하는 균류로 가득 차 있지도 않다.

다져진 흙에서는 식물 뿌리도 뻗어가기 어렵다. 그리고 식물 뿌리가 균근균에 의지해서 양분을 흡수할 수 없기 때문에, 식물은 다져진 흙에서 이중의 타격에 직면한다. 좋아하는 질소 종류를 얻지 못하고 거기다 물, 인, 그 외 양분에 대한 접근이 어려워진다. 훨씬 더 심하게 스트레스를 받는 것이다.

갈수록 상황은 나빠진다. 흙이 딱딱해지면 산소가 줄어들고 혐기성 세균이 점령한다. 혐기성 세균은 뿌리를 죽이는 대사 물질을 만들어낸다. 물이 지나가고 공기가 들어갔다 나갔다 하는 통로가 사라진다. 균근균도 아니고 이로운 균류도 아닌 해로운 것들만 번창한다. 식물의 생장에 도움이 되는 상황이 전혀 아닌 것이다.

잔디밭에 구멍을 뚫어 통기시키는 것은 딱딱해진 흙을 회복시키는 첫 단계일 뿐이다. 딱딱해진 흙을 개선하는 적절한 토양 먹이그물 생물들이 없다면 통기의 효과는 단기간에 끝날 것이다. 해결책은 먹이그물 관리법을 적용하여, 토양 구조를 구축하고 유지하는 데 필요한 생물이 돌아오게 하는 것이다. 교목, 관목, 다년생 초본 주위의 딱딱해진 흙을 되돌리는 데에도 멀치, 퇴비, 퇴비차 모두가 매우 효과적이다.

멀칭·퇴비·퇴비차로 돌보자

갈색 멀치와 균류 퇴비, 퇴비차는 교목, 관목, 다년생 초본을 돌볼 때 매우 효과가 좋다. 먼저 퇴비부터 시작한다. 모든 교목과 관목 아래에, 그리고 모든 다년생 초본 주위에 2.5~5센티미터 두께로 퇴비를 깐다. 교목이나 관목의 드립 라인drip line까지는 깔아주어야 하지만 줄기에는 닿지 않아야 한다(다시 한 번 말하지만, 퇴비 속 미생물이 나무껍질을 공격하지 않도록 하기 위해서다). 나무 아래에 잔디를 키우려던 계획은 확실히 포기해야 한다.

나무 아래로 잎이 떨어지는 것은 단지 중력 때문만은 아니다. 잎에 들어 있는 질소와 탄소를 자연적으로 순환되게 한다. 나뭇잎 일부는 다시 식물 속으로 돌아간다. 자연이 식물 뿌리 위에 멀치를 덮는 것이다. 여러분도 갈색 멀치를 이용하여 그렇게 해야 한다. 다시 한 번 말하지만 적어도 드립 라인까지는 멀치를 깔아주어야 한다. 나무 아래에 넣을 퇴비를 넣지는 못하더라도 멀치는 해야 한다. 할 수 있다면 그 나무의 잎을 가지고 먼저 덮어주라(잔디 깎는 기계로 나뭇잎 위로 왔다 갔다 해서 나뭇잎을 잘게 부수면 세균과 균류가 분해하기 좋아진다). 떨어진 잎을 치워버리지 말고 자연의 멀치에 갈색 멀치를 더 얹어주면 좋다. 어떤 종류의 갈색 멀치라도 좋지만 흙 속으로 너무 깊이 들어가게 하지는 말라. 균류가 많이 퍼지게 하는 데 필요한 것은 몇 센티미터 깊이일 뿐이다. 멀치는 빛을 차단하여 잡초와 잔디의 성장을 억제하는 부가적인 효과도 있다.

마지막으로, 교목과 관목, 다년초 주위에 퇴비차를 뿌리는 것을 고려해

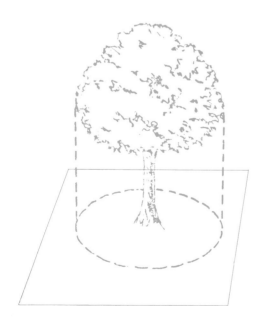

교목과 관목 아래로 뿌리는 퇴비나 멀치는 최소한 드립 라인까지는 깔아줘야 한다. 다이어그램 제공: Tom Hall, Georgia Forestry Commission, www.forestryimages.org

보라. 식물이 성장하는 철(교목과 관목의 싹이 나오기 2주 전)에 한 번, 또 잎이 다 떨어져서 나무 아래에 쌓였을 때 한 번 더 뿌린다. 퇴비차 속 미생물들은 겨울 몇 달 동안 정말로 빠른 속도로 분해를 할 것이고 균류가 우점하는 좋은 먹이그물 커뮤니티를 뒷받침할 것이다. 힘들게 퇴비차를 분무할 필요 없이, 그냥 토양 관주 방식으로 퇴비차를 넣어주면 된다. 단, 다년초는 예외인데 다년초에는 두 번의 토양 관주 외에, 미생물 활동이 시작된 뒤에 최소한 한 번은 엽권에 퇴비차를 분무해야 한다.

나무와 공생하는 균류들

　교목, 관목, 다년생 초본을 심기 전에 균근균을 넣어주면 좋다. 균근균은 육묘장에서 구입할 수 있다. 두 가지 유형의 균근균이 있다는 사실을 기억하라. 뿌리 속으로 들어가는 것이 있고 그렇지 않은 것이 있다. 그러니 맞는 것을 사는 것이 중요하다. 어느 균근균을 어떤 식물에 써야 하는지는 '규칙 16'과 '규칙 17'에 그 답이 있다. 침엽수 대부분과 활엽수(자작나무, 참나무, 너도밤나무, 히커리)는 외생 균근균과 공생 관계를 형성한다. 관목 대부분, 침엽수, 다년생 초본은 내생 균근균과 공생 관계를 맺는다. 이것은 토양학자들의 연구에 의해서 밝혀진 규칙이다. 토양학자들이 어떤 유형의 균류가 자연적으로 특정 식물과 연결되는지 알아낼 수 있는 방법을 개발해서 이렇게 정리해놓은 것이다. 그런데 이 규칙에 예외가 있다. 예를 들어 히스과科에 속하는 식물 곧 만병초, 진달래, 블루베리 등은 철쭉균류가 필요하다. 이 균류는 아직은 구입할 수가 없다. 그렇지만 이 규칙을 철저히 따랐다면 여러분은 아마도 안정된 토양 위에 있을 것이다(그러나 바라건대 다져진 토양은 아니기를).

　균근균의 포자가 자라기 위해서는 양분에 노출된 지 24시간 이내에 뿌리와 직접 접촉해야 한다. 균근균 상품은 마른 가루나 곡식 낟알 형태로 되어 있어서 식물을 땅에 심을 때 쉽게 넣어줄 수 있다. 심기 전에 뿌리 위에

균근균 포자(왼쪽). 사진 제공: Mycorrhizal Applications, www.mycorrhizae.com

왼쪽 소나무는 심을 때 균근균 포자를 넣어준 것으로, 묘와 뿌리 덩이가 더 크다(오른쪽).
사진 제공: Mycorrhizal Applications, www.mycorrhizae.com

뿌려주거나 뿌리에 묻히면 된다. 그러고 나서 보통 때 식물을 심듯이 물을 준다.

이미 심어진 교목과 관목에 균근균을 넣어주기는 좀 어렵다. 자연 상태의 균근균이 손상을 입을 정도로 흙이 나빠지지 않은 상태이기를 바랄 수밖에. 같은 종류의 나무 주위에서 특정한 종류의 버섯이 나는 것이 뿌리와 균의 공생 관계를 확인할 수 있는 표시다. 예를 들어 자작나무 주변에는 광대버섯이 종종 생긴다. 버섯이 여러분 정원의 나무 드립 라인 안쪽에 있다면 그것이 바로 뿌리와 균의 공생 관계의 증거이므로 균근균을 넣어줄 필요가 없다.

정원의 흙이 정말로 딱딱해져 있다면, 교목과 관목 주위에서 버섯을 본 적도 없고 나무들이 잘 자라지도 않는다면, 토양 주입기나 긴 주사기(본드 바를 때 쓰는 종류)를 써서 기존 식물의 뿌리에 적절한 균근균을 넣어줄

자작나무는 종종 광대버섯과 균근 관계를 형성한다. 사진: Judith Hoersting

수도 있다. 다년생 초본과 관목 대부분의 경우에, 삽이나 모종삽으로 뿌리 부분을 조심스럽게 파서 뿌리가 보일 때마다 내생 균근균 포자를 넣어 줘도 된다.

스트레스 없는 식물이 건강하다

나무들이 스트레스를 받는다는 표시는 진디 같은 해충의 등장으로 드러난다. 해충은 나무가 약하다는 것을 알고 나무를 공격한다. 스트레스 없는 나무들은 그런 신호를 보이지 않으며, 송진과 수액을 더 많이 만들어내서 침입해오는 딱정벌레를 곤경에 빠뜨린다. 그런 나무의 삼출액은 온갖 좋은 미생물을 끌어들인다. 그 잎들은 이로운 세균과 균류로 뒤덮여 있어서 병을 물리친다. 뿌리는 균근 관계를 형성해서 멀리까지 뻗어 있으며, 인을 흡수할 수 있고, 또 그것을 많은 물로 씻어낼 수도 있다.

교목, 관목, 다년생 초본을 돌볼 때 핵심은 이것이다. 이미 균류가 우점하는 흙에 심어라. 그렇지 않으면, 균류가 우점하는 퇴비·멀치·퇴비차를 그 주변에, 그 위에 뿌려라. 잎이 떨어진 곳에 잎이 그대로 남아 있도록 해라. 그리고 병의 신호가 처음 나타나면, 토양 먹이그물을 활용하는 세 가지 방법, 특히 퇴비차를 사용하라.

22장

_채소와 일년생 초본 키우기

　화초와 채소용 비료에 연관된 산업은 그 규모가 어마어마하게 크다. 화학 비료를 가장 많이 쏟아붓는 곳은 아마도 잔디밭이겠지만, 집에서 키우는 토마토나 메리골드도 크게 뒤지지 않는다. 잔디밭에서 효과를 발휘하는 고농도 질산염 비료를 약간 농도 조절해서 뿌리면 일년초와 채소에도 효과가 좋다. 그리고 또한 화학 비료를 뿌린 잔디밭에서 만들어지는 악순환이 화단과 텃밭에도 나타날 것이다. 양분의 자연적 순환이 끝나는 것이다. 이제 양분을 공급하는 미생물들이 없어지고 또 미생물이 없어짐으로써 토양 구조가 악화되었기 때문에 점점 더 많은 양의 화학 비료를 주면서 키워야 한다. 건강한 토양 먹이그물이 없으면 기회감염성 병원체와 동물이 나타나고, 그런 해로운 것을 물리치거나 균형을 잡기 위해 다른 화학 물질이 필요해 보일 것이다.

채소와 일년생 초본은 '세균 우점 토양'을 좋아한다

여러분의 텃밭과 화단의 흙은 어떤가? 우선 지렁이를 찾아보라. 지렁이는 원생동물과 세균을 먹고살기 때문에, 잔디밭에서와 마찬가지로 만약 흙 속에 지렁이와 분변토가 많이 있다면 세균이 우점하는, 질산이 많은 토양이라고 볼 수 있다. 일년초와 채소 대부분은 그런 흙을 좋아한다(규칙 2'를 기억하라). 베를레제 깔대기를 설치해서 어떤 종류의 미세 절지동물들이 흙 속을 돌아다니는지 알아보라. 세균을 먹는 진드기들과 아주 다양한 동물들을 보면 좋다. 뿌리 부근의 토양 pH도 측정해보라. 만약 그것이 확실히 알칼리성이면, 거의 틀림없이 세균이 우점하는 토양이다. 반대로, 산성이라면 균류가 많다는 뜻이고, 아마도 균류가 우점하고 있을 것이다. 마지막으로, 토양 미생물 검사를 받아보라. 혹시 미생물 중에서 없는 것이 있다면, 무엇이 결핍됐는지 알 수 있는 가장 좋은 방법이다. 물론 토양검정도 나쁘지는 않겠지만 여러분이 정말로 알아야 하는 것은 생물에 대한 것이다.

경운은 이제 그만!

여러분이 유기 재배를 한다면 아마도 이미 토양 먹이그물의 도구들 중 한두 가지를 실천하고 있을 것이다. 그러나 전통적인 유기 재배법 중 하나는 그만둘 것을 요청한다. 그것은 한 가지 예외를 제외하고는 무경운 원칙을 말한다. 다시 말해 땅을 절대 갈지 말라는 것이다. 이것은 정기적으로 땅을 가는 사람이나 다른 식으로 흙을 바꾸는 사람들에게는 정말로 충격적인 이야기다. 땅 갈기는 정원이나 텃밭을 가꾸는 사람들의 마음에 너무 깊이 각인되어 있어서 그것에 반대하는 특별한 규칙으로 '규칙 18'을 만들었다. 경운을 하거나 과도하게 땅을 교란하는 것은 토양 먹이그물을 완전히 파괴하거나 심하게 손상시킨다. 그것은 시대에 뒤떨어진 행위이고 토양 먹이그물이 확립된 땅에서는 그만두어야 할 일이다. 이는 정원을 가꾸는 사람들 집단 대부분에게 이단 같은 소리다. 유기 텃밭과 정원을 가꾸는 사람들도 대부분은 유기물을 흙 속으로 섞어주는 방법이 된다며 경운과 깊이갈이에 찬성한다. 물론 경운기 제조 회사들은 유기 텃밭, 유기 정원을 장려하는 잡지들의 대형 광고주들이다.

쟁기질로 땅을 가는, 예부터 이어진 농사법은 법률가 제스로 털Jethro Tull, 1674~1741이 잉글랜드 남부의 농장을 상속받고 파종기를 발명한 뒤로 더 널리 퍼졌다. 제스로 털이 발명한 파종기는 구멍을 뚫고 정해진 깊이에 씨앗을 넣는 기계였는데, 이것이 손으로 뿌리던 방식을 대체했다. 털은 또 농부들에게 작물을 심기 전에 흙을 부드럽게 만들 것을 적극 권장했다. 그는 부드러워진 땅에서 채소가 더 잘 자란다는 것을 알고 이 사실에서 다음과 같은 결론을 이끌어냈다. 식물 뿌리가 작은 입을 가지고 있어서 흙 알갱이를 먹는다는 것이다(그렇지 않으면 어떻게 식물이 양분을 취할 수 있다고 생각했겠는가?). 부드러운 흙은 뿌리의 입이 더 쉽게 먹을 수 있는 작은 알갱이로 되어 있다고 생각한 그는 그 이론을 실천에 옮기기 위해 말이 끄는 쟁기를 발명했다. 그의 책이 나중에 조지 워싱턴, 토머스 제퍼슨처럼 취미로 농사를 짓는 상류층 사람들의 눈길을 끌었다. 워싱턴과 제퍼슨은 미국인들에게 땅을 갈 것을 권했다. 그 결과 집에서 정원이나 텃밭을 가꾸는 사람들 대부분이 아직도 최소한 일 년에 한 번은 땅을 갈아엎는다. 우리는 식물 뿌리가 흙을 먹지 않는다는 사실을 아는데도 말이다.

제스로 털과 그 시대 사람들이 알지 못한 이유 때문에, 채소는 부드럽게 간 흙에서 더 잘 자랐고 동물 분뇨가 뿌려진 밭에서 더 잘 자랐다. 이것은 흙의 작은 알갱이와는 아무 상관이 없었다. 그것은 흙을 잘게 부수는 것이 '규칙 2'에 맞았기 때문이다. 정원을 조성하기 위해 삼림 토양을 갈아 부수는 것은 나무 없는 밭을 만드는 데 그치지 않는다. 여러 해 동안의 천이를 뒤집는 행위이고 흙 속 균류의 네트워크를 파괴하는 행위다. 균류가 적을수록 토양에는 세균이 우점하고 그러면 질산염을 좋아하는 채소와 중경

땡 큐
아 메 바

작물(옥수수, 감자 등 사이갈이를 해주어야 하는 작물)에게 좋다. 이 초기 미국 농부들이 땅에 넣은 축분도 세균 수를 엄청나게 늘렸다. 축분은 세균이 아주 좋아하는 먹이다.

그래서 단기간에 미국의 처녀림 흙을 부수어서 동물 똥과 섞는 일은 농업에 적당한 흙으로 만들어주었다. 그러나 경운 또는 다른 식으로 흙을 뒤집는 일은 토양 구조를 파괴하고 토양 생물상의 자리를 뒤바꾸었다. 토양 먹이그물을 교란한 것이다. 그것은 세균이 우점하는 토양에도 존재하던 몇 마일에 달하는 균사를 완전히 산산조각 낸다. 토양 입자 사이의 지렁이 굴과 구멍도 완전히 무너진다. 물론 경운을 하고 나면 흙이 구슬구슬해진다. 그러나 구슬구슬은 흙을 묘사하는 말이 될 수 없다. 망가진 흙에 처음으로 물이 들이치면 흙은 딱딱해지기 시작한다. 비가 올 때마다 또는 물을 줄 때마다 점점 나빠지는 나선형 퇴보 과정에 지나지 않는다.

세균이 우점하는 토양도 토양 구조와 미생물의 다양성을 유지하려면 약간의 균류를 포함할 필요가 있다. 토양 먹이그물을 활용한 재배법을 실천하려면 일년초 화단과 텃밭의 경우에 되도록이면 흙을 적게 휘저어야 한다. 균류가 우점하는 토양에 화단이나 텃밭을 만들려고 하는 것이 아니라면 말이다. 모종삽, 못, 디블(구멍 파는 연장)을 사용하여 모종이나 씨앗 넣을 구멍을 따로따로 만든다. 괭이나 2×4 각목 모서리를 바닥에 대고 가볍게 끌고 가면서 홈을 만들어도 된다. 그다음에 좋은 세균 우점 퇴비를 채워 넣고 살그머니 심는다. 이렇게 하면 잡초도 덜 날 것이다. 흙을 파헤쳐서 잡초 씨가 햇볕을 보고 싹이 트게 하지 않기 때문이다.

토양 먹이그물이야말로 위대한 농부

경운하지 않고 일년생 초본, 채소, 중경작물에 필요한 세균의 우점이 어떻게 이루어질 수 있을까? 토양 먹이그물에 속한 것이 모두 그렇듯이, 먹이를 주면 오게 되어 있다. 녹색 멀치는 세균의 증식을 돕는다. 이 경우에 녹색 멀치는 적당하고도 필요한 토양 먹이그물 생물들을 위한 먹이를 제공할 뿐 아니라, 잡초가 싹이 트는 것을 막고 양분이 증발하지 않도록 한다. 세균은 분해가 쉬운 것을 좋아하니까 녹색 멀치가 미세할수록 세균의 증식이 빨라진다. 토양 세균은 축축한 것도 좋아하므로 멀치가 축축할수록 —어느 정도까지만이지만—세균이 잘 자랄 것이다. 축축한 호기성 멀치와 혐기성 조건을 만드는 축축한 멀치 사이의 경계는 아주 미세하다. 그러니 조심해야 한다. 여러분의 코를 시험 도구로 사용하라. 나쁜 냄새가 난다면 물을 너무 많이 넣은 것이고 멀치에 공기를 넣어줄 필요가 있다. 물론 이럴 때는 물기가 더해지지 않도록 해야 한다.

세균 증식에 도움이 되는 멀치 외에도, 식물을 먹여살리는 미생물들의 먹이가 될 좋은 유기 물질이 흙에 많이 있어야 한다. 유기질 미생물 먹이— NPK 비율이 셋 다 10퍼센트 아래인—를 주어서 약한 균류가 죽지 않도록 하라. 식물을 심을 때 그 미생물 먹이를 뿌리 부근에 넣어줄 수도 있고, 멀치를 하기 전에 측방 시비(식물 옆면으로 뿌리기 – 옮긴이)를 한 다음 필요할 때 웃거름으로 주어도 된다. 세균 우점 퇴비차를 토양 관주하고 또 엽면에 뿌려서 병을 예방하거나 통제할 수 있게 하고 토양 속 미생물이 높은 밀도를 유지할 수 있도록 한다.

잘라낸 잔디는 식물 생장기 동안 일년초 화단과 텃밭을 덮어주기에 아주 훌륭한 녹색 멀치가 된다. 색을 잃고 '갈색'으로 변한 뒤에도 여전히 '녹색' 멀치로 간주할 수 있다. 왜냐하면 잔디는 잘렸을 때 당분을 함유하고 있었는데 엽록소가 사라진 뒤에도 그것이 남아 있기 때문이다. 짚도 마찬가지다. 그런데 유기물로 덮어주려면 가을에 하는 게 좋다. 그러면 봄에 일년초나 채소를 심기 전에 유기물 분해가 시작될 수 있다. 알팔파 가루, 짚, 잔디 깎은 것—모두 좋은 세균 먹이다—으로 흙을 덮어보라. 세균은 가을에 일을 시작한다. 가을 내내 세균들은 식물에게 필요한 것을 전혀 간섭하지 않고도 자기에게 필요한 모든 질소와 활용 가능한 탄소를 결합시킬 수가 있다. 흙—멀치 접촉면에서 질소 고정이 일어난다 해도 봄이 되면 끝날 것이다.

 질산염을 필요로 하는 식물을 키울 때는 원생동물과 선형동물이 많아야 한다. 그 동물들이 순환 메커니즘을 구성하기 때문이다. 텃밭과 화단의 양분 재순환을 증진하기 위해 토양 관주 방식으로 원생동물 수프를 넣어주어라. 원생동물이 근권의 세균을 발견할 때까지 일주일가량 걸릴 것이다. 그러니 세균 먹이로 뿌려준 것은 즉시 원생동물 수프로 씻어내라. 시판되는 선형동물 상품은 가정 원예 시장에 큰 유행이 되었지만 이것은 보통 민달팽이 같은 정원 해충에게만 듣는다. 양분을 순환시키는 선형동물의 수를 늘리는 확실한 방법은, 그리고 가장 경제적인 방법은 역시 좋은 퇴비와 퇴비차다.

 그리고 물론 토양 먹이그물 활용 재배법을 따르기만 하면 밭이나 정원에서 균근균의 효과를 볼 것이다. 균근 관계는 화분 속 식물이 자라는 데에도 도움을 준다. 생장기가 길수록 균근균의 역할도 커진다. 이 균들이

짚으로 멀칭한 텃밭. 사진 제공: National Garden Bureau

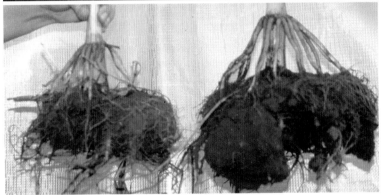

오른쪽 화분의 금잔화는 내생 균근균의 효과가 어떠한지 잘 보여준다(위). 사진 제공: Mycorrhizal Applications, www.mycorrhizae.com

오른쪽 사진에서 확인할 수 있듯이, 옥수수에 내생 균근균을 주입한 경우 뿌리가 훨씬 더 크게 자란다(아래). 사진 제공: Mycorrhizal Applications, www.mycorrhizae.com

자리를 잡고 자라는 데에는 시간이 걸리기 때문이다. '규칙 19'를 보면 토양 먹이그물을 활용하는 사람은 일년초와 채소 심을 때 항상 내생 균근균을 묻혀서 심고 옮겨 심을 때에는 뿌리에 묻혀주어야 한다고 되어 있다.

　균근 관계를 형성하지 않는 식물 중 많은 부분을 차지하는 것이 채소들이다. 특히 십자화과(양배추, 겨자, 브로콜리 등)와 명아주과(시금치, 비트, 명아주)는 균근 관계를 맺지 않는다. 이 식물들에 시판되는 균근균 상품을 사

땡 큐
아 메 바

용하는 것은 시간 낭비, 돈 낭비다.

　화학 물질 사용을 그만두었다면 텃밭과 화단에서 지렁이를 발견할 수 있을 것이다. 이른 가을에 세균 우점 퇴비를 몇 인치 두께로만 뿌려주면 지렁이를 끌어들이고 지렁이의 번식을 돕는 데 도움이 될 것이다. 세균 우점 퇴비차로 토양 관주를 해도 마찬가지 효과가 있다. 지렁이를 끌어들이는 데 실패했다면, 그것은 세균과 원생동물 수를 늘려야 한다는 표시다. 세균과 원생동물이 늘어나도록 조치를 취하라. 그리고 일이 빨리 진행되기를 원한다면 일년초 화단과 텃밭에 지렁이를 약간 넣어주어라. 식물의 생장 속도에 따라, 일주일에 한 번 또는 한 달에 한 번 토양 관주를 해주어도 된다.

잡초

　화단이나 텃밭에 난 잡초를 보면 사람들은 대개 어떤 제초제든 남들이 권하는 대로, 또 적당량이라고 써 있는 것보다 조금 더 많이 뿌려서 빨리 제거해버리려고 할 때가 많다. 이것은 토양 먹이그물 재배법에 맞는 행동이라고 할 수 없는데 그 명백한 이유들이 있다. 강력한 비선택성 제초제의 살포는 화학 비료와 다름없이 토양 먹이그물에 해를 입힌다. 미세 절지동물, 대형 절지동물이 죽고 미생물들도 죽는다. 그 대신 호미로 조심스럽게 잡초를 뽑아내는 것이 좋다. 아니면 열을 주거나 식초, 뜨거운 물, 옥수수 글루텐 넣기 등 토양 내 미생물 활동에 영향을 적게 주거나 일시적인 영향만 주는 잡초 억제 방법을 써야 한다. 제초제에 의지할 수밖에 없었다면(우리는 진심으로 그러지 않기를 바라지만), 되도록 빨리 회복 조치를 취해야 한다(규칙 15). 독약이 통행세를 거두게 한 즉시 토양 먹이그물의 세 가지 도구를 모두 사용해 생물들이 처음 있던 곳에 돌아올 수 있게 하라.

　애초에 잡초가 나지 않게 하는 방법으로는 멀치만 한 것이 없다. 잡초가 싹이 트려면 질소, 인산염, 황이 필요한데 멀치와 흙의 접촉면에서 이루어지는 생물 활동에 의해 그 영양소들이 묶여버린다. 이렇게 되면 잡초가 자라기는 두 배로 어려워진다. 빛을 볼 수 없고 생장을 가로막는 물리적인 장애물까지 있는데다 양분 공급이 부족하기 때문이다. 이런 것을 생각하면 왜 다른 방법, 그러니까 퇴비나 퇴비차로 공연한 수고를 하겠는가? 잡초가 나타나기 전에 세균 증식을 돕는 멀치를 5~7.5센티미터 두께로 깔아주는데, 식물 줄기 부근에는 맨땅을 조금 남겨두도록 주의한다.

멀치를 까는 데 드는 노동 외에는, 잡초에 대해서는 다시는 걱정할 필요가 없다. 정말로 우리 경험으로 확신하게 된 것이 있는데, 매년 나오는 잡초를 잡기 위해, 화학 비료에 든 고농도 질산염을 먹고 잘 자라는 잡초를 잡기 위해 필요한 조치는 토양에 적절한 미생물을 되돌리는 일 한 가지면 충분하다는 것이다. 우리가 토양 먹이그물과 한편이 되기 시작하자, 정원에 있던 식물 해충들 중 다수가 사라졌다. 우리의 강적인 별꽃은 완전히 자취를 감췄다. 잡초들이 고농도 질산염을 더는 먹을 수 없었고, 또 잡초 씨앗이 멀치 아래 묻혀 있었기 때문에 애초에 싹이 트는 데 어려움이 있었으며, 경운을 하지 않았기 때문에 잡초 씨앗이 햇빛을 볼 수 없었다.

고농도 질소 비료는 기회성 일년생 잡초들이 잘 자라게 한다. 질산을 과다하게 공급하면, 원하지 않는 풀들이 갑자기 힘을 얻어서 밭을 완전히 뒤덮어버린다. 채소와 일년생 화초들이 물과 양분, 특히 인산염을 얻는 데 도움을 주었던 균근균들이 해를 입고 죽기까지 한다. 숙주 식물도 잘 자라지 못한다. 지표에서 양분을 취하는데다 질산염을 사랑하는 잡초들은 더 빨리 자라서 땅을 뒤덮고, 빛을 더 많이 받기 위한 경쟁에서 작물을 누르고 승리한다.

토양 먹이그물이 바삐 잘 돌아가면 식물에게 필요한 질산은 순환의 자연적 과정에서 생길 것이다. 농축된 화학 물질을 쏟아붓는 대신, 그렇게 해서 토양 먹이그물을 죽이는 대신, 토양 먹이그물 자체가 생산해낸 질산만 사용해도 충분하다. 그리고—화학 물질 대신 미생물을 약간 넣어주는 것만으로—균근균이 돌아올 것이다.

이른바 해충

불행히도 이 세상이 완전무결한 세상은 결코 아니지만, 우리가 화단과 텃밭에서 만나는 곤충(여기서 곤충이라는 용어는 사실 곤충이 아닌 것, 예컨대 거미를 포함하는 것으로, 엄밀하지 않은 의미로 쓰인다) 대부분은 여러 면에서 도움을 준다. 곤충이 꽃의 수분_{受粉}을 돕는다는 것은 누구나 알고 있을 것이다. 애벌레는 흙 속을 돌아다니면서 구멍을 만들어 공기가 잘 통하게 하고, 곤충들은 서로 잡아먹어서 식물 영양의 재순환에 참여한다. 대부분의 경우에 곤충들이 걷잡을 수 없이 많아지는 것은 토양 먹이그물이 어딘가 잘못되어 있기 때문이다. 토양 먹이그물은 대개의 경우 해충과 그것을 먹는 포식자 간의 균형을 유지한다. 그러나 토양 먹이그물이 제대로 작동한다고 해도 완전히 벌레가 없는 정원 또는 밭을 가질 수는 없다. 그 사실을 과학의 일부로 받아들여라. 여러분의 토양 먹이그물이 건강하다면 그 먹이그물은 식물이 해충을 극복할 수 있도록 도울 것이다. 나쁜 놈들이 몇몇 있다

가시병정벌레가 강낭콩 줄기 위에서 멕시코콩무당벌레 유충을 잡아먹고 있다. 사진 제공: USDA-ARS

해도 이들이 좋은 편 개체수를 유지하는 데 도움이 된다는 사실을 기억해 두어야 한다.

텃밭이나 정원을 가꾸는 사람들은 익충과 해충을 구별하고자 할 때 그 지역 기관의 도움을 받을 수 있다. 여러분 땅에 있는 이로운 곤충을 알

진딧물을 잡아먹는 무당벌레 유충(위 왼쪽). 사진 제공: Clemson University, USDA Cooperative Extension Slide Series, www.forestryimages.org

노린재가 텐트나방을 잡아먹고 있다(위 오른쪽). 사진: Robert L. Anderson, USDA Forest Service, www.forestryimages.org

고치벌 애벌레가 박각시나방 애벌레에 기생하는 모습(아래). 사진 제공: R. J. Reynolds Tobacco Company, R. J. Reynolds Tobacco Company Slide Set, www.forestryimages.org

게 되는 것은 토양 먹이그물 재배법의 한 부분을 배우는 일이다. 무당벌레와 그 유충은 진딧물, 깍지벌레, 거미진드기를 먹고산다. 투구벌레는 거세미나방 유충, 뿌리구더기, 민달팽이, 달팽이를 먹는다. 딱정벌레는 파리 구더기와 알, 진딧물, 진드기, 민달팽이, 달팽이, 선형동물류를 먹는다. 침노린재는 파리, 모기, 나방을 잘 잡는다. 녹색 풀잠자리와 유충은 진딧물, 거미진드기, 가루이, 나방 등을 꿀꺽 삼키다시피 한다. 말벌류는 파리를 먹어치운다. 토양 먹이그물 재배법을 실천하는 사람들은 어떤 관계가 존재하는지 관찰하고 배운다. 그리고 좋은 관계를 육성한다.

우리는 제초제 사용을 좋아하지 않는 만큼 화단과 텃밭에 살충제를 사용하는 것도 좋아하지 않는다. 비선택적으로 모두 죽게 만드는 살충제는 토양 먹이그물에 극악무도하게 나쁜 해를 입힌다(이번에도 '규칙 15'. 살충제를 쳤다면 토양 미생물의 세계를 회복시켜서 그 잔여물을 분해하게 해야 한다). 그런데 살충 비누, 식물성 살충제, 바실루스 투린기엔시스(살충 세균) 같은 것들도 정도가 약하긴 하지만 모두 토양 먹이그물에 다양하게 해를 끼친다. 대체로 화학 살충제만큼 독하지는 않지만 말이다.

흙의 복구와 유지

만약 여러분이 습관적으로 텃밭과 화단에 화학 비료를 뿌렸다면 토양 먹이그물 도구가 세 가지 다 필요하다. 일년생 화초와 채소를 심기 전에 세균 우점의 퇴비를 2.5~5센티미터 두께로 뿌려라. 씨를 뿌릴 때는 세균 우점 퇴비차와 함께 뿌리고, 균근 관계를 맺는 모종이 있다면 심기 전에 균근균을 넣어준다. 심은 뒤에는 녹색 멀치를 얹어둔다. 그다음에 매주 세균 우점 퇴비차를 뿌려주기 시작한다. 그러면 텃밭에서 토양 먹이그물 생물들을 회복시키거나 유지시킬 수 있을 것이다.

첫잎이 나오자마자 작물들에게 세균 우점 퇴비차를 뿌린다. 그리고 최소한 수확하기 몇 주 전에 한 번 더 뿌려준다. 세 번째는 생장기가 지난 다

화단과 텃밭에 퇴비 넣기. 사진: Judith Hoersting

음에 남은 부스러기 위에 살포한다.

흙이 딱딱하게 굳지 않게 하는 일도 중요하다. 밭이나 화단을 밟거나 가로질러 지나가지 않도록 해야 한다. 가능할 때마다 퇴비로 측방 시비를 하고 웃거름을 준다. 그리고 겨울이 오기 전에 퇴비를 화단과 텃밭에 뿌려 둔다. 세균이 우점하는 퇴비는 아무리 많이 뿌려도 상관없다.

마지막으로 텃밭과 화단에는 가을에 멀치를 하는 것이 중요하다. 그러면 세균, 균류, 원생동물, 선형동물류가 겨울에 활동할 수 있어서 양분을 순환시키기 때문이다.

화단과 텃밭의 토양 먹이그물을 복구하고 유지하라. 유기 재배한 채소의 크기와 맛은 얼마나 대단한지, 그에 견줄 수 있는 것은 토양 먹이그물을 활용하여 기른 일년생 화초들의 아름다운 빛깔밖에 없을 것이다.

23장

_사계절 토양 먹이그물 재배 수첩

토양 먹이그물을 활용한 텃밭, 정원 가꾸기에는 한 가지 방식만 있는 것이 아니다. 각각의 밭과 정원은 다르고 그 속에 있는 토양 먹이그물도 다 다르다. 기후도 토양 먹이그물 과학을 어떻게 언제 적용할 것인가에 중요한 부분을 차지한다. 매우 추울 때에는 퇴비차가 효과를 발휘하지 못할 것이고 날이 더 추우면 퇴비와 멀치도 얼어붙을 것이다. 가물 때에는 퇴비차를 뿌리기 좋은 때가 아닐 수 있고, 가뭄일 때에 적당치 않은 시간에 멀치를 덮어두면 흙의 수분 흡수를 방해하는 결과를 낳을 수도 있다.

그래도 여러분이 어디서 식물을 키우든, 적어도 각 계절이 흘러가는 데 따라 토양 먹이그물 내의 미생물과 다른 동물들을 고려해야 한다. 이제 밭과 정원을 돌보는 일은 식물만 돌보는 것이 아니다. 미생물과 한팀이 되려고 한다면 미생물에 주의를 기울여야 한다.

봄

봄은 상황을 처음 점검하고 흙에 미생물이 늘어나도록 밀어줄 때다. 식물이 자라는 시기 내내 퇴비를 많이 쓸 수 있도록, 퇴비 더미에도 시동을 걸어야 한다. 지난가을의 퇴비 더미를 뒤집어주고 공간에 여유가 있다면 균류가 우점하는 새로운 퇴비 더미를 쌓기 시작하라. 겨울에 축적된 유기물 부스러기와 지난가을에 떨어진 잎들을 활용하면 된다. 처음으로 깎은 잔디도 넣어서 세균 퇴비도 만들어라.

멀치는 필요하다면 흙이 온기를 받을 수 있도록 열어젖혀 주어야 하고 나중에 다시 덮고 보충해준다. 묘(모종)를 심을 때에는 퇴비차로 토양 관주를 하고 또 잎에도 퇴비차를 뿌려주라. 씨를 뿌릴 때나 옮겨 심을 때 항상 적당한 종류의 균근균을 넣어주어야 한다.

잎이 나기 3주 전, 토양과 퇴비차의 미생물 검사를 받는다. 매년 이 검사를 받을 필요는 없지만 토양 먹이그물 재배를 시작한 뒤 한두 해 동안은 당연히 받아봐야 한다. 그뒤로는 여러분이 잘하고 있는지 작물이 알려줄 것이다. 여러분은 퇴비 더미도 검사받고 싶을지 모른다. 그렇다면 베를레제 깔때기와 자신의 눈으로 직접 검사해야 할 때가 온 것이다. 토양 먹이그물에 빈틈이 있다면 식물을 심기 전에 그것을 바로잡으면 좋다.

잎이 나기 2주 전, 잔디밭에 통기를 해준다. 이것도 매년 할 필요는 없지만, 화학 비료 쓰기를 중단한 첫해에는 통기를 해주는 것이 확실히 좋다. 그다음부터는 3~4년에 한 번씩만 초봄에 통기해주면 되는데 어떻게 할지는 잔디밭 상황에 달려 있다. 매년 쌓이는 얼음이 얼마나 되는지, 지렁이·진드기·버섯의 활동으로 확인되는 토양 먹이그물 상태가 어떠한지에 따라 달라진다는 말이다.

통기 작업 후(혹은 통기 작업을 하지 않았다면 교목과 관목의 잎이 나기 2주 전), 콩가루 같은 유기질 미생물 먹이를 잔디밭에 뿌려준다. 그 전해에 너무 많은 종류의 버섯들이 나왔다면(또는 한 종류의 버섯이 너무 많았다면), 그 대신 알팔파 가루를 뿌려준다. 그것은 균류보다는 세균에게 먹이가 될 것이다.

이때에는 또 세균이 약간 우세하거나 균형이 잡힌 퇴비차를 잔디밭에 뿌려주면 좋다. 1에이커당 최소 5갤런의 비율로 뿌려야 한다. 겨울에 통행으로 잔디밭에 길이 났다면 길을 차단한 뒤, 복원을 위해 균류가 우점하는 퇴비차를 뿌려야 한다. 퇴비차 만들기가 끝난 시기라면 남아 있는 퇴비와 남은 퇴비차를 이 길에 뿌린다. 몇 번 뿌리고 나면 땅이 푹신푹신해질 것이다. 퇴비차가 없다면 이 부분에 유기질 미생물 먹이가 충분하도록 해서 기존의 미생물들이 잘 자라게 해야 한다. 유기물을 많이 넣어준다 해서 잔디밭을 망칠 리는 없으니 걱정 말기를.

교목과 관목 아래, 그리고 다년초 둘레에 있는 갈색 멀치층을 걷어내고 필요하면 새것으로 깔아준다. 그래서 가을에 잎이 떨어질 때 잎을 모아야 하는 것이다. 봄에는 잎을 구하기 어려우니까. 잎이 없으면 나무껍질 조각으로 해도 된다. 이 시기에는 퇴비를 펴고 그것을 멀치로 덮어서 잡초를 제어할 수 있다. 균류의 먹이(부식산과 풀브산, 켈프, 인산 함유 광물)를 식물에 뿌려준 뒤 각각의 교목, 다년생 초본, 관목에 균류가 가장 많은 퇴비차로 토양 관주를 한다. 다년초의 잎이 난 다음에는 최소한 한 번은 균류 퇴비차를 뿌려준다.

씨앗이나 모종은 적당한 균근균을 먼저 묻힌 다음에 심는다. 가능하면 모종을 심기 전에 호기성 퇴비차에 푹 담가라. 심기 전에 퇴비차를 씨앗에 뿌리고, 싹이 난 다음에는 퇴비차로 토양 관주를 한다.

채소밭은 갈지 말아야 하며, 일년초 화단의 흙도 뒤집어엎지 말아야 한다. 대신 100제곱피트당 4파운드의 콩가루를 땅이 녹자마자 최대한 빨리 뿌린다. 그리고 세균이 우점하는 퇴비차를 뿌린다. 파종할 때 땅을 갈지 말고 씨앗이 들어갈 구멍만 파거나 심을 자리에 한 줄로 땅을 파기만 한다. 땅이 녹고 따뜻해지면 녹색 멀치를 듬뿍 덮어둔다.

여름

여름 몇 달 동안 봄에 시작한 퇴비차 살포와 토양 관주를 계속해야 한 다. 특히 화학 비료 살포를 그만둔 첫해에는 이 일을 게을리해서는 안 된다.

깎아낸 잔디에서 미생물 활동이 일어나고 있을 것이다. 깎아낸 잔디가 너무 빠른 속도로 쌓여가고 있거나 잔디가 별로 푸르지 않다면? 이는 물이 부족해서가 아니다. 원생동물 수프를 뿌리거나 스프링클러로 내뿜게 하라. 그다음에는 다시 한 번 콩가루를 뿌리거나 다른 미생물 먹이를 뿌려준다. 베를레제 깔때기 검사를 해서 어떻게 진행되고 있는지 확인하는 것도 유용하다. 나중에 비교할 수 있도록 기록을 해둔다.

세균이 우점하는 퇴비를 충분히 뿌리고 녹색 멀치를 수시로 보충하면 텃밭과 일년초 꽃밭에 잡초가 자라지 못한다. 필요하면 미생물 먹이를 2주에 한 번씩 넣어준다.

균류 퇴비와 멀치는 교목과 관목, 다년초 주위에 널찍하게 깔아주어야 한다. 그 식물에서 떨어진 잔가지나 나무 토막도 섞어준다. 그런 것들을 모아놓고 잔디 깎는 기계로 그 위를 왔다 갔다 해도 된다. 그러면 더 잘게 부수어지고 보기에도 깔끔하다.

가을

나뭇잎이 떨어지기 시작하기 직전에, 가을 퇴비를 위해 잔디 깎은 것을 모은다. 이 일은 잔디가 아직 싱싱하고 푸를 때 시작해야 한다. 이 녹색 멀치의 일부로 일년초 화단과 텃밭을 덮어줘도 된다. 그 식물들의 활동기는 다 끝나가지만 말이다. 가을에 옮겨심기를 할 때에는 뿌리에 균근균을 반드시 넣어준다.

잔디밭에 떨어진 잎들은 잔디 깎는 기계로 분쇄해서 고운 멀치를 만든다(그 위로 기계를 한두 번 밀고 가면 된다). 그 잎들은 처음에 떨어졌던 장소에 그대로 둔다. 그렇게 하면 세균 우점의 퇴비차를 뿌렸던 잔디밭에 균류가 더해져 균형이 맞는다. 나머지 잎들도 하나도 빼놓지 말고 모두 모은다. 봄과 여름에 퇴비를 만들려고 하면 갈색 잎들이 언제나 부족하다. 퇴비 더미를 만들어서 나머지 잎들을 거기에 보관한다.

채소가 자라는 텃밭과 화단을 멀치로 덮는다. 낙엽이 진 뒤에는 모든 관목, 교목, 다년초 들에도 적절한 멀치를 덮고, 먼저 균류 우점 퇴비를 사용한다.

토양 먹이그물 재배 첫해에는 1에이커당 20갤런의 퇴비차를 뿌려서, 멀치와 잎들에 미생물을 확실히 넣어준다. 미생물 활동은 날이 따뜻하면(그리고 날이 쌀쌀해도 늦봄쯤에는) 약 한 달 이내에 잎의 절반쯤을 분해해야 한다.

적당한 유형의 유기질 미생물 먹이를 뿌려주어라. 미생물이 배가 부른 채로 겨울잠에 들었다가 일찍 깨어나서 양분의 순환을 시작할 것이다.

수확한 이후에는 토양 생물 검사를 다시 받고 너무 춥지 않으면 베를레제 깔때기 실험도 해본다. 그리고 이 검사 결과를 봄과 여름에 한 결과와 비교해본다. 그러면 다음 해 봄에 흙이 준비가 되도록 겨울에 흙을 관리할 수 있다.

겨울

겨울은 토양 먹이그물에 대한 글을 읽고 그 주제에 관해 인터넷을 서핑하고 도서관 책을 찾아보면서 보내라. 토양 먹이그물은 새로운 과학이고 그것을 가정 정원이나 텃밭 가꾸기에 적용할 부분이 점점 더 늘어나고 있다. 해충과 병원균을 잡아먹는 특별한 포식자 세균과 선형동물 같은 것이 새로운 상품으로 계속 나오고 있다. 갖가지 새로운 퇴비차 제조사, 분무기, 퇴비 재료가 속속 시장에 선을 보이고 있다. 여러분이 미생물과 한팀을 이루는 것을 도와줄 것들이 많이 있으니 최신 동향을 놓치지 말아야 한다.

물론, 겨울이니까 하며 퇴비차 만들기를 멈추어서는 안 된다. 실내 화분에서 축소판 토양 먹이그물이 작동하도록 할 수도 있다. 그 경우에는 여러분이 넣어주는 미생물 생장을 도울 수 있도록 화분 흙에 유기질 먹이를 넣어주어야 한다.

마지막으로, 여러분이 사는 곳이 어디인가에 따라 다르지만, 겨울에도 퇴비 더미의 작용이 이루어질 수 있다. 몇 번 뒤집어주는 것이 좋다. 이런 말이 있지 않은가. 노련한 퇴비 뒤집기 몇 번이 더 훌륭한 정원사를 만든다.

24장

_오래된 숲에는 아무도 비료를 주지 않는다

토양 먹이그물이 정말로 식물 생장에 도움이 될까? 나의 텃밭과 정원에서 토양 먹이그물이 작동할까? 확신을 얻기 위해 그리고 배운 것을 활용하기 위해, 가까운 숲으로 가기를 권한다. 아니면 그냥 눈을 감고 예전에 가보았던 숲을 머릿속으로 그려보라. 가까이에서 냇물 소리가 들리는 듯하고 나뭇잎을 스치는 바람 소리가 들릴 것이다. 아름답고 웅장한 숲의 나무들에게 그 누구도 비료를 준 적이 없다. 그런데도 어떻게 그토록 크고 아름다울 수 있을까? 여러분은 답을 알고 있다. 아름다운 곳의 아름다운 식물들은 그들이 살고 있는 곳의 토양 먹이그물에 의해 완벽하게 관리되고 있다.

정원과 텃밭을 가꾸는 사람으로서 때때로 그런 생각을 하면 놀라울 따름이다. 그럴 때에만 깨달음이 온전하게 다가온다. 여러분이 보고 있는 나무 하나하나는 모두 삼출액을 만들어내서 자신의 근권에 미생물을 끌어들인다. 그러면 미생물들의 군집은 미세 절지동물, 대형 절지동물, 지렁이, 연체동물을 끌어들이고, 토양 먹이그물의 나머지 생물들을 끌어들인다.

그것이 자연계다. 그리고 자연계는 사람이 만든 비료, 제초제, 살충제의 간섭만 없으면 아주 잘 굴러간다. 큰 참나무는 양분을 주는 파란 가루 없이도, 고약한 냄새가 나는 분무액의 보호 없이도, 작은 도토리에서부터 자라나 이렇게 크게 자랐다. 그런 게 없어도 식물들을 세균, 균류, 원생동물, 선형동물, 그 외 토양 먹이그물의 나머지 생물들 덕분에 아주 잘 자란다.

그와 똑같은 토양 먹이그물이 여러분 땅을 접수하게 할 수 있다. 건물 공사와 자동차 통행, 경운, 비료와 기타 화학 물질 살포가 있기 훨씬 전에, 거기에 건강한 토양 먹이그물이 있었다. 여러분은 그것을 복원하고 개선할 수 있다. 토양 먹이그물의 기초 위에서 미생물과 함께 일한다면 토양 먹이그물을 재구축할 수 있다. 우리, 우리 이웃과 친구 수천이 이미 그렇게 했다.

여러분은 토양 먹이그물에 대한 기초적인 과학에 이제 막 입문했다. 이제 시스템이 어떻게 작동하는지 알고 있고 그 혜택이 무엇인지도 보았다. 여러분의 땅으로 돌아온 미생물과 함께 토양 구조가 개선될 것이다. 잔디, 교목, 관목, 다년초, 일년초, 채소가 그들이 필요로 하는 양분을 취할 수 있게 균근균이 도울 것이다. 병원균들은 격심한 경쟁에 직면할 것이다. 식물들은 자기가 좋아하는 종류의 질소를 더 많이 가질 것이다. 물 빠짐과 보수가 더 좋아진다. 오염 물질이 분해된다. 채소는 맛이 좋아진다. 꽃은 더 예쁘게 핀다. 나무는 스트레스를 적게 받는다. 그리고 여러분은 그전처럼 그렇게 열심히 일할 필요가 없다. 돕는 이들이 많기 때문이다. 그중에서 가장 훌륭한 점은 자신과 가족, 애완동물이나 친구들이 화학 물질의 해를 입을까 걱정할 필요가 없다는 점이다.

오래된 숲에는 아무도 비료를 주지 않았다는 사실을 기억하라. 비료를 줄 필요가 없었다. 토양 먹이그물 재배의 규칙에 대해서는 이미 이야기했다. 규칙은 별로 많지 않다. 무엇을 기다리는가? 미생물과 한팀이 되어 생물들이 흙 속으로 들어가 당신을 위해 일하도록 하라. 토양 먹이그물을 활용하는 재배법은 식물이 생장하는 자연스러운 방법이다.

맹 큼
아 페 바

아무도 이 숲에 비료를 주자 않았다. 사진: Judith Hoersting

토양 먹이그물을 활용하는 19가지 규칙

규칙 1 어떤 식물은 균류 우점 토양을 좋아하고, 어떤 식물은 세균 우점 토양을 좋아한다.

규칙 2 대부분의 채소, 일년초, 잔디는 질산염 형태의 질소를 좋아하며, 세균 우점 토양에서 잘 자란다.

규칙 3 교목, 관목, 다년초는 대부분 암모늄 형태의 질소를 좋아하며, 균류 우점 토양에서 잘 자란다.

규칙 4 퇴비는 텃밭이나 정원에 이로운 미생물과 생물을 넣어주는 데 이용할 수 있다. 또 특정 지역에 토양 먹이그물을 도입하거나 유지하고 변화시키는 데 이용할 수 있다.

규칙 5 퇴비(그리고 퇴비에 있는 토양 먹이그물)를 흙 표면에 뿌리면 흙에 그와 똑같은 토양 먹이그물이 생긴다.

규칙 6 오래된 갈색 유기 물질은 균류의 증식을 돕는다. 생생한 초록색 유기 물질은 세균의 증식을 돕는다.

규칙 7 표면을 덮은 멀치는 균류의 증식을 돕고, 흙 속에 들어간 멀치는 세균의 증식을 돕는다.

규칙 8 잘게 썰어서 물에 적신 멀치는 세균 콜로니화의 속도가 빨라진다.

규칙 9 거칠고 마른 멀치는 균류 활동을 돕는다.

규칙 10 당분은 세균이 증식하고 자라는 것을 돕는다. 켈프, 부식산, 풀브산, 인산 함유 광물 가루는 균류의 증식을 돕는다.

규칙 11 퇴비를 먼저 선택한 다음 어떤 양분을 더할지를 선택해서, 균류가 많은 퇴비차를 만들 수도 있고 세균이 많은 퇴비차를 만들 수도 있고 균형 잡힌 퇴비차를 만들 수도 있다.

규칙 12 퇴비차는 물과 재료에 포함된 염소와 방부제 등 화학 성분에 매우 민감하다.

규칙 13 합성 비료의 시비는 토양 먹이그물 미생물들 대부분 또는 전부를 죽게 한다.

규칙 14 NPK 비율이 높은 비료는 멀리하라.

규칙 15 화학 물질을 뿌리거나 토양 관주 처리한 뒤라면 퇴비차를 뿌려준다.

규칙 16 침엽수와 경질목 대부분(자작나무, 참나무, 너도밤나무, 히커리)은 외생 균근균과 균근 관계를 형성한다.

규칙 17 채소, 일년초, 잔디, 관목, 연질목, 다년초 대부분은 내생 균근균과 균근 관계를 형성한다.

규칙 18 경운과 과도한 땅 뒤집기는 토양 먹이그물을 심하게 손상시키거나 파괴한다.

규칙 19 파종기에 일년초와 채소 씨에 내생 균근균을 섞거나 옮겨 심을 때 뿌리에 내생 균근균을 뿌려주면 좋다.

American Phytopathological Society. "Plant Pathology on Line." http://www.apsnet.org/education/K-12PlantPathways/Top.html.

———. "Illustrated Glossary of Plant Pathology." http://www.apsnet.org/education/IllustratedGlossary/default.htm.

BioCycle. The JG Press, Inc., 419 State Ave., Emmaus, PA 18049, 610.967.4135, biocycle@jgpress.com, http://www.jgpress.com/biocycle.htm.

Bugwood Network, USDA Forest Service / University of Georgia, Warnell School of Forest Resources and College of Agricultural and Environmental Sciences, Dept. of Entomology. "Forestry Images." www.forestryimages.org.

Carroll, S. B., and S. D. Salt. 2004. Ecology for Gardeners. Timber Press: Portland, Ore.

Cloyd, R. A., et al. 2004. IPM for Gardeners. Timber Press: Portland, Ore.

Dennis Kunkel Microscopy, Inc. "Science Stock Photography." http://denniskunkel.com/.

Grissell, E. 2001. Insects and Gardens.Timber Press: Portland, Ore.

Hall, I., et al. 2003. Edible and Poisonous Mushrooms of the World. Timber Press: Portland, Ore.

Helyer, N., et al. 2003. A Color Handbook of Biological Control in Plant Protection. Timber Press: Portland, Ore.

Ingham, E., et al. 2000. Soil Biology Primer. Soil & Water Conservation Society and USDA Natural Resources Conservation Service, 7515 NE Ankeny Rd., Ankey, IA 50021-9764, http://www.swcs.org.

Kilham, K. 1994. Soil Ecology. Cambridge University Press: London.

Lowenfels, Jeff. www.teamingwithmicrobes.com.

McBride, M. B. 1994. Environmental Chemistry of Soils. Oxford University Press: New York.

Nardi, James B. 2007. Life in the Soil: A Guide for Naturalists and Gardeners. University of Chicago Press.

Paul, E. A., and F. E. Clark. 1989. Soil Microbiology and Biochemistry. Academic Press: San Diego.

Stephenson, S. L., and H. Stempen. 1994. Myxomycetes: A Handbook of Slime Molds. Timber Press: Portland, Ore.

Sylvia, D. M., et al. 1998. Principles and Applications of Soil Microbiology. Prentice Hall: Upper Saddle River, N.J.

United States Department of Agriculture, National Resources Conservation Services. "Soil Quality." www.forestryimages.org.

————, Agricultural Research Service. "Online Photo Gallery and Photo Library Archives." Conservation Communications Staff, Box 2890, Washington, DC 20013, http://www.ars.usda.gov/is/graphics/photos/search.htm.

United States Department of Interior, Bureau of Land Management. "Soil Biological Communities." National Science and Technology Center, Box 25047, Bldg. 50, Denver Federal Center, Denver, CO 80225-0047, 303.236.2772, http://www.blm.gov/nstc/soil/.

Weeden, C. R., et al., eds. "Biological Control: A Guide to Natural Enemies in North America." Cornell University. http://www.nysaes.cornell.edu/ent/biocontrol/.

White, D. 1995. The Physiology and Biochemistry of Prokaryotes. Oxford University Press: New York.

Worm Digest. Worm Forum, Box 544, Eugene, OR 97440-0544, mail@wormdigest.org, http://www.wormdigest.org/forum/index.cgi.

퇴비 만들기와 퇴비차

California Integrated Waste Management Board. "Compost Microbiology and the Soil Food Web." http://www.ciwmb.ca.gov/publications/Organics/44200013.doc.

Composting News. McEntee Media Corp, 13727 Holland Rd., Cleveland, OH 44142, 216.362.7979, mcenteemedia@compuserve.com, http://www.recycle.cc/cnpage.htm.

Compost Science and Utilization. The JG Press, Inc., 19 State Ave., Emmaus, PA 18049, 610.967.4135, biocycle@jgpress.com, http://www.jgpress.com/compost.htm.

Compost Tea Forum. http://groups.yahoo.com/group/compost_tea/.

Cornell University. "Cornell Composting." http://compost.css.cornell.edu/Composting_homepage.html.

Diver, S. 2002. "Notes on Compost Teas." Appropriate Technology Transfer for Rural Areas (ATTRA). http://attra.ncat.org/attra-pub/compost-tea-notes.html.

Granatstein, D. 1997. "Suppressing Plant Diseases with Compost." The Compost Connection for Washington Agriculture 5 (October). http://csanr.wsu.edu/programs/compost/Cc5.pdf.

Ingham, E. 2000. The Compost Tea Brewing Manual. Soil Foodweb, Inc. Corvallis, Ore. http://www.soilfoodweb.com.

———. 2000. "Brewering Compost Tea." Kitchen Gardener 29 (October). http://www.taunton.com/finegardening/pages/g00030.asp.

———. 2004. Compost Tea Quality: Light Microscope Methods. Soil Foodweb, Inc. Corvallis, Ore. http://www.soilfoodweb.com.

———. 2004. The Field Guide to Actively Aerated Compost Tea. Soil Foodweb, Inc. Corvallis, Ore. http://www.soilfoodweb.com.

Large-Scale Composting Forum. http://www.oldgrowth.org/compost/forum_large/index.html.

Ringer, C. "Bibliography on Compost for Disease Suppression." USDA Soil Microbial Lab. http://ncatark.uark.edu/~steved/compost-disease-biblio.html/.

Tranker, A., and W. Brinton. "Compost Practices for Control of Grape Powdery Mildew (Uncinula necator)." A Biodynamics Journal reprint. http://www.woodsend.org/will2.pdf.

Vermicompost Forum. http://www.oldgrowth.org/compost/forum_vermi1/.

Wilson, Tim. Microbe Organics. www.microbeorganics.com.

퇴비차 제조기

Greater Earth Organics, N2210 Brothertown Beach Rd., Chilton, WI 53014-9447, toll-free 866.266.FISH, fax 920.849.3938, www.greaterearthorganics.com.

Growing Solutions, 1605 Oak St., Eugene, OR 97401, 541.343.8727, toll-free 888.600.9558, growingsolutions.com.

Keep It Simple (KIS), Inc., 2323 180th Ave. NE , Redmond, WA 98052-2212, 866.558.0990, kis@simplici-tea.com, www.simplici-tea.com, www.kisbrewer.com.

Willamette Organics, Box 1263, Salem, OR 97309, www.willametteorganics.com/brewmaster.html.

생물학적 검사 기관

AgriEnergy Resources, 21417 1950 E. St., Princeton, IL 61356, 818.872.1190, info@agrienergy.net, http://www.agrienergy.net/.

BBC Laboratories, Inc., 1217 N. Stadem Dr., Tempe, AZ 85281, 480.967.5931, bbclabs@aol.com, http://bbclabs.com/.

Midwest Laboratories, 13611 B St., Omaha, NE 68144, 402.334.7770, www.midwestlabs.com.

Soil Foodweb, Inc., 1750 SW 3rd St., Suite C, Corvallis, OR 97330, 541.752.5066, sfi@soilfoodweb.com, http://www.soilfoodweb.com.

균근균

Mycorrhizal Applications, Inc., Box 1181, Grants Pass, OR 97528, 866.476.7800, http://www.mycorrhizae.com/index.php?cid=60.

Reforestation Technologies International, 1341 Dayton St. Suite G, Salinas, CA 93901, Neil@reforest.com.

찾아 보기

땡 큐
아 메 바

땡 큐
아 메 바

땡큐
아메바

농업기술센터 이용하기

이 책은 내가 일구는 땅의 흙의 상태나, 이른바 해로운 벌레(해충) 혹은 이로운 벌레(익충)가 얼마나 어떤 종류가 살고 있는지, 토양의 양이온 교환 용량(CEC)은 어느 정도인지, 균류와 세균의 비율은 어떠한지 검사한 뒤에 토양 먹이그물 재배법을 실천하면 좋다고 말한다.

또한 초기 재배에서 균류에 해당하는 미생물들이 풍부하게 번성해야 하는데, 특정한 균류들은 미국에서 미생물 농자재로 시판되고 있다고 소개하고 있다. 이러한 상황에 대해 한국내의 상황을 국립농업과학원 농업생물부 미생물팀의 도움을 얻어, 농업기술센터를 활용할 수 있는 방법과 국내 미생물 제품에 대해 조사했다.

농업기술센터는 현재 국내 시·군 단위에서 150여 개소가 운영되고 있다. 농업기술센터를 통해서는, 흙의 산성도나 특정 토양 성분이 과다 혹은 결핍됐는지 등을 알 수 있는 '토양 검정', '병충해 검사', '수질 검사', 간단한 '농약잔류 검사', '농업 기술 이수' 등을 해결할 수 있다. 그러나 이 책에서 말하는 균류:세균(F:B) 비율 검사나 양이온 교환 용량(CEC) 검사의 경우, 미국과 마찬가지로 농가를 대상으로는 실시하지 않지만, 대학과 민간 연구소의 실험실에서는 연구 과정에서 흔히 하고 있는 검사임을 밝혀둔다.

농업진흥청 산하 국립농업과학원은 오래 전부터 지역을 정해 4년에 한 번씩 논과 밭의 토양 생물 조사를 실시하고 있으며, 농업기술센터를 통해 20여 종의 미생물 비료와 미생물 농약을 보급하고 있다. 미생물 농자재로 출시된 상품을 비롯해 무료 보급용 미생물제제는 현재로선 81개 지역의 농업기술센터에서 구할 수 있으며, 작물별로 상품이 개발되어 있다. 국립농업과학원은 현재 1만6000여 종의 미생물을 보유하고 있다.

원서에 실린 토양 생물 검정서

원서의 14장에 실린 '토양 생물 검정서'는 다음 쪽에 따로 실었다. 미국에서도 일반화된 검사는 아니며, 국내 역시 그러하다. 그러나 이 책이 일러주는 대로 토양 먹이그물을 활용한 농사를 하기 위해서는 중요한 검사이며, 검사 결과서 자체도 이 책의 주요한 내용임을 일러둔다.

〈토양 생물 검정서〉 * 원서의 감수자가 운영하는 토양 먹이그룹 회사의 검정서 샘플

Soil Foodweb, Inc.
728 SW Wake Robin Avenue,
Corvallis, OR 97333, USA

*유기체 생물량 데이터

시료 번호	고유 아이디	흙 1그램의 건조시 무게	활성 세균량 (마이크로그램/g)	전체 세균 물량 (마이크로그램/g)	활성 생 균류량 (마이크로그램/g)	전체 균류 물량 (마이크로그램/g)	균류 생 활성 균사 지름 (µm)	원생동물 (개체수/g)			선형동물 (개체수/g)
								편모충	아메바	섬모충	
363	NW Vermi	0.31	188	4002	46.0	4928	2.75	113만6894	14만6682	1831	48.1
364	KIS –Thermal	0.30	486	2193	32.7	5959	3.00	46만9291	1만9478	1157	67.2
관계 표시한 것은 수치가 낮다는 의미임		둘 다 물기가 매우 좋음. 나무 낮음. 힘음. 기성 조건을 막기 위해 약간 말리는 것이 필요요.	둘 다 물기가 매우 좋음.	둘 다 매우 좋음.	둘 다 매우 좋음.	질병 억 제균 근락이 재 균 근락이 있음.		원생동물 수가 아주 좋음. 이 시료를 토양에 넣으면 좋은 원생동물 접종원이 될 것임. 섬모충 수가 낮다는 것은 퇴비의 구조가 좋다는 것을 나타낸다. 퇴비 더미 내부는 혐기적 조건일 수도 있지만 혐기성 물질이 밖으로 확산됨에 따라 호기적 조건을 만나게 되는데 편모충과 아메바의 높은 수치가 이를 말해준다. 이것은 미세한 공간이 있는 듯 이 매우 다양하다는 것을 말해주므로 균류가 매우 다양함을 알 수 있다.			수치와 다양성 이 좋음. 잔 균 류 를 아 먹다가 뿌 리를 감아 머 는 선량동물 (swithers) 이 있는 듯. 식 물을 보호하기 위해서 적당한 수의 균류를 유지하는 것이 필요.
바람직한 범위	0.45~0.85	15~25	100~3000	15~25	100~300	(A)	100~300	10000+	10000+	50~100	20~30

부숙되지 않은 퇴비는 100에서 100퍼센트 사이의 활동성을 가진다. 잘 부숙된 퇴비는 20에서 10퍼센트의 활동성을 가질 것이다.
균류의 활동과 생물량은 재배 작물에 따라 크게 달라진다. 여기에 제시한 바람직한 범위는 1:1 퇴비의 경우를 말하는 것이다.
(A): 균사 지름 2.0은 대개 방선균이고, 균사 지름이 2.5라면 녹초지에 많은 토양 균류인 지상균 근락임을 알 수 있다. 3.0 이상은 매우 유익한 균인 담자균이 많은 균락이다.

최적의 먹이그룹 구조를 판단할 때에는 계절, 습도, 토양, 유기물질을 고려합니다.
살충제, 비료 살포, 물 대기 등의 시료 정보가 신청서에 제시되어 있지 않으면, 신청자가 사는 지역을 참고하게 됩니다.

00363: NA에서 온 부숙 퇴비, 냄새: 강하지 않음.

00364: 부숙 퇴비, 냄새: 강하지 않음.

시료	분석	비고
363	활동성	현재 활동
363	T.F.	생물다양성 좋음. 균사 지름 1.5에서 8.0
364	T.F.	생물다양성 매우 좋음. 균사 지름 1.5에서 200며 대부분은 3 정도. 긴 균사가 많음.

* 유기체 비율

시료 번호	고유 아이디	균류 총량	세균 총량 대비 균류 총량 비율	전체 균류 중 활성 균류 비율	활성 세균	전체 세균 총량 대비 활성 세균 총량 비율	활성 균류 총량	포식자로부터 어느 시 점까지 이용가능한 질소(피피엠)(예이키)	뿌리 먹는 선형동물을 유무
363	NW Vermi	1.23	0.01	0.05	0.24	균류 우점 퇴비, 다양한 균류 성분이 잘 부숙한 작물에 뿌리기에 적 됩함.	363번 시료: 세균 성 분이 잘 부숙됨. 364 번 시료: 부숙되지 않음. 활성 세균 비율이 0.1 아래로 떨어질 때 까지 기다려야 함. 현 상태로는 예비 제조 에 쓸 수 있음.	300+, 그러나 질소 손실 있음	발견되지 않음
364	KIS-Thermal	2.72	0.01	0.21	0.07	균류 우점 퇴비, 다양 균류 성분이 잘 부숙한 작물에 뿌리기에 적 됩함.	양분 순환이 아주 좋 음. 질소 손실은 형기 적 조건 때문인데 섬모 충 수가 많은 것에서도 그것을 맡을 수 있음.	균류를 잡아먹다가 뿌 리를 잡아먹는 선형동 물을 잡아먹는 물 (swithcers)이 있을 수 있음. 이 해충과 새 물 우위한 균류와 선형 동물이 필요함.	발견되지 않음
비람직한 범위		*(1)	*(2)	*(3)		*(4)		*(5)	

(1) 잔디: 0.5~1. 딸기류. 맡기름, 관목. 포도: 2.5, 활엽수: 5~10. 침엽수: 10~100.
(2) 부숙 퇴비 속의 활성 생물은 0.10 이하가 되어야 한다. 0.100 넘으면 퇴비가 덜 삭은 것이다.
(3) 일년생 초본의 경우 이 비율은 0.1 이하가 되어야 하고, 다년생 초본은 2 이상이 되어야 한다.
(4) 원생동물과 선형동물이 세균과 균류를 잡아먹고 내놓는 질소가 주될 부분이 된다. 원생동물과 선형동물은 종종 먹이를 두고 경쟁한다, 하나가 높아지면 다른 것이 낮아질 것이다. 또한 포식자 수가 많지 않으면 먹이강도 내놓는 질소가 수가 적어진다.
(5) 선형동물 종류 분석

땡 큐
아 메 바